U0231878

鄂尔多斯盆地
奥陶纪层序岩相古地理

付金华　郭彦如　赵振宇　张月巧　刘新社　等著

石油工业出版社

内 容 提 要

本书以鄂尔多斯盆地奥陶系为研究对象，建立了盆地奥陶系复杂地质环境下的地层划分与对比技术流程，基本实现了盆地奥陶系与国际、国内标准地层划分方案的双重接轨，初步完成了盆地中央古隆起两侧不同古海洋环境下、不同地层分区间的地层界线精细对比。在高精度等时层序格架约束下，采用单因素分析多因素综合作图法，以体系域为单元，系统恢复了奥陶系不同沉积期的岩相古地理特征，并建立了不同构造单元下的沉积演化模式，结合奥陶系成藏地质条件与勘探现状，指出了天然气勘探的有利区带与潜力。

本书可供科研和生产部门的石油地质专业科技人员使用，也可作为石油院校相关专业研究生和高年级学生的参考书。

图书在版编目（CIP）数据

鄂尔多斯盆地奥陶纪层序岩相古地理 / 付金华等著 .
—北京：石油工业出版社，2020.3
ISBN 978-7-5183-3672-2

Ⅰ . ①鄂… Ⅱ . ①付… Ⅲ . ①鄂尔多斯盆地 – 奥陶纪
– 地层层序 – 构造岩相带 – 古地理学 – 研究 Ⅳ .
① P535.2

中国版本图书馆 CIP 数据核字（2019）第 229487 号

出版发行：石油工业出版社
　　　　　（北京安定门外安华里 2 区 1 号　　100011）
　　　　　网　　址：www.petropub.com
　　　　　编辑部：（010）64251539　图书营销中心：（010）64523633
经　　销：全国新华书店
印　　刷：北京中石油彩色印刷有限责任公司

2020 年 3 月第 1 版　2020 年 3 月第 1 次印刷
787×1092 毫米　开本：16　印张：12.25
字数：300 千字

定价：120.00 元

前　言

鄂尔多斯盆地是中国内陆第二大沉积盆地，横跨陕、甘、宁、内蒙古、晋五省区，总面积约 $37 \times 10^4 km^2$。盆内主要残留六套沉积层，依次为中元古界长城系陆内裂陷海相碎屑岩、中元古界蓟县系被动陆缘海相碳酸盐岩、下古生界寒武系—奥陶系台地相碳酸盐岩、上古生界陆内坳陷海陆交互相含煤碎屑岩、中生界内陆河流—三角洲—湖盆相碎屑岩以及新生界风成黄土与河流沉积。经过漫长的地质变迁，盆地发育两套古生界主力含气系统和两套中生界主力含油系统，油气资源丰富，已成为中国主要的油气生产基地之一。自1988年科学探索井——陕参1井在奥陶系顶部风化壳获得高产工业气流，以及靖边气田的发现，使得盆地奥陶系碳酸盐岩天然气勘探有了突飞猛进的发展。目前已在奥陶系顶部风化壳、东部盐下、秦祁海槽台缘带等多个领域取得重大勘探成果和较好勘探苗头，这也使得奥陶系成为盆地未来天然气增储上产的重要层系之一。

"十一五"至"十三五"期间，中国石油长庆油田分公司与中国石油勘探开发研究院组建联合科研团队，依托国家碳酸盐岩重大专项，从层序地层、岩相古地理、成藏地质条件等基础地质研究入手，不断深化奥陶系地层对比、沉积环境恢复、动—静态地质要素成藏匹配关系等研究，逐步明确了奥陶系碳酸盐岩天然气勘探的有利方向与区带。其中层序地层划分对比和岩相古地理重建是基础地质研究的重点，也是难点，对于有利勘探层系的选择、勘探方向的确立、重点区带的优选至关重要。

层序岩相古地理研究主要包括层序地层格架的建立和岩相古地理的恢复，进而总结不同构造古地理环境下的沉积演化模式，为预测有利勘探区带和目标奠定基础。按照这一思路，全书共分为五章。第一章绪论，系统介绍了岩相古地理的发展历史、层序地层学的发展历程与原理、层序岩相古地理的研究方法以及岩相古地理研究中的若干问题探讨。第二章奥陶系地质概况，从构造演化和沉积响应两个方面介绍了盆地的地质特征。第三章奥陶系年代等时地层格架，介绍了奥陶系地层研究现状、建立年代等时地层格架的方法及应用范围，确立了不同构造环境下可对比的等时地层格架。第四章奥陶纪层序岩相古地理特征，从碳酸盐岩层序岩相古地理研究新方法入手，以大量的一手资料分析了碳酸盐岩主要沉积相类型及其特点，论证了沉积相空间展布特征，重建了层序地层格架下的碳酸盐岩岩相古地理。第五章奥陶系碳酸盐岩台地沉积发育模式及勘探领域，分析了奥陶纪主要沉积演化阶段及特点，指出了奥陶系碳酸盐岩勘探的有利条件与区带。

本书前言由付金华编写，第一章由郭彦如、赵振宇、付金华编写，第二章由孙六一、赵振宇、史晓颖编写，第三章由赵振宇、史晓颖、刘新社编写，第四章由赵振宇、郭彦如、张月巧编写，第五章由付金华、郭彦如、包洪平编写。全书由郭彦如、赵振宇统稿，付金华定稿，张月巧进行图件的编制与清绘。张延玲、刘俊榜、高建荣、宋微、孙远实、王玥等参加了相关课题的研究工作，在此一并表示感谢。

本书由国家科技重大专项 2016ZX05004-006 课题"鄂尔多斯盆地奥陶系—元古界成藏条件研究与区带目标评价"资助，由项目有关负责人执笔，编写人员具有丰富的实践经验，也有深厚的理论修养，但工作对象是一个庞大的、复杂的地质系统，难免存在局限和不完善的地方，敬请读者批评指正。

目　录

第一章 绪 论

层序岩相古地理（Sequence Lithofacies Paleogeography）顾名思义就是层序地层格架下的岩相古地理重建。它是将过去的岩相古地理编图技术与当今的层序地层学原理和方法充分融合形成的一项新的交叉学科。层序岩相古地理学科的发展经历了岩相古地理到层序地层学再到层序岩相古地理的发展演变。岩相古地理研究经过长期发展，已成为恢复古沉积环境行之有效的一门学科，其基础是地层系统的正确划分。一段时间内，以传统岩性地层分层为主导的地层划分，为岩相古地理研究奠定了基础。然而，随着层序地层学的发展，认识到传统岩性地层在大比例尺下存在严重的穿时问题，进而得出错误的地质认识。为正确重建不同地质历史时期岩相古地理，建立等时格架的层序地层至关重要，尤其是大尺度地层划分基础上的岩相古地理重建成为正确的选择。本书以鄂尔多斯盆地奥陶系为例，围绕奥陶系地层划分、岩相古地理重建、有利含油气层系与相带预测等成藏地质问题，开展了层序地层格架下的岩相古地理工业化制图，形成了一套层序岩相古地理研究方法。通过"十一五""十二五"的实践，为有效预测鄂尔多斯盆地奥陶系碳酸盐岩天然气勘探有利区带奠定了基础，为该领域构建万亿立方米规模大气区起到了良好的支撑作用。

第一节 岩相古地理发展历史回顾

岩相古地理（Lithofacies Paleogeography）研究及编图是重建地质历史中海（湖）陆分布、古地理再造和恢复沉积演化历程的重要手段。多年来，国内外学者试图通过编制岩相古地理图来揭示古洋—陆分布格局、岩相古地理特征及演化、沉积盆地性质及与区域大地构造活动的关系，为资源勘查服务。随着岩相古地理研究程度和水平的不断提高，不同历史发展时期岩相古地理编图的指导思想和方法不尽相同。

1840 年 Charles Lyell 出版了划时代著作《Principles of Geology》，确立了现实主义原则为现代沉积学和古地理学的重要基础。1922 年 Milner 在其著作中着重叙述了沉积岩中用重矿物研究陆源区和地层对比的问题，对以后很长时间内的研究有着重要影响。1939 年童豪夫的《沉积作用原理》在方法上论述了现代沉积环境的特点，提供了解释古代地质历史的工具。与此同时，Wentworth（1939）等提出了碎屑颗粒的粒度分级，卡耶对沉积岩进行了显微岩石学研究。

第二次世界大战以后，能源需求促进了沉积学的迅速发展。新技术、新方法也不断引入该学科领域（如 X 射线衍射法的运用及粒度分析中数理统计法的应用等）。Levorsen（1933）提出沉积学在石油勘探中应作为基本研究工作。1935 年裴蒂庄首次绘制出沉积矿物成分等值线图。1941 年 Halbouty 对墨西哥湾沿岸古近—新近系进行了较详细的沉积学与古地理学研究，用以评价其含油气远景。1945 年克鲁宾对沉积环境进行的定量研究中指出，边界条件、颗粒、能量为沉积体系中的三个主要因素。同时，Brinkmann（1948）和Cloos（1945）第一次系统地用古水流方向和岩相分析研究了沉积盆地。1950年后沉积学和岩相古地理学进入现代研究阶段，Kuenen（1950）浊流理论的提出是沉积学中的里程碑，其后Bouma（1962）在Kuenen的指导下提出了有名的"鲍马层序"模式。Folk（1959，1962）发表了关于石灰岩分类的著作，在碳酸盐岩沉积相研究方面是一个重要的突破。1960年前后，流态、雷诺数以及福劳德数等概念的引入，大大促进了对沉积构造的水力学解释与形成机理研究。1970年比加里拉发表的《大陆漂移与古流向分析》一文，就是利用沉积岩中的定向组构，查清了物源区、古地形、古流向及古流体性质，并在辫状河、曲流河、冲积扇、湖泊、冰川、潮坪、浊流、等深流以及三角洲方面都有重大发展。总之，该时期各种测试技术的综合发展成为主流。

中国古地理图最早见于20世纪30年代葛利普（1923，1928）的《中国地质史》。限于当时资料条件，该书少数几幅古地理图所涉及的国土范围较小，内容局限于几个地质时期的海陆分布，然而对于后来的古地理研究却具有重要启蒙意义。黄汲清在1945年出版的经典著作《中国主要地质构造单元》中，将大地构造与古地理相结合，编制了中国寒武纪、泥盆纪、二叠纪、白垩纪和喜马拉雅期构造古地理图5幅。早期的古地理图是建立在地球固定论概念基础之上的，着重于海陆分布形态变化与特征的描绘。

20世纪50年代中期，刘鸿允（1959）以古生物地层学方法编制的《中国古地理图》，是第一本系统论述中国各地质时期沉积地层的古地理轮廓专著，具有开创意义。20世纪50年代末期，中国科学院地质研究所（1959）用大地构造学的观点系统地论述了中国东部地区震旦纪—白垩纪的沉积发育概况。

20世纪60年代中期，卢衍豪等（1965）以古生物学的观点和资料出发，并适当配以简单的岩性，编制出以"组"为单位的8幅中国寒武纪岩相古地理图。20世纪70年代中期，李耀西等（1975）在全面系统总结大巴山西段早古生代地层古生物资料的基础上，编制了11幅以期或世为单位的岩相古地理图。

20世纪70年代后期至今，以冯增昭为代表，采用单因素分析多因素综合作图法，先后编制了下扬子地区早—中三叠世青龙群沉积期和中国南方早—中三叠世等一系列岩相古地理图，该方法的核心是定量化，因此称之为"定量岩相古地理学"（冯增昭等，1994）。

20世纪80年代早期，关士聪等（1984）完成并出版了《中国海陆变迁、海域沉积相与油气》一书，汇编了中国元古宙（长城纪—震旦纪）到三叠纪海陆分布及海域沉积相图20幅、海陆变迁图5幅，着重论述了海陆变迁、海域沉积相与油气的关系，并初步探讨了中国海相油气远景。在同时代相继出版的《中国自然地理》中，崔克信（1986）以"构造运动为纲"，编制了小比例尺不同地壳运动时期的海陆分布图8幅，以及新元古代震旦纪、早古生代和晚古生代古地理图各1幅。20世纪80年代中期，在全球构造"活动论"与历史演化"阶段论"的有机结合中，王鸿祯等（1985）编制了《中国古地理图集》。刘鸿允等（1991）在《中国震旦系》一书中详细讨论了震旦系古构造特征及古地理沉积演化，并编制了当时国内同时期最为详尽且与已出版的同时代作品颇为不同的岩相古地理图多幅，其中包括中国早震旦世、晚震旦世南华大冰期、陡山沱组沉积期及灯影组沉积期岩相古地理图各1幅。

20世纪90年代初期，刘宝珺等（1995）以板块构造理论、盆地分析原理和活动论思想为指导，编制的《中国南方震旦纪—三叠纪岩相古地理图集》中开始增加有关板块空间位置关系的附图，成为更接近恢复大陆边缘性质的第三代岩相古地理图。

综上所述，中国古地理学研究历史悠久，不同时期的不同学者依据不同的理论观点和方法、不同的目的和侧重点以及不同的资料，对不同地区多个地质时期的古地理进行了研究，有力推动了中国岩相古地理研究的发展。但上述方法仍存在诸多不足之处：一是怎样编制反映活动论的岩相古地理图；二是在二维平面图上怎样反映特定时间间隔内某地区的四维沉积发育史（李文汉，1989）。前者涉及如何恢复古海洋、古大陆的位置及其变化历程，后者除涉及成图单元的划分对比外，尚存若干工作方法上的问题，其焦点是怎样选择等时地质体或等时面来编制真正等时的岩相古地理图（刘宝珺等，1985；冯增昭，1989）。

第二节　层序地层学的发展与原理

层序地层学的出现，为岩相古地理研究注入了新的活力。目前层序地层学已发展了近半个世纪，但由于研究方法的多样性和层序界面确定的多解性而难以大幅推广应用。因此，有必要重新梳理层序地层学的原理与进展，为在岩相古地理研究中正确应用层序地层学奠定基础。

一、层序地层学理论研究进展

层序地层学起始于层序概念的提出。Hutton（1778）首次提出不整合面是区分隆起、剥蚀和沉积旋回的物理界面。19 世纪中叶，Lyell（1868）提出冰川理论，首次讨论了海平面变化与构造作用之间的关系。Suess（1909）发展了冰川理论并进一步讨论了海平面升降与沉积物上超和下超之间的关系。Chamberlin（1909）论述了地壳运动控制世界范围内的海平面变化。Levorsen（1931）提出"层"的概念。Sloss 和 Krumbein 等（1949）提出地层层序的概念，即"层序是以主要区域不整合面为边界的地层集合体"。1949 年 Sloss 首次提出层序的概念，他认为层序是"比群和超群更高一级的岩石地层学单位"，并于 1963 年正式定义层序为："层序是比群和超群更高一级的岩石地层单位，它不一定适用于克拉通以外和大陆以外地区的岩石地层学和年代地层学研究"。1975 年国际地层分类委员会把"层序"从岩石地层系统中划分出来，并命名为"构造层"。Mitchum（1977）认为："沉积层序是由相对整一、连续的在成因上有联系的地层组成的，顶底以不整合面或者与之相对应的整合面为界的地层单元。"

1. 地震地层学（Seismic Stratigraphy）

Vail 等（1977）提出的地震地层学概念体系和 Payton 等（1977）编著的《地震地层学》的出版标志着地震地层学的诞生。其核心是海平面升降旋回变化的周期性是层序形成演化的主要驱动机制，基础是以不整合为边界的沉积层序的识别。20 世纪 70 年代初，地震地层学方法广泛应用于北美国家油气勘探领域。Haq 等（1987）再次发表了全球海平面旋回变化图表。随着地震反射技术的日趋完善，层序作为一种以不整合面为边界的地层单元进行地层研究，与 Sloss 最初提出的克拉通层序概念相比是一次质的飞跃。

2. 层序地层学（Sequence Stratigraphy）

由 Wilgus（1988）主编的《海平面变化综合分析》以及由 Sangree 和 Vail（1989）主编的《应用层序地层学》的正式出版是层序地层学诞生的标志。

20世纪90年代是层序地层学理论研究和实践全面发展的时期。层序地层学理论于20世纪80年代末引入国内并得到快速发展。薛良清（1990）将层序地层学理论应用到湖盆地层分析中。徐怀大（1991）建立了中国断陷盆地层序模式。李思田等（1993）预测了含煤盆地层序格架内的富煤单元等。

目前国内层序地层学的研究和应用主要包括三个方面：（1）稳定地块内盆地层序地层学研究，如塔里木盆地（郭建华等，1996；顾家裕等，1996；朱筱敏等，1999）和鄂尔多斯盆地的研究（雷清亮等，1994；魏魁生等，1996，1997，1998；包洪平等，2000；田景春等，2001；姚泾利等，2007；刘家洪等，2009；雷卞军等，2010；郭彦如等，2014；杨伟利等，2017）；（2）陆内前陆盆地层序地层学研究（邓宏文，1995；刘贻军，1998；顾家裕等，2005；郑荣才等，2008）；（3）大陆裂陷型盆地层序地层学研究（王东坡等，1994；顾家裕，1995；郭建华等，1998）。顾家裕（1995）、朱筱敏（2003）等在系统分析中国陆相盆地后，把陆相沉积盆地层序地层模式分为两类：坳陷型盆地层序地层模式（林畅松等，1995；袁选俊等，2003；邹才能等，2004）和断陷型盆地层序地层模式（纪友亮等，1996；解习农等，1996；郭彦如等，2002，2003，2004），后者又分为陡坡型和缓坡型两种类型（胡受权，1998；Miall A. D. 等，2001）。

二、层序地层学学派及其优缺点

层序地层学最初的一些理论和方法，是美国等西方国家的一些研究机构，通过对北美被动大陆边缘进行海相层序地层学研究逐步建立起来的。目前国外学者提出了四种海相层序概念模式，即沉积层序、成因地层层序、高分辨率层序和海侵—海退层序，分别以 EXXON、Galloway、Cross 和 Embry 为代表。

1. 沉积层序（Depositional Sequence）

沉积层序以地层不整合或与之相对应的整合面为层序的边界，认为全球海平面变化是层序发育的主控因素（Vail，1987）。其主要优点是与不整合面相对应的整合面与沉积速率无关，因此可作为一个等时标志。缺点：一是其浅水部分可对比的整合面在小—中等的露头、岩心或测井资料上是无法观察的；二是缺乏控制层序形成时间的测量标准而难以把握时空规模。

2. 成因地层层序（Genetic Stratigraphic Sequence）

成因地层层序用最大湖/海泛面及对应的沉积间断面作为层序边界，强调层序是在相对基准面或构造稳定时期沿盆地边缘沉积的一套沉积物组合，而且认为陆架边缘和斜坡上的侵蚀作用是一个不断发生的过程，受多种因素控制（Galloway，1989）。主要优点有两个：一是很容易识别出可对比的整合面；二是在全盆地范围内容易追踪和对比最大湖泛面。缺点也有两个：一是把陆上暴露不整合面包括在层序内部，可能造成在成因上没有关系的地层单元被划入同一个成因层序内，违反了层序由成因上有联系的地层组成这个普遍接受的概念；二是最大湖泛面的形成时间取决于基准面变化和沉积的相互作用，因此这些面可能是穿时的（Posamentier，Allen，1999）。

3. 海侵—海退旋回（T—R旋回）层序［Transgressive—Regressive（T—R）Sequence］

海侵—海退（T—R）旋回层序地层学提供了另外一种划分层序的方法，避开了沉积层序地层学和成因层序地层学的主要缺点（Johnson，1985）。它是以复合面为界，包括向盆地边缘的陆上不整合和海洋部分向海方向的最大海退面。优点是在浅水环境中的任何实际露头或地下资料中都能进行识别。其缺点：一是在深水环境中难以识别；二是其层序边界的陆上和水下部分随着低位海退在时间上逐渐偏移，该界面可能沿走向记录了一个重要的穿时面。

4. 高分辨率层序（High-resolution Sequence）

高分辨率层序的优点在于考虑了海平面、构造运动、气候变化、物源及沉积物供给速率等多种因素，以基准面旋回过程中 A/S 比值（可容纳空间/沉积物补给通量比值）变化导致的沉积物体积分配和相分异为理论依据，在建立陆相高精度等时地层格架、预测有利生储盖组合和储层非均质性等方面具有明显优势（Cross，1988；邓宏文等，1995；姜在兴，2012），但其在建立大区域地层格架和发育不整合的地层单元中恢复岩相古地理具有一定的局限性。

三、层序地层学基本概念

层序地层学常用的基本概念见表 1-1，在 Payton 等（1977）编辑的论文集《地震地层学在油气勘探中的应用》和 Wilgus 等（1988）编辑的论文集《海平面变化综合研究方法》中首先提出，或根据以往的地质学概念补充完善。

1. 层序和层序地层学

层序地层学（Sequence Stratigraphy）是研究以侵蚀面或无沉积作用面及与之可对比的整合面为界的、重复的、有成因联系的年代地层框架内的岩石关系（Van Wagoner 等，1988）。层序地层学的研究内容非常广泛，既研究层序地层的几何特征和时空分布，也研究层序内部组成特征，如岩相类型、化石内容、地球物理特征和地球化学特征，还研究层序形成和演变的原因，以及在预测层控矿产中的应用等。概括起来说，层序地层学是主要研究以沉积不连续面为界的层序格架内地层特征和属性的时空分布与成因机制的一门地质学分支学科。主要研究内容可归纳为层序划分对比、层序组成特征描述、层序成因分析、层序时代确定和应用五个方面。

从学科性质看，层序地层学是地质学的一门分支学科。它主要是近 20 年，由于地层学、沉积学、构造地质学等地质学分支学科与地球物理学的相互渗透而迅速发展起来的一门新学科。从目前发展趋势看，层序地层学可能成为地质学的一门重要的、独立的基础性学科。层序地层学的研究内容已远远超越了地层学的范畴，因此不能仅仅将其作为地层学的分支。层序地层学的研究内容和思路不同于沉积学和构造地质学，也不宜将其作为沉积学或构造地质学的分支学科。

表 1-1　层序地层学关键术语定义

术语	定义
层序地层学 （Sequence Stratigraphy）	研究以侵蚀面或无沉积作用面及与之可对比的整合面为界的、重复的、有成因联系的年代地层框架内的岩石关系（Van Wagoner 等，1988）
沉积体系 （Depositional System）	有成因联系的三维岩相组合体，如三角洲沉积体系、河流沉积体系、障壁岛沉积体系等（Brown 和 Fisher，1977）
体系域（System Tract）	同期沉积体系的总和（Brown 和 Fisher，1977），体系域主要根据边界类型、地层几何形态、在层序中的位置以及准层序叠置样式来识别（Van Wagoner 等，1988）
层序（Sequence）	一套相对整一的、有成因联系的地层单元，其顶界和底界以不整合面及与之可对比的整合面为界，由多个体系域组成（Vail 等，1977；Van Wagoner 等，1988）
准层序（Parasequence）	一套相对整一的、有成因联系的地层单元，多数情况下以海（湖）侵面为界，由多个岩层（Bed）或岩层组（Bedset）（Van Wagoner 等，1988）组成
准层序组（Parasequence Set）	一套成因上有联系的、由多个准层序组成的、具有独特叠置样式的地层单元，在多数情况下以主要海（湖）侵面和与之可对比的界面为界（Posamentier 等，1988）
不整合（Unconformity）	地层序列中两套地层之间的不协调接触面，沿不整合面存在明显的侵蚀、削截或暴露地表的证据，地层记录有重要的间断或缺失（张守信，1985）
沉积间断（Hiatus 或 Diastem）	也是一种地层记录的中断，这种中断仅仅代表沉积作用的短暂停歇或少量侵蚀
密集段（Condensed Section）	一种缓慢沉积（沉积速率为 1～10mm/ka）的由远洋沉积物组成的地层（Vail 等，1987），形成于相对海平面上升至最高位或最大海侵期，主要分布于缺少陆源碎屑供给的陆架外带、陆坡和深水洋盆（Loutit，1988）
可容纳空间（Accommodation）	在基准面之下可供沉积物堆积的潜在空间，可容纳空间是海平面变化和构造沉降的函数（Jervey，1988）
沉积基准面（Baselevel）	是一个想象（Imaginary）的动态平衡面，用于描述沉积作用的上限和侵蚀作用的下限，高于基准面表现为侵蚀作用，即使有沉积作用也是局部和暂时的，不能长期保存下来而成为地层记录；低于基准面，发生沉积作用，沉积物有可能被埋藏而保存下来（Wheeler，1964）
河流沉积平衡剖面 （Equilibrium Profile）	指河流搬运能力与物源区供给的沉积物总量之间恰好达到平衡状态时，形成顺水流方向上逐渐递降的地形，其形态为近物源方向变陡、近河口处变平缓的向上凹曲的平滑抛物线（Posamentier 等，1988）

　　层序地层学的基本单位是层序。"层序"这一术语，由 Sloss 等于 1949 年在美国地质学会的沉积相研讨会上正式提出。目前，人们普遍采用 Vail 等（1977）对层序的定义，即层序是一套相对整一的、成因上有联系的地层单元，以不整合面和与之可对比的整合面为界。该定义适合各种级别的层序地层单元，应看作是广义的层序定义。狭义的层序通过体系域来补充定义，一套完整的层序由 2～4 个不同类型的体系域组成。海相层序一般以三级层序为基本单元，陆相盆地一般以二级层序为基本单元。

　　准层序是层序的基本构筑单位。一个准层序是以海（湖）侵面和与之可以对比的面为界的成因上有联系的地层单元，由相对整一的多个岩层（Bed）或岩层组组成（Bedset）（图 1-1）。海、湖相硅质碎屑岩准层序一般为前积型沉积序列，纵向上为多个变粗、变浅的半旋回沉积单元。在河流、潮坪等环境可以形成向上变细的准层序（Van Wagoner 等，1990）。碳酸盐岩准层序通常是加积型的，因此也是向上变浅的。海（湖）侵面是一个把较新的地层与较老地层分开的面，跨过这个面有水深突然增加的证据。海（湖）侵面上不会发生上覆地层的上超，除非这个面与层序边界相重合。

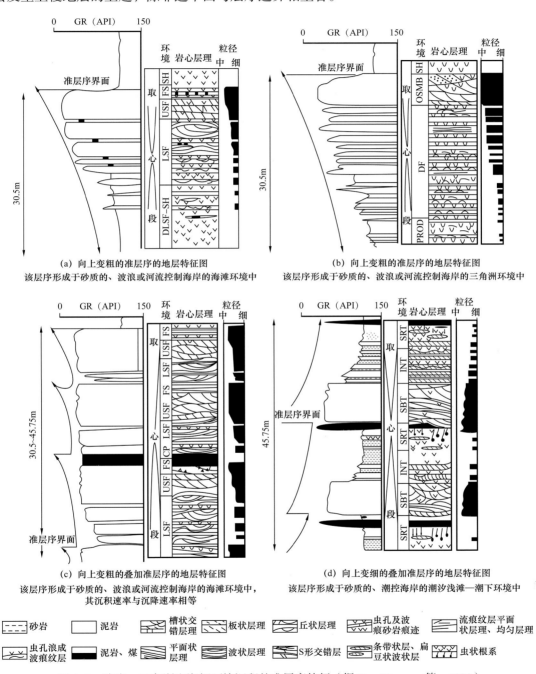

(a) 向上变粗的准层序的地层特征图
该层序形成于砂质的、波浪或河流控制海岸的海滩环境中

(b) 向上变粗的准层序的地层特征图
该层序形成于砂质的、波浪或河流控制海岸的三角洲环境中

(c) 向上变粗的叠加准层序的地层特征图
该层序形成于砂质的、波浪或河流控制海岸的海滩环境中，
其沉积速率与沉降速率相等

(d) 向上变细的叠加准层序的地层特征图
该层序形成于砂质的、潮控海岸的潮汐浅滩—潮下环境中

图 1-1　滨岸、三角洲和潮坪环境沉积的准层序特征（据 Van Wagoner 等，1990）

SH—陆棚；FS—前滨；USF—上滨面；LSF—下滨面；DLSF—远下滨面；OSMB—外河口坝；DF—三角洲前缘；

PROD—前三角洲；SRT—潮上；INT—潮间；SBT—潮下；CP—海岸平原

准层序组由一套成因上有联系的多个准层序组成，形成一种在多数情况下以大的海泛面和与之可对比的面为界的独特的叠置方式（Van Wagoner 等，1988）。准层序组的边界为：（1）可以分开的独特的准层序叠置方式；（2）可以与层序边界重合；（3）可以是下超面或体系域边界。根据准层序的叠置方式，准层序组可以划分为前积型、退积型和加积型三种类型，取决于沉积速率与可容纳空间增长速度的比值（图 1–2）。

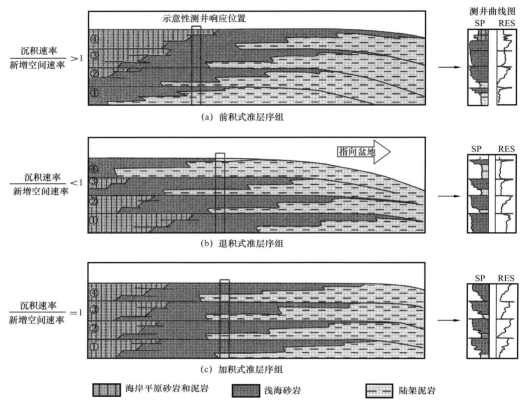

图 1–2　不同类型准层序组内部地层叠置样式及测井响应特征（据 Van Wagoner 等，1988）
图中①②③④指单个准层序

2. 不整合和沉积间断

不整合是地质学中频繁出现的一个基本概念，同时又是使用相当混乱的一个概念。自从火成论创始人 Hutton（1778）首先使用不整合的概念之后，至今 200 多年间，人们提出了 50 多个各种各样的不整合（张守信，1985）。不整合作为层序的分界面，是一个重要概念，有必要明确其含义。

一般认为，不整合（Unconformity）是地层序列中两套地层之间一种不协调的接触关系。不协调的接触关系意味着不整合面之下的地层形成之后，可能经历了褶皱、断裂、上升、剥蚀等地质作用，而后又重新下沉接受沉积，形成不整合面之上的地层，不整合的存在意味着地层记录的重要间断或缺失。Wheeler（1964）将不整合所代表的间断或缺失称为缺失空位，缺失空位包括当时地表高于沉积基准面本来就没有沉积和已形成的地层后来被侵蚀掉的两部分。

沉积间断（Hiatus 或 Diastem）也是一种地层记录的中断，这种中断仅代表沉积作用的短暂停歇或少量侵蚀。地层剖面中任何一个层面都代表沉积过程中的一次间歇。但是按照通常的理解，当上下地层中的化石、岩石特征等都找不出明显的沉积间断标志或仅存在小的间断时，即认为是整合的、连续的沉积。沉积间断与连续沉积是一组相对的概念。

不整合和沉积间断在传统地质学中是两个不同的概念。不整合的形成一般是构造变动造成的，变化的原因来自区域性应力场的改变；沉积间断是盆地内部局部沉积条件变化的结果，不涉及整个系统的根本性变化。不整合代表大的地层记录中断，不整合面上下的地层产状可能不一样，可有明显的古生物记录连续性中断，可直接测量；沉积间断代表小的地层记录中断，主要靠岩石学特征判断，通常缺少明显的构造标志，靠化石记录显示的生物演化阶段性反映不出来，也不易直接测量。

层序地层学对不整合和沉积间断概念的使用与传统地质学有所区别，把区域上可追踪的沉积间断也划归不整合的范畴。例如，海相沉积中重要的水下沉积间断面也被视作一种不整合面（Weimer，1988）。事实上，不整合和沉积间断并不是任何时候都可区分，二者在成因上往往受构造和沉积两个因素的共同影响，因此，在区分不开时，可合称为沉积不连续面。两个术语同时出现时，不整合对应的地层记录中断时间长，沉积间断代表的中断时间短。

3. 可容纳空间演变原理与应用

一门学科或一个学派的产生，一方面要吸收、借鉴其他学科的理论方法，另一方面必须有自己独特的基本原理，其学术思想显著区别于其他学科或学派。层序地层学的基本原理与理论基础，是海平面变化、湖平面变化、基准面变化还是可容纳空间演变？迄今没有统一的认识。笔者分析认为，根据可容纳空间演变过程中的沉积响应，分析层序基本特征的形成机制，是层序地层学有别于以往地质学科的思想精华与理论精髓。可容纳空间演变原理是层序地层学最重要的基本原理，提供不同级别层序成因分析和层序划分对比等方面研究的基本思路，既适用于海相盆地层序地层学研究，也适用于各种类型陆相盆地。

可容纳空间（Accommodation）与基准面（Baselevel）是一对相关联的概念。在应用基准面概念分析沉积作用时，可容纳空间概念在人们的意识中可能已经存在。因此，根据可容纳空间变化，分析地层发育过程的思想萌芽，至少可以上溯到 20 世纪 60 年代。Sloss（1963）提出基准面是一个想象的（Imaginary）动态平衡面，高于该面，沉积物不能长期保存；低于该面，发生沉积作用，沉积物有可能保存下来而成为地层记录。Wheeler（1964）系统论述了基准面变化与沉积作用和侵蚀作用的关系，并提出了时间地层的概念。

但可容纳空间概念的正式提出并广泛应用于层序分析，则是最近 30 多年的事。Jervey（1988）提出了可容纳空间的概念——（在基准面之下）可供沉积物堆积的潜在空间，并分析了可容纳空间与海平面变化和构造沉降之间的关系，以及沉积物供给速率和可容纳空间演化对沉积相类型的影响等一些重要理论问题。Posamentier 等（1988）根据海平面变化导致可容纳空间的变化，解释了被动大陆边缘盆地各种类型体系域的发育过程。Van Wagoner 等（1988，1990）根据沉积速率与可容纳空间增量的比值关系，描述了三种类型准层序组的形成条件。此后，可容纳空间这一术语在层序地层学文献中大量出现。

根据可容纳空间增长量（V_a）与同期沉积物供给量（V_{ss}）之间的对比关系，分析层序基本特征与形成过程，是层序地层学的理论精髓。这一理论称为可容纳空间演变原理，可以表述为可容纳空间是否存在和变化决定了有无沉积作用、地层叠置形式和侵蚀作用，具体包括以下三种情况（图1–3）。（1）$V_a>0$ 时，盆地内发生沉积作用，层序发育特征取决于 V_a 与 V_{ss} 之间的对比关系。$V_a>V_{ss}$，为欠补偿沉积，近源沉积向物源区方向退却，形成退积型沉积序列；$V_a<V_{ss}$，为超补偿沉积，近源沉积向盆地方向推进，形成进积型沉积序列；$V_a=V_{ss}$，为补偿沉积，形成加积型沉积序列。（2）$V_a=0$ 时，沉积物恰好充填至基准面，为后期沉积物的流通区，形成无沉积间断。（3）$V_a<0$ 时，意味着沉积物表面高于基准面，遭受侵蚀，形成不整合面。沉积物高于基准面，可能是构造抬升的结果，也可能是海平面下降所致。理论上讲，部分地区满足 $V_a=0$ 或 $V_a<0$ 的条件，形成局部沉积间断或局部不整合。

可容纳空间演变原理可视为沉积补偿原理的发展，但沉积补偿原理主要根据沉积类型判断补偿关系，而可容纳空间演变原理更注重分析沉积物堆积过程与演化趋势。过去人们所说的欠补偿沉积，一般指盆地深陷期的深水沉积，不再追究水体深度与沉积演变趋势。超补偿沉积指浅水或河流沉积，并常常归结为盆地的相对抬升，实际上这时盆地也可能继续沉降。对于纯粹的河流沉积，按照可容纳空间演变原理，也可区分超补偿和欠补偿两种沉积过程。可见，根据沉积类型只能确定地层沉积时可容纳空间的存在状况，层序地层学根据可容纳空间演变的沉积响应，分析沉积相迁移规律或地层叠置形式，反映沉积补偿关系的动态变化与沉积演变过程，在思维方式上是一个重要进展。

应用可容纳空间演变原理，可以解释国内外学者提出的各种海相层序模式的形成过程（图1–3）。以 EXXON 研究人员提出的沉积层序为例。沉积层序模式提出时，十分强调海平面变化的控制作用（Haq 等，1988；Posamentier 等，1988）。但根据海平面变化解释层序成因的思维本质，是通过海平面变化描述可容纳空间变化，进而解释层序的发育过程。只要将海平面变化变换成可容纳空间增量（V_a）与同期沉积供给体积（V_{ss}）之间的对比关系，就可以解释沉积层序的发育过程（图1–4）。对于被动大陆边缘盆地而言，海平面下

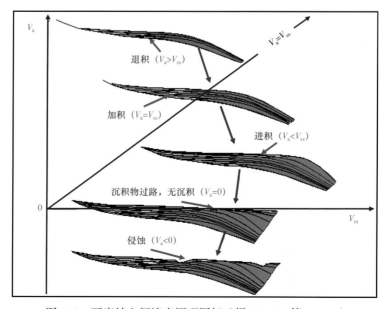

图1–3　可容纳空间演变原理图解（据 Shanley 等，1994）

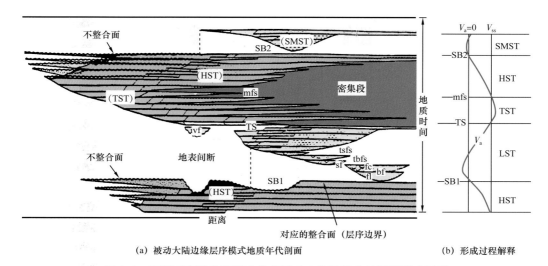

(a) 被动大陆边缘层序模式地质年代剖面   (b) 形成过程解释

图 1-4　应用可容纳空间概念分析被动大陆边缘盆地层序形成过程

（图 a 据 Haq 等，1988；图 b 据池英柳，1998）

TS—初次海侵面；mfs—最大海侵面；ivf—侵蚀谷充填；bf—低位盆底扇；tsfs—斜坡扇顶面；
tbfs—盆底扇顶面；sf—低位斜坡扇；fc—扇水道；fl—扇朵叶

降，意味着可容纳空间为负增长，部分海岸沉积物表面低于基准面，可能被部分侵蚀，而形成所谓的Ⅰ型层序边界（SB1），同时，在海盆内形成低位扇（lsf）。海平面上升初期，可容纳空间增长缓慢，小于沉积物供给速率时，形成低位进积复合体（pgc）。低位扇和低位进积复合体组成低位体系域（LST）。海平面上升至沉积坡折之上的情况下，可容纳空间增长较快，超过沉积物供给速率时，近源沉积向陆快速迁移，形成海侵体系域（TST）。后期海平面上升速率减慢，可容纳空间增长速率小于沉积物供给速率，形成高位体系域（HST）。Ⅱ型层序边界（SB2）和陆架边缘体系域（SMST）形成于可容纳空间变化不大的条件下。

　　根据可容纳空间演变的沉积响应特征，可以解释不同类型盆地层序形成过程。可容纳空间演变原理具有广泛的适用性，是层序地层学的基本原理。但需要明确的是，可容纳空间的产生和演变，是层序形成的控制因素的作用结果，其本身不是层序形成的控制因素。在分析层序成因机制时，需要结合盆地所处的地质背景，具体研究层序形成的主控因素，并根据主控因素变化，分析层序发育过程，才能建立具有成因意义的层序模式。

　　从可容纳空间演变原理分析可以看出，层序地层学的核心思想、研究对象与其他学科不同，应视为与沉积学、地层学等学科并列的沉积地质学的分支学科。

4. 海相层序概念模式

　　目前国外学者提出了四种海相层序概念模式，即沉积层序、成因地层层序、高分辨率层序和海侵—海退层序。其中以沉积层序模式最为经典，在海相沉积中应用最为成熟。

　　沉积层序模式的主要观点是：（1）强调海平面变化对层序边界和层序演化的控制作用。（2）根据不整合面划分层序，认为不整合面分两种类型，Ⅰ类不整合形成于全球海平面下降速率大于盆地的构造沉降速率，其特征是有地表暴露标志、河道切割，后期非海相或滨海相砂岩可能直接叠覆在较深水海相沉积岩之上；Ⅱ类不整合形成于全球海平面下降速率小于盆地的构造沉降速率，其特征是有地表暴露标志，但缺少河道切割。（3）与层序边界类型相对应，将层序分为两种基本类型，分别由低位体系域（Lowstand Systems Tract，LST）、海侵体系域（Transgressive Systems Tract，TST）和高位体系域（Highstand Systems Tract，HST）或陆架边缘体系域（Shelf Margin Systems Tract，SMST）组成（图1-5）。

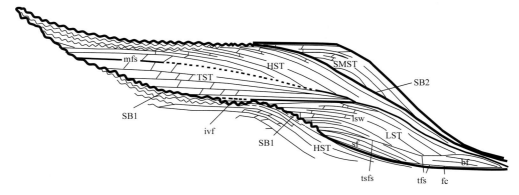

图1-5　被动大陆边缘盆地沉积层序模式（据 Haq，1988）

LST—低位体系域；TST—海侵体系域；HST—高位体系域；SMST—陆棚边缘体系域；mfs—最大海泛面；
ivf—下切谷；lsw—低位楔状体；sf—低位斜坡扇；bf—低位盆底扇；tsfs—斜坡扇顶面；tfs—扇顶面；
fc—扇水道；SB1—层序边界1；SB2—层序边界2

沉积层序的理论和方法提出最早，对国内外的层序地层学研究影响最大，其他几个学派都不同程度地借鉴了这一学派的思想，有些研究思路对其他类型盆地层序地层学研究也适用。（1）提出被动大陆边缘盆地的层序发育受全球海平面变化、构造沉降、气候变化和沉积物供给条件四个基本因素控制（Vail 等，1977；Posamentier 等，1988）。其他类型盆地的层序发育不一定也受这四个因素控制，或各因素的影响程度可能不同，但分析层序成因的思路具有广泛的适用性。（2）引入可容纳空间的概念，并用于解释层序内部沉积相迁移规律或地层叠置形式的形成过程。可容纳空间是层序地层学最重要的概念之一，根据可容纳空间变化分析层序发育特征的思路适用于任何一种盆地。（3）注意研究层序内部的组成，如研究沉积相类型及其在纵向上的演变和横向上的迁移规律等。地层组成研究的需要，促使层序地层学研究时，采用多种学科的理论和方法，综合分析各种资料，对层序进行分级，层序地层单元内部组成特征是层序分级和分类不可缺少的、重要的依据。

但沉积层序的有些观点，即使在海相层序地层学中应用也存在争议，在陆相层序地层学研究时不能机械模仿。主要争议是 Vail 等（1977）和 Haq 等（1988）的海平面变化旋回曲线的可靠性、层序的时间尺度以及层序发育与海平面变化的关系这三个问题上。

1）全球海平面变化曲线的可靠性

全球海平面变化曲线的可靠性是讨论最多的一个问题，主要的批评意见来自两方面。（1）构造因素考虑不足，地区性构造沉降因素无法消除，使得不同盆地间的海平面变化无法对比，全球性海平面变化曲线不能作为全球地层对比的标尺（Watts，1982；Throne 和 Watts，1984；Parkinson 和 Summerhayes，1985；Miall A. D. 等，1986）。EXXON 研究人员（1988）将构造沉降速率看成是恒定的，与没有考虑构造因素所作的海平面变化旋回曲线没有本质区别。Shannon（1989）认为只要改变沉降速率就可以得到相类似的全球海平面变化曲线。（2）测年精度问题。目前地质年龄分析误差常常超过三级海平面旋回的延续时间（Miall，1991），没有精确的测年数据，不同盆地的海平面变化曲线叠合在一起，将得到毫无意义的全球性海平面变化旋回图（Posamentier 等，1993）。

2）层序术语的理解

根据露头层序地层学研究，提出高分辨率层序及其构成的概念之后，层序这一术语变得非常混乱，成为讨论的一个新问题（Boyd 等，1989）。例如：四级、五级、六级层序的延续时间（表 1-2）小于同位素年龄的分析误差（0.5～1.5Ma），实际上无法区分；在沉积速率高的地区，四级、五级层序的地层架构，可能与沉积速率偏低地区的三级层序相似，在测年精度不高时无法区分。层序地层学的研究对象是异旋回，随着层序代表的空间和时间尺度变小，层序与自旋回（如韵律层）的区分成为一个新的问题（Shanley 等，1994）。

表 1-2　层序分级与延续时间（据 Vail 等，1991）

层序分级	一级	二级	三级	四级	五级	六级
延续时间（Ma）	>50	3～50	0.5～3	0.08～0.5	0.03～0.08	0.01～0.03

3）层序发育特点与海平面升降的关系

层序发育特点与海平面升降的关系也是讨论的焦点问题。Posamentier 等（1988）的层序模式非常清楚地描述了海平面变化与层序演化阶段性的关系，解释了被动大陆边缘盆地各种体系域的形成过程。但该模式不是一个通用的层序模式，对其他类型盆地不一定适用。

5. 碳酸盐岩层序地层模式

20 世纪 80 年代，碳酸盐岩沉积体系中层序地层学的运用还是一个争论的话题，特别是关于如何改造本是在碎屑岩体系中发展起来的层序格架，使其能够反映真实的碳酸盐沉积环境（Vail，1987；Sarg，1988；Schlager，1989）。显著的进展是在 20 世纪 90 年代初，建立了碳酸盐岩层序地层学的基本理论，并阐明了碎屑岩和碳酸盐岩层序模式的差别（Coniglio 和 Dix，1992；James 和 Kendall，1992；Jones 和 Desrochers，1992；Pratt 等，1992；Schlager，1992；Erlich 等，1993；Hunt 和 Tucker，1993；Long，1993；Loucks 和 Sarg，1993）。目前流行的是由 Schlager（2005）所总结的碳酸盐岩层序地层学（Carbonate Sequence Stratigraphy）。

碎屑岩与碳酸盐岩的地层模型具有显著区别。硅质碎屑占沉积主导的盆地中，大量沉积物是陆源和由外盆地源供给的，而碳酸盐岩台地和相关深水体系则依赖内盆地沉积，主要产生于浅水碳酸盐工厂（Carbonate Factories）。在碳酸盐最初沉淀后，海浪和各种类型水流的机械侵蚀和生物侵蚀作用可能导致沉积物的再改造和再分配。大量的碳酸盐沉积形成于碳酸盐岩台地的顶部，部分可能由重力（密度）流和风暴潮再改造搬运至盆地较深水地区（Hine 等，1981，1992）。碳酸盐岩斜坡与硅质碎屑大陆架的几何形态具有可比性，但碳酸盐岩大陆架和碳酸盐岩滩具有顶平、坡陡和高突起的特点，与碎屑大陆架有本质区别（Burchette 和 Wright，1992；James 和 Kendall，1992）。

碎屑沉积体系中的加积速率是沉积物供给与局部流量能共同作用的结果，与水深无关，而碳酸盐沉积体系普遍对水深和环境条件十分敏感。因此，只有处在有光区域才会产生碳酸盐岩台地，此时沉积速率超过可容纳空间增长速率。事实上，海侵阶段的任何基准面上升，若其速率超过碳酸盐岩台地的生长速率，就可能终止碳酸盐岩台地的发育。快速洪泛和淹没碳酸盐岩台地的阶段，导致水淹不整合的形成，其在碳酸盐沉积环境中非常独特，标志了从碳酸盐岩体系到碎屑岩体系沉积作用样式和地层叠加样式的一个根本转变（Schlager，1989，1992）。

1）水淹不整合（Drowning Unconformities）

在碳酸盐岩层序地层格架中，水淹不整合代表了最重要的一个地层分界面，它以碎屑序列为特征。水淹不整合常被作为碳酸盐/硅质碎屑地层的层序边界（Schlager，1992）。水淹不整合的几何形态与陆上不整合的自然特性有几分相似，因为二者都和高振幅反射有内在的联系，并都在大陆架上有不规则的突起，尽管二者本质上是不同的且形成于基准面变化周期的相反阶段（Schlager，1989，1992）。

2）高位体系域（Highstand Systems Tracts）

高位正常海退阶段最有利于碳酸盐岩体系的发育，在没有水淹的情况下，随着高位阶段基准面上升速率逐渐降低，大量的碳酸盐沉积物超过可容纳空间而流入深水环境，在斜坡和盆底形成大量的碳酸盐碎屑沉积。因此，在高位情况下，台地碳酸盐沉积物的生产超过沉积，多余的碳酸盐沉积物主要由风暴潮和重力流搬运至深水环境（Neumann和Land，1975）。这些深水碳酸盐碎屑沉积物一般保存在碳酸钙补偿深度之上。这样一个包含浅水和深水碳酸盐沉积体系的高位体系域的形成，被认为可能是碳酸盐岩大陆架发育的第一个阶段（图1-6）。碳酸盐岩层序地层有三种类型的高位体系域：初始的高位体系域、内部的高位体系域和最终的高位体系域。后一种类型的高位体系域标志着大陆架上向碎屑沉积体系的转换，并沉积于水淹不整合之上。

3）下降阶段—低位体系域（Falling-stage—Lowstand Systems Tracts）

在高位正常海退期之后，穿越碳酸盐岩台地的大部分水深变得非常浅，趋于形成快速的强制海退和台地顶部暴露地表。在后来的低位正常海退期，台地顶部继续暴露地表（图1-6b），碳酸盐岩台地经受岩溶作用，河流体系穿过大陆架发生下切作用，连同碳酸盐岩的溶蚀作用，形成了一系列的岩溶构造。在暴露的碳酸盐岩台地顶部的岩溶地貌记录了碳酸盐岩层序地层中与陆上不整合为一体的突起。这些不整合作为沉积层序边界，分隔了下部的高水位期碳酸盐岩与上部的海侵期碳酸盐岩（图1-6b）。值得注意的是，在干燥气候条件下，岩溶地貌不发育，代之为钙质砾岩突起地形。深水环境中沉积物欠补偿形成蒸发岩（James和Kendal，1992；图1-6b）。

4）海侵体系域（Transgressive Systems Tracts）

基准面上升导致台地的大部分区域水体加深。如果水体加深至光线所及的深度以下，台地即被淹没且碳酸盐工厂也同时关闭。如果台地依然处于光线所及的区域内，尽管水深仍在增加，碳酸盐沉积物继续形成，而海侵也逐渐过渡到高位正常海退。通常，海侵有两种情况：其一是慢速海侵，伴随着碳酸盐岩层序的内部旋回、碳酸盐沉积物的继续生产（图1-6c）；其二是快速海侵，伴随着碳酸盐岩层序的终端旋回，导致碳酸盐岩台地被水淹没和碳酸盐向碎屑沉积体系的转换（图1-6e）。

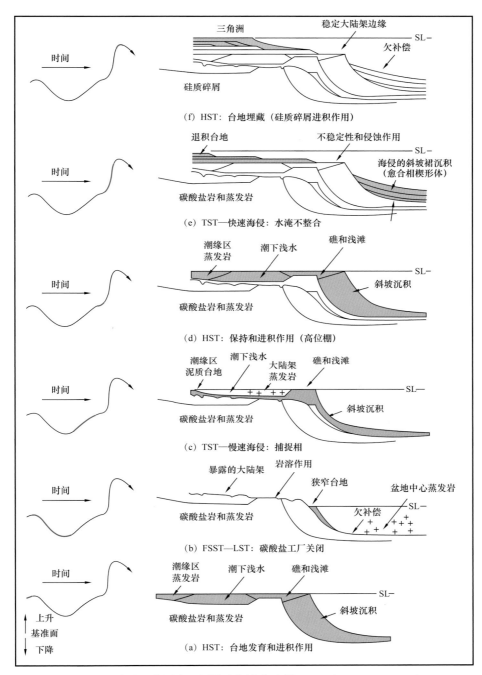

图 1-6　碳酸盐岩层序地层模式与演化（据 James 和 Kendal，1992）

HST—高位体系域；FSST—下降期体系域；LST—低位体系域；TST—海侵体系域；SL—海平面

　　慢速海侵穿越碳酸盐岩大陆架，在海岸线与镶边大陆架边缘之间潮下的浅水沉积区域形成潟湖（图 1-6c）。海侵期大陆架远端区域形成堡礁，但大陆架顶部的有效可容纳空间发育大量的碳酸盐沉积物，这些沉积物向斜坡和盆底环境的供给量则远远少于高位棚。

　　快速海侵导致碳酸盐岩台地的水淹，同时关闭了碳酸盐工厂。在大陆架碳酸盐岩活跃生长区（图 1-6e），海侵台地显示出退积的几何形态，并在水淹过程中逐渐变窄。快速海侵期碳酸盐沉积物生产的停止导致水淹不整合的形成。由于台地上碳酸盐工厂的关闭，停止向深水环境供给新的碳酸盐沉积物，因此水淹不整合发育于整个盆地范围内，从大陆架延伸至深水环境（图1-6e）。

水淹代表碳酸盐岩台地转变为碎屑沉积前的最后阶段。一旦台地水淹且低于光线所及的界限，后期高位正常海退期有效可容纳空间的充填只可能通过硅质碎屑沉积物的进积作用而实现。在大陆架上，水淹不整合的形成在碳酸盐岩台地后退过程中仍在继续，并逐渐向岸扩展（图1-6e）。因此，水淹不整合可能是穿时的，向盆地边缘方向变新，实际上可能跨越整个海侵期。

四、层序地层学发展趋势

针对层序地层学目前存在的问题及现今油气勘探需要，层序地层学未来的研究重点主要集中在如下几个方面。

1. 沉积体系 S2S 分析方法的应用

S2S 分析方法主要是运用新技术新方法从源到汇（S2S）对地貌参数、古气候、水系、沉积过路区、沉积面积及沉积物供给进行定量评价后，开展体系域研究。S2S 方法关键是强调物源区的分析及其与沉积区的有机联系，包括物源区的面积、发育、发展和泥砂推算（Zattin 等，2014；Zhao 等，2011）。

2. 陆相地层中沉积层序模式的建立

研究表明，原有层序地层学的研究思路和原则在陆相盆地地层研究中可行，但对其具体工作方法还需应用新技术进行完善（Zhao 等，2011）。

3. 深水层序地层学研究

充分利用新技术，如高精度地震资料反演、近海底高精度地震资料等地球物理方法，综合同位素旋回分析，对不整合面及相应的整合面进行准确识别，对深水泥页岩、滑塌块体沉积等科学地建立等时地层格架，包括在海相泥页岩及湖相黑色泥页岩等非常规油气勘探领域的应用（Mercedes-Martín 等，2014）。

4. 碳酸盐岩层序地层学研究

海相和湖相碳酸盐岩，特别是湖相（赵俊青等，2006），因其在地质历史中的分布比较少等原因，对其研究程度远远不如海相碳酸盐岩（杨勇强等，2011）。对湖相碳酸盐岩的成因机理和分布演化规律等方面的研究相对比较薄弱，亟需一些新理论和方法（郭荣涛等，2012）。

5. 层序地层学的标准化

地质记录的不完整性和复杂性造成层序模式的多样化（李斌等，2009），在层序级次划分、不同级次层序组合结构以及不同级次层序命名等方面，仍需要持续探索。

6. 层序地层学研究技术的创新

除了传统的露头、岩心、测井和高精度地震资料外，将地震资料的三维可视化、古生物方法、地球化学方法、数值分析和计算机模拟等综合应用已经成为层序地层学研究的总趋势（魏魁生等，1997；Jervey，1988）。

第三节 层序岩相古地理研究方法及应用

为了克服传统岩相古地理研究中的不足，层序岩相古地理研究方法应运而生，该方法的核心是层序岩相古地理图的编制。所谓层序岩相古地理图就是以层序地层学理论为指导，以体系域或相关界面为编图单元，所编制的具等时性、成因连续性和实用性的岩相古地理图（田景春等，2004）。它通过层序地层分析技术与岩相古地理编图技术深度融合，实现对不同地质历史时期四维空间的岩相古地理重建，无论在原理上、方法上都有新的突破，具有更好的实用性。

一、层序岩相古地理编图方法的演变

20世纪60年代末，板块构造理论的建立及20世纪70年代全球范围的实践，反映了当时地学革命的主流，使得古地理编图思路发生相应转变，将古地理学推上了新的发展阶段。20世纪70年代后期至80年代前期，Vail等（1977）和Fall（1984，1990）在层序地层学和沉积盆地分析方面的工作为高分辨率地层学和编制高精度古地理图提供了基础和方法。其中，Vail等提出的层序地层学理论为盆地充填实体的三维解析提供了有效途径，在全球地层等时对比、盆地分析和油气勘探开发等领域受到普遍重视和广泛应用。层序及体系域是年代地层段，也是相对等时的地质体，利用层序编制岩相古地理图，可以满足相对等时的要求。显然这种新的层序岩相古地理编图更接近盆地沉积演化的真实性，是以客观的动态变化来反映盆地的充填历史，同时对于层序地层学研究，可以编制最大海泛面古地理图和初始海泛面古地理图，进而演变成瞬时古地理图，成为地质研究的重要工作。

层序地层学从四维时空认识沉积体，不仅把时间界面、全球海平面升降、构造沉降、气候和沉积物供应有机地联系起来，而且将岩石地层、生物地层统一于地质年代格架内，从而可以比较真实地再现沉积盆地各演化时期的沉积物来源、构造沉降、沉积充填过程及古气候的相互关系，为岩相古地理编图研究与实践提供了新的思路。层序及体系域不仅是年代地层段和等时地质体，且其顶、底是可确定的物理界面。

国内最早将层序地层与岩相古地理结合进行编图始于20世纪末。牟传龙等（1992）开展的华南泥盆纪层序地层与岩相古地理编图，其具体的编图思路、原则和方法是以沉积层序为基本年代地层格架单元，以沉积体系为编图单元，以沉积体系域的顶或底界面为编图的等时或瞬时界面，以沉积体系域中不同的沉积相为编图要素。用这种思路和方法编制的岩相图称为层序岩相古地理图。

20世纪90年代末，层序岩相古地理编图形成两种方法：一是体系域压缩法；二是瞬时编图法（陈洪德等，1999）。其中方法一的等时性相对较差，但反映了具体地质体相对等时的岩相古地理，这在油气勘探和预测中具有重要意义；方法二等时性强，但仅揭示了瞬时古地理格局，缺少相对具体的地质体，因而其勘探意义相对较小。目前，大多数学者都将第一种方法作为主要研究方法（陈洪德等，1999；侯中健等，2001；田景春等，

2004）。

马永生、王国立、陈洪德等在刘宝珺院士和曾允孚先生的指导下，运用这一思路将构造、层序与岩相古地理有机结合，编制了更接近盆地沉积充填的构造—层序岩相古地理图，并出版了《中国南方构造—层序岩相古地理图集》（马永生等，2009）。

二、层序岩相古地理编图原理与方法

层序岩相古地理编图的基本原理是沉积层序作为全球/区域性海平面变化或构造运动所形成的成因地质体，其体系域和界面在全球/区域范围内具有可对比性。具有不同规模的构造运动、不同周期/级次的全球海平面升降或基准面旋回、沉积作用和气候等因素相互作用影响下，耦合成的沉积层序常常表现出不同时间跨度和空间分布范围的旋回特点（陈洪德等，1994）。研究不同级别和规模的沉积层序响应特征，以构造控盆、盆地控相、相控组合为指导思想，运用上述编图方法编制不同尺度的层序岩相古地理图，能从不同规模和尺度上揭示沉积体系以及成烃、储烃、盖烃物质的聚集与分布规律，并具有等时性、成因连续性和实用性（陈洪德等，2010）。

1. 小比例尺构造—层序岩相古地理编图思路

构造层序即Ⅱ级层序，也称为超层序或超旋回，相当于成因地层学中构造阶段的沉积记录。以构造运动为主控因素形成的构造层序，是不同级别、不同时期盆—山耦合过程中或沉积幕作用下盆地沉积充填序列的响应。大区域、小比例尺构造—层序岩相古地理研究及编图主要用于揭示洋陆格局、不同性质沉积盆地的发育演化特征、盆—盆叠合与盆—山转换过程、海（湖）平面变化和岩相古地理格局展布特征及演化，描述沉积盆地内物质聚集与分布规律，为大区域资源评价提供依据。在实际应用过程中，小比例尺构造—层序岩相古地理图反映了区域构造不同阶段的盆—山耦合关系，以及沉积盆地各演化阶段的沉积充填序列响应特征，为评价沉积盆地油气勘探潜力和预测区域范围内的生、储、盖发育特征及时空展布规律提供有力的依据。

2. 中比例尺层序岩相古地理编图思路

在单个盆地或较大区块，岩相古地理研究应以认识和描述沉积体系的发育分布特征以及区域岩相古地理格局为主。因此，在海相盆地中以Ⅲ级层序内的体系域为单元，在陆相盆地中则以长期旋回内的相域为单元，研究和编制中比例尺层序岩相古地理图，以反映和描述单盆地或盆地内大区域的沉积体系或沉积相的时空展布及演化特征，揭示等时层序地层格架中成烃、成藏物质的发育分布规律。通过中比例尺度编图，基本上明确了盆地内的地层划分系统、层序地层格架、沉积充填序列、石油地质条件优劣、油气藏要素组合关系等特征。因此，以Ⅲ级层序体系域或长期基准面旋回相域为单元而编制的中比例尺层序岩相古地理图，能够反映盆地充填韵律周期内沉积体系或沉积相的时空展布及变化特征，从而指导沉积盆地内勘探区块的优选，预测区块内的有利勘探区带。

3. 大比例尺层序岩相古地理编图思路

随着盆地油气勘探与开发向更复杂和更深层的方向发展，石油地质学家需要更精细和更准确的技术，以提高层序地层分辨率和储层预测的精度。以高分辨率层序分析和层序地层模式为基础的层序岩相古地理编图技术，为储层分布规律、预测和储层精细描述与评价提供了卓有成效的技术平台。高分辨率层序地层学理论的核心内容是在基准面旋回变化过程中，由于可容纳空间与沉积物补给通量比值的变化，相同沉积体系域或相域中发生沉积物的体积分配作用和相分异作用，导致沉积物的保存程度、地层堆积样式、相序、相类型及岩石结构和组合类型发生的变化（邓宏文，1995，2000），其实质是研究在基准面旋回变化过程中形成的地层成因记录，而在同一基准面旋回变化控制内形成的地质体具有相对等时性。以中期基准面旋回层序的上升半旋回和下降半旋回作为等时单元编制的高分辨率层序岩相古地理图，辅以层序结构、层序岩相对比剖面等图件，主要用于揭示和精细描述重点区块内的储集体成因、类型及分布特征。大比例尺层序岩相古地理研究与编图不仅充分地保证了所编图件的等时性，而且进一步强调了单一基准面上升或下降的地层旋回过程中所具有的沉积环境变迁的相似性、连续性和沉积学响应特征的继承性等发展演化特点（张翔，2005）。

4. 单因素分析多因素综合作图法

在不同尺度的岩相古地理成图过程中，单因素分析多因素综合作图法是目前被大多数学者广为接受的一种"定量岩相古地理学"（Quantified Lithofacies Paleogeography）（冯增昭等，1994）的制图方法。单因素是能独立地反映某地区、某地质时期、某层段沉积环境中的某些特征因素。某沉积层段的厚度以及特定的岩石类型、结构组分、化石及其生态组合、颜色等均可作为单因素。其有无或含量的多少均能独立、定量地反映该地区、该层段沉积环境的某些特征，如沉积环境水体的深浅、能量高低、性质等。

单因素分析多因素综合作图法可以分为三个步骤：首先，对各剖面尤其是基干剖面进行地层学和岩石学分析，取得各种定性或定量化资料，初步了解各剖面沉积环境特征及沉积演化序列。其次，按照作图单元要求，从各剖面定性或定量化资料中筛选出能够独立反映沉积环境特征的单因素，并将这些单因素百分含量绘制成相应的单因素等值线图，这些单因素图可以从不同侧面定量地反映出该地区、该层段的沉积环境特征，这就是单因素分析。最后，把这些单因素图叠加起来，并结合其他定量和定性资料，全面分析，综合判断，最终编制出该地区、该层段的定量化岩相古地理图，这就是多因素综合作图。

常见的单因素包括：地层厚度（m）等值线图、深水页岩厚度含量（%）等值线图、深水碳酸盐岩厚度含量（%）等值线图、浅水碳酸盐岩厚度含量（%）等值线图、浅水碳酸盐颗粒厚度含量（%）等值线图、浅水碎屑岩厚度含量（%）等值线图、准同生白云岩厚度含量（%）等值线图、陆源物质厚度含量（%）等值线图、石膏厚度含量（%）等值线图、石盐厚度含量（%）等值线图等。

三、鄂尔多斯盆地碳酸盐岩岩相古地理编图方法

自 20 世纪 80 年代鄂尔多斯盆地下古生界奥陶系碳酸盐岩天然气勘探取得突破以来，不同学者开始关注奥陶系层序地层与岩相古地理研究，内容涉及层序地层研究方法、层序地层划分方案、层序地层沉积模式以及与油气的关系（雷清亮等，1994；魏魁生等，1996，1997，1998；田景春等，2001；刘家洪等，2009；雷卞军等，2010；曹金舟等，2011；郭彦如等，2014；杨伟利等，2017），传统的沉积环境与岩相古地理（冯增昭等，

1999；付金华等，2001；汪泽成等，2005；章贵松等，2006；史基安等，2009；董兆雄等，2010；谢锦龙等，2013；袁路朋等，2014；张永生等，2015；包洪平等，2017）以及层序岩相古地理研究（姚泾利等，2008）等方面。由于盆地西缘、南缘秦祁被动大陆边缘与盆地中东部华北陆表海受庆阳古隆起的分隔，导致不同构造环境的奥陶系地层特征差异较大，且后期破坏严重，盆地周边地层出露不连续，造成奥陶系地层对比困难，尚未形成全盆地统一的奥陶系层序地层格架。为解决这一核心问题，"十一五""十二五"期间，笔者依托国家重大攻关项目，在综合应用各种地质、地震资料的基础上，通过大量野外露头剖面的实测与观察、盆地内典型井的层序地层分析，总结出了鄂尔多斯盆地碳酸盐岩层序地层分析方法，重新进行了奥陶系层序地层格架划分与对比，系统建立了鄂尔多斯盆地奥陶系二、三级层序地层格架（郭彦如等，2012，2014）。在此基础上，采用单因素分析多因素综合作图法，创建了鄂尔多斯盆地奥陶系层序岩相古地理研究方法体系。

1. 层序地层等时格架的建立

鄂尔多斯盆地地震资料品质较差、分辨率低，难以作为层序地层研究的主要手段（郭彦如等，2008）。根据层序地层学原理，寻找等时的地质体或单元将成为盆地奥陶系碳酸盐岩层序地层划分与对比的重要任务。针对盆地地表与地下地质条件复杂、层序地层划分方案繁多、盆地周缘与盆地本部难以对比的难题，主要构造层不整合面的等时对比成为解决这一问题的关键。

奥陶纪，鄂尔多斯盆地受华北海、兴蒙洋、秦祁洋以及贺兰海多重影响，沉积格局十分复杂，单一的地层划分对比方法难以建立全盆地年代等时地层格架。在借鉴国、内外海/陆相地层划分与对比方法基础上，结合鄂尔多斯盆地奥陶系自身特点，总结建立了一套适用于该区的地层划分与对比技术流程，其中古生物地层是基础，重要地质事件是标志，层序界面识别是关键，地球化学数据是补充以及井—震结合是核心。该方法可称为"碳酸盐岩层序地层划分与对比五要素法"（郭彦如等，2014）。

1）古生物地层是基础

古生物用于层序地层对比的核心是特定层系标准化石的年代界定与对比。鄂尔多斯盆地奥陶系野外露头标准化石丰富，而盆内钻井标准化石则相对匮乏。因此，主要依据野外露头建立不同地层分区的古生物地层标准剖面。

2）重要地质事件是标志

鄂尔多斯盆地西缘和南缘发育大量斑脱岩，同时晚奥陶世劳伦古陆（Laurentia）、波罗的古陆（Baltica）、南中国大陆也广泛分布该类岩体（Seth A. Young 等，2009；Graham A. Shields，等，2003）。因此，盆地周缘金粟山组斑脱岩可与上述地区进行对比，进而确定金粟山组发育于晚奥陶世，为二级层序 OMsq1 和 OMsq2 界面的确定提供了直接证据。

3）层序界面识别是关键

奥陶系露头剖面可见到风化暴露面、不整合面、能量转换面、底砾岩、水下截切面等各类三级层序界面识别标志。

4）地球化学数据是补充

对露头剖面进行全剖面 C/O（碳/氧）同位素测定，可直接对比国际奥陶系标准同位素剖面进行时间标定。该指标不仅解决了马一段—马二段的地层划分问题，也为盆地东、西部不同构造背景的等时地层对比提供了有力佐证。

5）井—震结合是核心

随着各大沉积盆地油气勘探开发的逐步深入，地球物理资料的精度和分布密度也越来越高，特别是地震和测井一体化解释的应用，为盆地建立等时地层格架网提供了有力保障。在鄂尔多斯盆地，由于奥陶系二维地震资料品质较差和相邻测线难以闭合的缘故，建立盆地等时地层格架网主要依靠测井曲线。通过前四步的研究，基本建立了盆地地层划分与对比的标准剖面，那么接下来的任务，就是建立井—震一体化的连井剖面，进而明确测井曲线、地震数据体与层序界面和沉积体的空间对应关系，建立较为精确的地质模型，从而真正了解盆地内部的沉积分布状况。

2. 岩相古地理工业化制图方法

根据盆地奥陶系的勘探程度和现有地质资料的精度，盆地范畴内的岩相古地理研究精度部分层段达到三级层序，部分层段可识别出体系域。因此，本书采用的鄂尔多斯盆地奥陶系层序岩相古地理研究思路与方法主要以体系域为单元，采用单因素分析多因素综合作图法，着重编制地层厚度等值线平面分布图、不同岩性厚度平面分布图、不同岩性厚度百分含量平面分布图等单因素图件，约束沉积相类型、范围及其相边界。具体分八个步骤（可称之为"层序岩相古地理工业化制图八步法"）。

1）地震剖面解释

鄂尔多斯盆地的地震资料因黄土塬地貌的影响，信噪比低，分辨率低，加之地层厚度薄、地层横向变化小等因素，地震空间几何不易识别。在层序地层研究中，地震剖面解释主要是刻画古陆边界，判断沉积/剥蚀边界。

2）古地层残留厚度图编制

古地层厚度是沉积环境判识的一项重要参数。因后期构造运动的叠加改造，在盆地周边地层剥蚀严重，难以恢复原始地层厚度。但是，盆地的主体部分，地层分布稳定，现今残余地层厚度可视为原始地层厚度。因此，在盆地本部，古地层残留厚度图可以用来判断盆地的古构造格局。

3）不同岩性厚度图编制

岩性是判断沉积环境的主要依据，不同沉积环境形成不同的岩性组合及其空间展布。岩性厚度图主要用来大致明确沉积环境的类型。

4）不同岩石含量等值线图编制

特定的沉积环境形成特定的岩石矿物组合。编制不同岩石含量等值线图可以定量确定沉积相的类型。

5）碳/氧同位素分析

碳/氧同位素可以用来精确计算沉积期古海洋的盐度及温度变化情况，在其他因素判识有困难时，可作为判断沉积环境的重要补充。

6）微量、稀土元素分析

微量、稀土元素能够反映沉积物的母源，主要用来判断影响盆地沉积的物源与古水系情况。

7）沉积相标准剖面制作

在野外剖面观测、井下岩心描述基础上，通过多种实验手段确定盆地不同沉积区相序演化规律。

8）沉积相连井剖面编制

在单井剖面基础上，建立盆地连井剖面骨架网，对于认识盆地相空间展布规律具有重要意义。

通过层序岩相古地理"碳酸盐岩层序地层划分与对比五要素法"和"岩相古地理工业化制图八步法"，以体系域为单元，采用单因素分析多因素综合作图法，系统编制了一套鄂尔多斯盆地奥陶系层序岩相古地理工业化图件，建立了秦祁海和华北海两种沉积环境的沉积演化模式，为盆地碳酸盐岩天然气勘探指明了方向。

四、层序岩相古地理研究的重要意义

在系统讨论层序类型及特征的基础上，以体系域为单元所编制的层序岩相古地理图更具等时性、成因连续性和实用性。所谓等时性，是由于层序是在同一个全球海平面变化条件下形成的，层序内的体系域是同一海平面升降周期不同阶段的产物，其更具等时性。所谓成因连续性，是由于以不同体系域所编制的层序岩相古地理图反映了不同海平面升降阶段内的古地理格局，在时空演化上具有密切的关系。所谓实用性，是由于在海平面升降不同阶段内的沉积体系域与生、储、盖组合具有良好的配置关系，因此以体系域为成图单元所编制的层序岩相古地理图可反映生、储、盖时空展布特点，能较有效地克服同时异相沉积难以对比等问题。

由于层序内的沉积组合是全球海平面变化、构造沉降速率、陆源补给（即沉积物输入率）及气候等四大因素相互作用的结果。因此，以体系域为基本单元所编制的岩相古地理图更能反映一个地区在统一地质作用场中的各种地质信息和综合效应，有利于更客观地认识一个地区的沉积作用、构造作用、地质事件及成矿作用等。

以体系域为编图单元所编制的岩相古地理图能够揭示出一些新的地质现象，例如：（1）古暴露剥蚀面的界定，在以往的岩相古地理图中，由于采用的编图单元时限跨度太大，古风化壳往往容易被忽略，这对寻找与古风化壳有关的油气藏具有重要意义；（2）孤立台地大小、形态的确定更为准确，其演化历程更加清晰，这在以往的岩相古地理图上由于比例尺太小和时限间隔太大而完全被忽略；（3）更加精确真实地反映了海陆分布和演化过程，这对研究生、储、盖组合类型及特征具有重要意义；（4）反映了沉积盆地所处的大地构造背景。

层序岩相古地理图能够有效预测覆盖区相带展布及变化特征。由于编图单位选择了短时间间隔内的等时或近等时体，在弄清了沉积和层序发育的主控因素后，根据层序研究总结出的沉积模式和层序模式，能更合理地分析和编绘未知相带及相带界线随海平面升降的变化趋势。

第四节 岩相古地理研究中的若干问题探讨

近 20 年来，在含油气区工作的地质学家似乎更多关注地层学（地震地层学、层序地层学以及高分辨率层序地层学等）的发展，对岩相古地理环境恢复方面的理论创新与方法研究甚少。实际上，岩石地层中记录着非常丰富的古地理信息、驱动力来源和驱动机制等，亟需更多、更先进的信息提取和环境重塑技术，因此，岩相古地理学的发展仍然面临着诸多重大的理论和技术问题。

一、构造过程与沉积岩相分布样式的耦合关系及其敏感度

对一个沉积盆地来讲，人们早就认识到构造对沉积的控制作用，特别是构造演化与盆地充填的阶段性耦合关系对应良好。但是，在盆地演化的小尺度时间单元内，沉积岩相的空间展布特征与盆地构造演化过程存在何种耦合关系，如何从沉积物记录中或者从地层岩性结构中鉴别沉积环境和岩相变化的内旋回和外旋回机制，进而预测有利相带的分布规律等，至今仍了解不多。

二、岩相古地理重塑的时间尺度和分辨率

小尺度和高分辨率的岩相古地理重建一直是人们追求的目标，特别是含油气区，具有很高的学术价值和商业价值。它不仅能够了解某一时期内古地理环境的细节，而且还能够提供诸如生油凹陷范围、生物群落以及丰度、岩相分布甚至河道的具体位置等。毫无疑问，一幅多信息、小时间尺度和大比例尺的古地理重建图件能够大大降低勘探风险，特别是对寻找岩性圈闭油气藏至关重要。在目前的技术条件下，应用地质、地球化学和地球物理及计算机等手段，古地理重建的时间尺度可达到百万年的精度。含油气区层序地层学，特别是高分辨率层序地层学的成熟和发展，是小尺度高分辨率岩相古地理重建的关键。目前，中期旋回和短期旋回界面的确定仍处在探索阶段，特别是短期旋回等时地层格架的建立仍然缺乏令人信服的方法和公认的标准。可喜的是，在油气区工作的沉积、岩相古地理学家正在向既定的目标迈进。

三、岩相和环境单元的精细描述与刻画

非构造油气藏，特别是岩性油气藏的勘探与开发要求古地理重塑必须达到较高的精度。通常一个油气储层的有效厚度可能只有几米，要在三维空间上了解它的岩相与物性分布样式，必须对其岩相特征作出精细的描述和刻画。岩相环境单元的精细描述不等于油藏描述，前者是岩相古地理重塑和制图的重要内容，是区域性、多信息和多学科的综合研究，而后者则是针对特定油藏、单项和小地域范围的精细解剖，两者在方法、手段和目标上存在诸多不同。

四、岩相单元分布的预测

现阶段，油气藏的勘探难度越来越大，风险越来越高，寻找地下（尤其是深层）岩

性、地层油气藏和非常规油气已成为目前油气勘探的主要目标。因此，沉积学、岩相古地理学和地球物理学的相互结合与渗透越来越重要，特别是在勘探新区，通过已知推断、预测未知的岩相单元已经成为层序岩相古地理重建的重要任务之一。

对于盆地油气地质条件研究而言，野外剖面与钻井资料通常只能进行地下地质信息点→线→面的构建，如果要进行地下信息地质体的构建，必须依靠地震资料进行延伸和外推，其核心问题有二：一是采用适当的方法和参数将反映地下地层界面反射系数大小的振幅剖面转化为反映地层岩性属性的反演剖面；二是对反演资料作出合乎地下实际地质特征的解释，例如岩性、储层、物性乃至含油气性等。

五、岩相古地理重塑的信息来源及其对称性

岩相古地理重建的多重信息无疑来源于地质记录。理论上讲，古地理环境的任何信息都会在地层记录中直接或者间接地留下烙印和保存下来，但是，由于人类目前的技术手段和认识水平，加之某些原因造成的地质记录的破坏、改变或者缺失，给人们获取、解读和反演这些信息带来困难。因此，地质记录中极其丰富和复杂的信息与人们目前可获取的部分相比，在数量以及真实可靠性等方面存在着很大的不对称性，这就极大地阻碍了岩相古地理学的发展以及对资源的寻找与开发。

在含油气区古地理重建过程中，除了传统的古生物学、地层学、沉积学以及岩石矿物学等学科提供的地质信息外，还应进一步加强地球化学和地球物理学在古地理环境重建中获知地质信息的贡献量。地球化学的多个分支，不论是有机、无机，还是元素、同位素等都能对地层记录中的微观特征给予古地理解释。过去已经有了一些诸如特殊元素的比值、标志化合物以及某些信息的组合等，但是，还缺少一套对古地理比较敏感的并且多解性较少的信息平台和指标体系。测井地质学和地震勘探技术的进步对于了解地下物质的组成、结构、性质、叠置样式等具有不可替代的作用，可对古地理重建提供丰富的信息。但是现阶段，这些信息大多被用于地质构造、层序地层、储层分布、油藏性质和形态方面的研究，而古地理学家对这些信息的获取、解释并充分应用于古地理重建的程度仍然不够，因此，迫切需要加强这些学科间的交流和交叉应用。

六、数字化的岩相古地理制图

应用现代计算机技术，将源自不同学科的古地理信息进行集约集成，建立起庞大的古地理重建数据库并形成多种组合式的可视化成果，为科学研究、社会公益和经济部门提供古地理、古生态、古气候等方面的信息资源。

数字古地理重建可在能源部门（例如石油、煤炭）科技人员的参与下，先从基础好的含油气区开始，在过去已有的成果基础上，逐步开展全国范围内同时间单元、同时间尺度的跨地域、山盆连片的古地理重建。即把过去分散的、以盆地为单元的或者以盆地的次级构造为单元的、以单项内容为指标的岩相古地理制图变成集中的、大区域范围的、多项内容和多信息的古地理制图。可以肯定，数字化的岩相古地理制图有利于油气勘探新区、新领域、新层位和新靶区的发现，是一项具有重要经济价值的基础工作。

古地理学已具有200余年的悠久历史，其发生、发展与沉积学和地层学的发展密切相关。古地理学的理论发展和相关的技术进步在勘探开发沉积矿产资源等方面发挥了重要

作用，开拓了在河流、三角洲、滑塌浊积扇、深水重力流沉积、滩坝、礁以及碳酸盐岩建隆中找油的新领域。中国岩相古地理的研究为推动油气资源勘探开发起到了不可替代的作用，已在不同地区和地质层位中找到了极为丰富的油气资源。中国含油气盆地油气勘探表明，岩相古地理控制了油气成藏的基本要素组合和油气资源的分布，地层和岩性圈闭的发育和分布受控于古地理条件的改变。中国石油地质储量的 13%、55.3% 和 12.6% 分别分布在河流、三角洲和水下扇的沉积物中。目前岩相古地理研究正在沿着综合、精细的方向前进，将来应进一步深化陆相层序地层学与岩相古地理研究的结合，编制全国性的、多信息的、不同比例尺的和数字化的岩相古地理图件，确立不同尺度的定量古地理特征与油气分布之间的关系，以更好地指导未来沉积矿产的综合勘探开发（朱筱敏，2004；蒋维红，2007）。

第二章　奥陶系地质概况

第一节　区域动力学背景及构造演化特征

　　鄂尔多斯盆地是华北板块西部典型的克拉通边缘叠合盆地，为中国内陆第二大沉积盆地，横跨陕、甘、宁、内蒙古、晋五省区，北以阴山、大青山、狼山为界，南至秦岭，西起贺兰山、六盘山，东到吕梁山，面积约 $37 \times 10^4 km^2$（盆地本部 $25 \times 10^4 km^2$）。盆地本部由伊盟隆起、渭北隆起、晋西挠褶带、伊陕斜坡、天环坳陷、西缘冲断带等 6 个一级构造单元组成，周缘与河套盆地、银川地堑、巴彦浩特盆地、六盘山盆地、定西盆地、渭河盆地等 6 大盆地毗邻（图 2-1）。盆地演化至今，主要经历了吕梁、晋宁、加里东、海西、印支、燕山及喜马拉雅等多期构造运动旋回，并在古构造控制下，发育了中—新元古界至下古生界海相碳酸盐岩台地相、上古生界海陆交互相含煤碎屑岩、中生界内陆河流—三角洲—湖盆相以及新生界风成黄土及河流相，其中各界、系、统、组岩性特征及沉积相类型如图 2-2 所示。盆地基底为前寒武系结晶变质岩系，后续地层发育较全，总厚度为5000～6000m，主要缺失志留系—下石炭统。

　　自 20 世纪 50 年代，随着盆地地质勘查由东向西挺进，加之长庆、延长等一批油气田的发展壮大，有关盆地构造演化与沉积响应等基础研究也进入高速发展期，并取得了丰硕成果。但局限于重力、磁力、电法与地震资料品质较差，以及盆内野外露头资料较少等原因，目前有关盆地基底断裂体系展布、西缘逆冲叠瓦构造样式与演化、南缘特定时期岩相古地理特征、盆地内部及周缘层序地层格架重建等问题仍需要进一步明确和探讨。

一、区域动力学背景

　　在早古生代加里东构造旋回期，鄂尔多斯地块整体为陆表海，南北两侧分别与秦祁洋和兴蒙洋相连，其形成演化受两大洋控制明显，尤其与南侧秦岭洋关系最为密切。

　　目前的研究表明，兴蒙洋实际上代表了发育于中朝板块与西伯利亚板块之间的古亚洲洋残余，一般认为古亚洲洋封闭于晚古生代末期（王鸿祯等，1981；乔秀夫等，2002）。在早古生代，古亚洲洋对中朝板块北缘的地质演化具有强烈的控制作用，而华北地台作为中朝板块的核心部分，主要表现为浅水陆表海环境。鄂尔多斯地块作为华北地台的重要组成部分，由于北侧伊盟古陆阻隔，地块内部受北侧海盆影响较小，而受南侧秦岭洋与西侧祁连洋的影响较大。

　　秦岭洋是发育于中朝板块与扬子板块之间的宽阔大洋，其形成演化目前还存在很大的争议，但其封闭于印支期已经得到大多数地质学家的认可。华北地台西侧祁连洋的发展演化过程目前仍存在较大分歧，这与祁连地区复杂的地质因素以及基础研究工作不够有关。

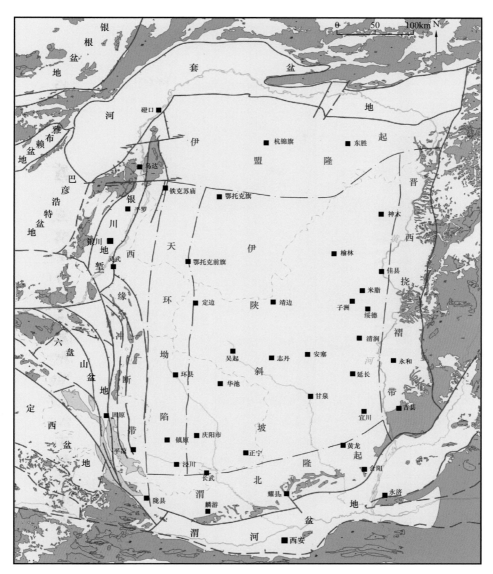

图 2-1 鄂尔多斯盆地构造区划与外围盆地分布

近期在祁连地区发现有厚度较大的奥陶系—下泥盆统放射虫硅质岩以及零星出露的下古生界蛇绿岩套残余（边千稻等，2001），种种迹象表明祁连海槽在早古生代至少也是分隔塔里木板块与中朝板块且具有一定规模的洋壳海盆。多数学者倾向于塔里木板块与中朝板块的拼合时间早于其与扬子板块的拼合时间，并可能发生在加里东运动晚期至海西运动早期。因此，祁连洋盆的地质发展以及塔里木板块与中朝板块间的相互作用必定会对华北地台西缘及鄂尔多斯盆地的地质演化产生重要影响。

二、构造演化特征

鄂尔多斯盆地是华北板块西部典型的克拉通边缘叠合盆地，其发展演化除与华北板块一脉相承外，还受盆地周缘古海槽多期开、合演化的控制与影响，具有其自身的独特性与复杂性。盆地发展演化至今，主要经历 8 个阶段：（1）太古宙—古元古代盆地结晶基底形

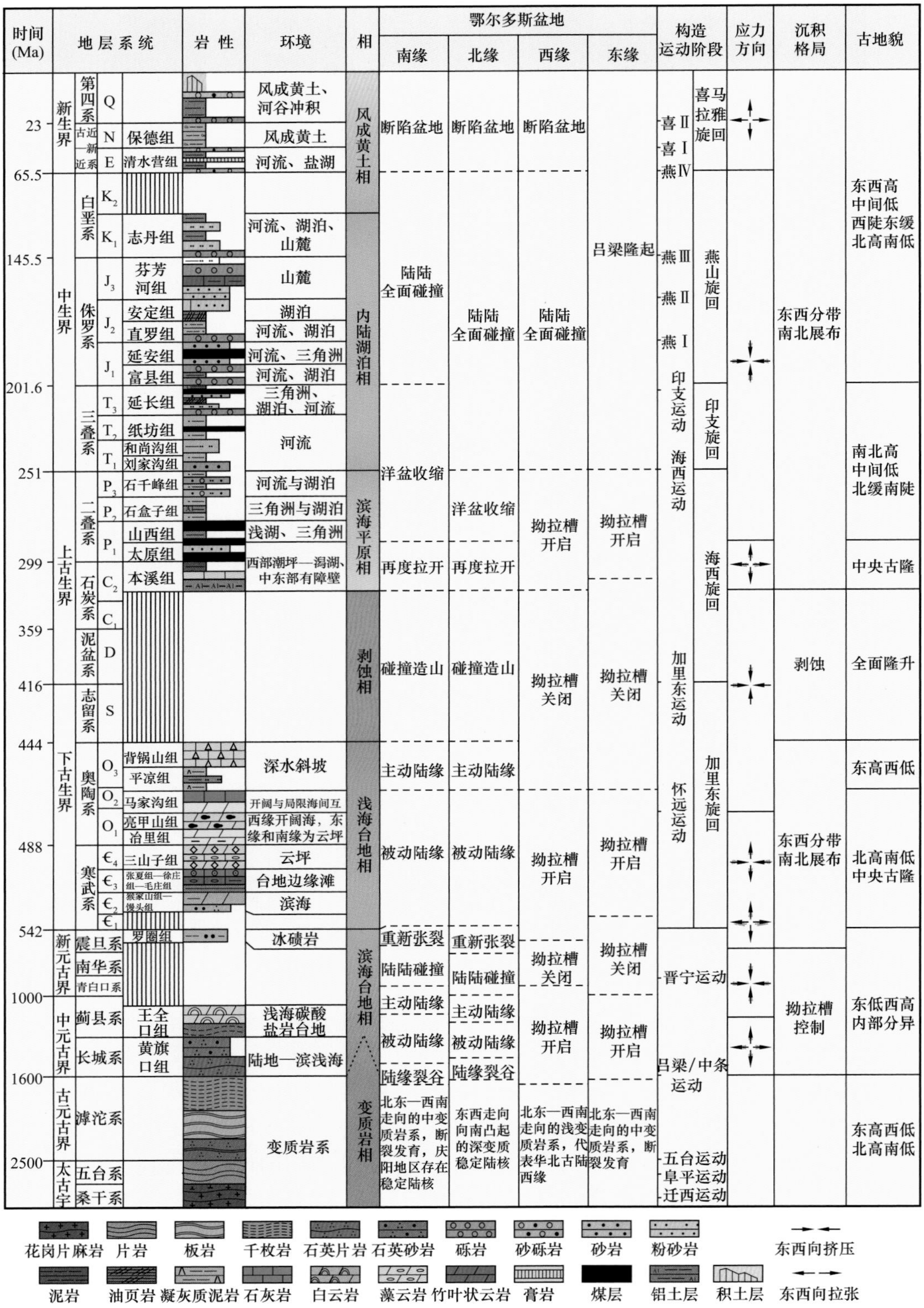

时间(Ma)	地层系统		岩性	环境	相	鄂尔多斯盆地				构造运动阶段		应力方向	沉积格局	古地貌
						南缘	北缘	西缘	东缘					
23	新生界	第四系 Q		风成黄土、河谷冲积	风成黄土相	断陷盆地	断陷盆地	断陷盆地		喜II 喜I 燕IV	喜马拉雅旋回			东西高中间低西陡东缓北高南低
65.5		古近新近系 N 保德组		风成黄土										
		E 清水营组		河流、盐湖										
145.5	中生界	白垩系 K2		河流、湖泊、山麓	内陆湖泊相	陆陆全面碰撞			吕梁隆起	燕III 燕II 燕I	燕山旋回		东西分带南北展布	
		K1 志丹组												
		侏罗系 J3 芬芳河组		山麓										
		J2 安定组		湖泊			陆陆全面碰撞	陆陆全面碰撞						
		J2 直罗组		河流、湖泊						印支运动 海西运动				
		J1 延安组		河流、三角洲										
201.6		J1 富县组		河流、湖泊						印支旋回				
		三叠系 T3 延长组		三角洲、湖泊、河流									南北高中间低北缓南陡	
		T2 纸坊组		河流		洋盆收缩								
251		T1 和尚沟组 刘家沟组												
	上古生界	二叠系 P3 石千峰组		河流与湖泊	滨海平原相						海西旋回			
		P2 石盒子组		三角洲与湖泊			洋盆收缩	拗拉槽开启	拗拉槽开启					中央古隆
299		P1 山西组		浅湖、三角洲		再度拉开	再度拉开							
		P1 太原组												
		石炭系 C2 本溪组		西部潮坪—潟湖、中东部有障壁										
359		C1			剥蚀相	碰撞造山	碰撞造山	拗拉槽关闭	拗拉槽关闭	加里东运动			剥蚀	全面隆升
416		泥盆系 D												
		志留系 S												
444	下古生界	奥陶系 O3 背锅山组 平凉组		深水斜坡	浅海台地相	主动陆缘	主动陆缘			怀远运动	加里东旋回			东高西低
		O2 马家沟组		开阔与局限海间互					拗拉槽开启					
488		O1 亮甲山组 冶里组		西缘开阔海，东缘和南缘为云坪		被动陆缘	被动陆缘	拗拉槽开启					东西分带南北展布	北高南低中央古隆
		寒武系 €4 三山子组		云坪					拗拉槽开启					
		€3 张夏组—徐庄组—毛庄组		台地边缘滩										
		€2 馒头山组—馒头组		滨海										
542		€1			滨海台地相									
	新元古界	震旦系 罗圈组		冰碛岩		重新张裂	重新张裂		拗拉槽关闭	晋宁运动				
		南华系 青白口系				陆陆碰撞	陆陆碰撞	拗拉槽关闭					拗拉槽控制	东低西高内部分异
1000	中元古界	蓟县系 王全口组		浅海碳酸盐岩台地		主动陆缘	主动陆缘	拗拉槽开启	拗拉槽开启					
	长城系	黄旗口组		陆地—滨浅海		被动陆缘	被动陆缘	拗拉槽开启	拗拉槽开启	吕梁/中条运动				
1600	古元古界	滹沱系		变质岩系	变质岩相	陆缘裂谷	陆缘裂谷		陆缘裂谷					东高西低北高南低
						北东—西南走向的中变质岩系，断裂发育，庆阳地区存在稳定陆核	东西走向的浅变质岩系，代表华北古陆西缘	北东—西南走向的中变质岩系，裂陷发育						
2500	太古宇	五台系								五台运动 阜平运动 迁西运动				
		桑干系												

花岗片麻岩　片岩　板岩　千枚岩　石英片岩　石英砂岩　砾岩　砂砾岩　砂岩　粉砂岩　← 东西向挤压 →

泥岩　油页岩　凝灰质泥岩　石灰岩　白云岩　藻云岩　竹叶状云岩　膏岩　煤层　铝土层　积土层　← 东西向拉张 →

图2-2　鄂尔多斯盆地构造演化与地层发育综合柱状图

成阶段；（2）中元古代早—中期大陆裂解阶段，主要发育陆缘裂谷和陆内拗拉槽；（3）中元古代晚期—新元古代早期大陆会聚阶段，盆地抬升缺失沉积；（4）新元古代中期—早古生代中奥陶世盆地边缘裂陷与陆内坳陷阶段，主要发育海相碳酸盐岩台地沉积；（5）早古生代晚奥陶世—晚古生代早石炭世盆地周缘碰撞造山阶段，盆地抬升剥蚀；（6）晚古生代晚石炭世—二叠纪末盆地周缘裂解阶段，主要发育海陆交互沉积；（7）中生代陆内坳陷阶段，盆地边缘隆起并整体掀斜，主要发育河流、三角洲及湖泊沉积；（8）新生代盆地周缘断陷阶段。其中中元古代古构造格局对盆地后期构造断裂展布、沉积演化、地质流体运移及聚集产生了重要影响。

1. 太古宙—古元古代盆地结晶基底形成阶段

太古宙—古元古代是盆地基底形成的主要时期。由于经历了迁西、阜平、五台、吕梁四次构造运动，盆地基底岩系发生变质、混合岩化及褶皱作用，并由此形成了由麻粒岩相（分布于古陆核中部）与绿片岩相（分布于古陆核周边）组成的复杂变质岩系（图2-2）。在盆地基底形成过程中，阜平运动促使古陆核形成，五台运动使古陆核由塑性向刚性转变，并最终在吕梁运动后形成稳定的结晶基底（杨华等，2006；王涛等，2007）。

鄂尔多斯盆地内部以宽缓正磁异常为主体，呈北东走向，从陇县一直延伸至太原，斜穿整个盆地，岩性为古元古界中等变质片麻岩、片岩及大理岩（同位素年龄约2Ga）。两侧表现为相同走向的负磁异常条带，形态差异较大，宜川地区比较宽缓，靖边地区右行错断，变化剧烈。东胜南部的高值正磁异常，呈东西走向，微向南凸，岩性为深变质麻粒岩（同位素年龄约2.4Ga），代表稳定的太古宇陆核（段吉业等，2002；王涛等，2007）。从上述特征可以看出：鄂尔多斯块体南北磁异常在延伸方向和形态方面都有显著差异，且在靖边存在较大规模的磁异常梯度带，反映靖边以北鄂尔多斯基底存在一个明显的物性界面，且界面两侧的基底物质组成、构造特征等存在差异。

2. 中元古代裂陷槽发育阶段

1）中元古代早—中期大陆裂解阶段

中元古代早期—中期，盆地主要沿袭了华北板块的演化特征，发育大陆边缘裂谷和陆内拗拉槽（段吉业等，2002）。盆地南缘主要发育秦祁大洋裂谷及与之相伴生的三大拗拉槽，分别为海源—银川拗拉槽（贺兰拗拉槽）、延安—兴县拗拉槽（晋陕拗拉槽）和永济—祁家河拗拉槽（晋豫陕拗拉槽），发育长城系滨海相碎屑岩和蓟县系含燧石条带藻纹层白云岩，但三者沉积厚度差异较大。盆地北缘主要发育兴蒙大洋裂谷及与之相伴生的狼山拗拉槽和燕山—太行山拗拉槽，沉积厚度为2000~4000m。该时期盆地沉积格局主要受延伸至盆地南部的三大拗拉槽所控制，盆地北部则因伊盟古隆起持续存在，构造环境相对稳定。

2）中元古代晚期—新元古代早期碰撞造山阶段

中元古代晚期，古亚洲洋向华北板块俯冲，盆地北缘转变为主动大陆边缘，发育岛弧型火山沉积建造，至1Ga左右，盆地北缘进入碰撞挤压造山阶段，构造变形强烈，褶皱断裂发育（刘正宏等，2000）。同样，盆地南缘也经历了由被动陆缘—主动陆缘—碰撞造山的发展演化，只是时间上与北缘稍有出入，表现为南部启动早而结束晚（申浩澈等，

1994；张臣等，2002；余和中等，2005）。在1.1—1.0Ga，盆地周缘洋盆与裂谷相继关闭，使华北陆块（包括鄂尔多斯地块）成为罗迪尼亚（Rodinia）超大陆的一部分，即著名的格林维尔（Grenville）造山事件，并一直持续到新元古代早—中期（900—700Ma）。

3）新元古代中—晚期大陆再次裂解阶段

随着泛大陆的解体，华北古陆与西伯利亚、劳伦大陆裂开，形成独立的华北板块。盆地北缘兴蒙洋拉伸纪（900Ma）开始张裂，成冰纪（750—700Ma）、埃迪卡拉纪（700—600Ma）达到扩张高峰期（洪大卫等，2000）。盆地西南缘秦祁洋成冰纪（740Ma）开始张裂，埃迪卡拉纪（550Ma）发育成典型大洋。众多零星的地层记录分析表明，鄂尔多斯古陆南北两侧在前寒武纪末已经发育成为稳定的被动大陆边缘（张福礼，2002；王雪莲等，2005）。

3. 早古生代陆表海发育阶段

1）寒武纪—中奥陶世被动大陆边缘阶段

早—中寒武世，鄂尔多斯盆地继承了新元古代后期的应力特征，表现为区域伸展，受其影响，盆地北部形成东西向的乌兰格尔隆起、中西部南北向的靖边鞍状隆起以及盆地东部的吕梁隆起。除上述隆起外，盆地其余区域皆为海相沉积环境，并在中寒武世张夏组沉积期海侵达到全盛。由于此时盆地古地貌北高南低，因此即便在张夏组沉积期，盆地北部仍存在乌兰格尔隆起，并在鄂托克旗—东胜一线以北缺失下古生界。

晚寒武世—早奥陶世亮甲山组沉积期，构造应力场由南北拉伸向南北挤压过渡，加之全球海平面下降，致使鄂尔多斯盆地内部出现大面积古陆，只在盆地周缘接受少量潮坪沉积。

中奥陶世马家沟组沉积期，近南北向挤压开始占据主导地位，盆内发生坳陷，构造分异明显（王雪莲等，2005）。早期的乌审旗—庆阳中央古隆起分解为北部伊盟古隆起、中部中央古隆起和中东部陕北坳陷（受盆地中元古代古构造格局影响明显），标志着鄂尔多斯盆地早古生代构造格局已基本发育成熟。其中，盆地中东部陕北坳陷马家沟组发育三套蒸发岩—碳酸盐岩旋回，并向伊盟古隆起和中央古隆起超覆尖灭，盆地西缘和南缘则以浅海—半深海相碳酸盐岩、泥岩为主。总结该时期鄂尔多斯的岩相古地理特征，可以概括如下：古陆分隔、隆坳相间；台内为坪、蒸局交替；台外为坡、先缓后斜；盆槽比邻、母源蕴藏。

2）晚奥陶世早期主动大陆边缘阶段

进入晚奥陶世，盆地南侧的秦祁洋向北俯冲而北侧的兴蒙洋向南俯冲，南北向挤压进一步加剧，随之盆地两侧转换为活动大陆边缘，发育沟—弧—盆体系，华北板块整体抬升，海水退出全区。与此同时，西缘和南缘强烈沉降，同沉积断裂活动加强，台地边缘发育斜坡重力流，沉积了平凉组和背锅山组（图2-2岩性特征），标志着鄂尔多斯盆地早古生代碳酸盐岩台地沉积已接近尾声。

3）晚奥陶世末碰撞造山阶段

奥陶纪末，由于加里东运动影响，鄂尔多斯地块普遍抬升、剥蚀。兴蒙洋、秦祁洋以及贺兰坳拉槽相继关闭并转化成陆间造山带，盆地内部缺失沉积（图2-2）。

4. 晚古生代—早中生代大型坳陷湖盆发育阶段

奥陶纪末，华北陆块进入抬升剥蚀状态。海西运动早期，鄂尔多斯盆地继承了加里东期的碰撞抬升，并一直持续到晚石炭世，风化剥蚀长达0.15～0.18Ga，地层缺失志留系—下石炭统。海西运动中期开始，盆地演化进入海陆交互—陆相坳陷演化阶段。

1）晚石炭世本溪组沉积期—早二叠世太原组沉积期海槽重新活动阶段

海西运动中期，秦祁海槽、兴蒙海槽、贺兰坳拉槽再度复活，鄂尔多斯地块随之发生区域性沉降，并开始接受沉积。在盆地内，区域构造继承了早古生代北北东向的隆坳相间格局，沉积特征为东西分异、南北展布，古地貌北高南低。

晚石炭世本溪组沉积期，盆地内部延续了早期隆坳相间的古地理格局，中央发育近南北向"哑铃状"古隆起，并分割了东西两侧的华北海和祁连海。本溪组沉积晚期，兴蒙海槽向南俯冲消减，包括鄂尔多斯盆地在内的华北地台由南隆北倾转变为北隆南倾，华北海与祁连海沿中央古隆起北部局部连通。

早二叠世太原组沉积期，随着盆地区域性沉降的持续，海水自东西两侧侵入，致使中央古隆起没于水下，并形成统一的广阔海域。尽管如此，水下古隆起对盆地沉积仍具有一定的控制作用，古隆起东部以陆表海沉积为主，西部则以半深水裂陷槽沉积为主。

2）早二叠世山西组沉积期—石千峰组沉积期海陆过渡阶段

早二叠世山西组沉积期，盆地周边海槽不再拉张，转而进入消减期。晚二叠世，北部兴蒙洋因西伯利亚板块与华北板块对接而消亡，南部秦祁洋则再度向北俯冲而消减，至晚三叠世闭合（申浩澈等，1994；余和中等，2005）。由于受南北两侧大洋相向俯冲影响，华北地台整体抬升，海水从盆地东西两侧迅速退出，区域构造环境与古地理格局发生显著变化，早期的南北向中央古隆起和盆内隆坳相间的沉积格局消失，沉积环境由海相渐变为海陆过渡相，岩性特征如图2-2所示，古地貌表现为北高南低，北缓南陡，并一直持续至晚三叠世。

山西组沉积早期是海盆向近海湖盆转化的过渡时期，区域构造活动强烈，海水从盆地东西两侧退出，北部物源区快速隆升，成为主要物源区。山西组沉积晚期，北部构造活动日趋稳定，物源供给减少，盆地进入相对稳定的沉降阶段，并发生较大规模海/湖侵，三角洲体系向北收缩，沉积相带北移。中二叠世下石盒子组沉积期，盆地北部构造活动再次加强，古陆进一步抬升，南北向坡度增大，冲积扇—河流—三角洲沉积体系向南推进；至上石盒子组沉积期，北部构造抬升减弱，冲积体系萎缩，而南部构造抬升作用增强，三角洲沉积体系向北收缩。晚二叠世石千峰组沉积期，北部兴蒙洋与西部贺兰坳拉槽关闭、隆升，南部秦祁洋虽未完全关闭，但俯冲消减作用强烈，导致华北地台整体抬升，海水自此退出鄂尔多斯，盆地演变为内陆湖盆，以发育河流—三角洲—湖泊沉积为主，沉积环境彻底转变为大陆体系。

3）印支期陆内坳陷阶段

中—新生代，鄂尔多斯盆地受古亚洲洋、古特提斯洋和环太平洋三大区域动力体系控制，周缘板块相继会聚、碰撞造山，并最终导致了吕梁隆起、六盘山冲断带及阴山岩浆岩带的形成与发展。由于后期燕山运动的影响，盆地进一步抬升剥蚀，且东部持续隆起，东高西低的古地理格局一直持续至今。可以说，中生代是鄂尔多斯盆地作为独立沉积盆地发育与演化的开始，并表现出了明显的阶段性和旋回性。盆地古地貌东高西低，沉积格局东西分异、南北展布。

海西运动末期，鄂尔多斯盆地周缘除秦岭洋外皆已关闭，盆地进入内陆湖盆演化阶段。此时秦岭洋虽未完全关闭，但对盆内沉积影响较小，只在盆地东南缘尚存部分浅海陆缘沉积。至印支期，盆地及周缘受古特提斯洋闭合影响，构造应力场以南北向挤压为主，形成盆地南部的秦岭造山带、西缘陆内构造活动带、北缘阿拉善古陆、阴山造山带和东部华北古陆等多个物源供给区。此时盆地内部沉积格局表现为南北分异、东西展布。

早—中三叠世（刘家沟组、和尚沟组、纸坊组沉积期），盆地继承了二叠纪的古构造格局和沉积特点，盆内发育一套以河流相、沼泽相为主的红色、杂色砂岩和暗色泥岩层系（图 2-2）。

晚三叠世，特提斯北缘的昆仑—秦岭洋沿阿尼玛卿—商丹断裂带由东向西呈"剪刀式"碰撞闭合，强烈的造山运动使得南华北地区大规模隆升，靠近郯庐断裂带首先隆起并逐渐向西扩展，使得晚三叠世盆地沉积不断向西退缩，沉积中心不断向西迁移。该时期盆地沉积格局变化不大，沉积环境稳定，以湖泊—三角洲相为主。该时期，尽管盆地内部构造运动不明显，但在西南缘已经发生断裂逆冲，并且在古太平洋板块俯冲影响下，盆地开始由南北分异向东西分异转变。三叠纪末盆地整体不均匀抬升，延长组顶部遭受差异剥蚀。

5. 中生代燕山期前陆盆地发育阶段

燕山期，古太平洋板块开始向新生的亚洲大陆斜向俯冲，华北板块中东部地区总体处于北东向左旋挤压构造环境，鄂尔多斯盆地东部显著向西掀斜，盆地西南缘发生强烈陆内变形和多期逆冲推覆，形成盆地西部坳陷、东部掀斜抬升的古构造格局。各时期具体特征如下。

早侏罗世构造稳定期：富县组沉积期（图 2-2），盆地在三叠纪末高低不平的古地貌上填平补齐，主要发育河流—湖泊沉积。延安组沉积期，主要发育河流—沼泽沉积，厚200～300m，为盆地主要成煤期。

中侏罗世东西分异阶段：盆地东部隆起逐渐扩大，沉积范围逐渐向西收缩，此时盆地沉积格局东西分异、南北展布。

晚侏罗世强烈逆冲隆升阶段：受特提斯域诸地块与西伯利亚板块南北双向挤压及阿拉善地块东向挤压作用影响，盆地西缘发生强烈逆冲变形、东部抬升剥蚀。地层厚度自西向东骤然减薄，与白垩系高角度不整合接触，沉积相亦由冲积相快速过渡为河流—湖泊相。

早白垩世盆地整体持续抬升阶段：早白垩世，盆地处于弱伸展构造环境内，仅发生轻微褶皱和断裂，东部持续抬升，西部继续逆冲，盆地多处与古近系呈不整合接触。

晚白垩世盆地消亡阶段：晚白垩世全区仍继续隆起，风化剥蚀，缺失沉积，鄂尔多斯盆地发育结束。

6. 新生代喜马拉雅期盆地周缘断陷阶段

喜马拉雅期，印度洋板块与欧亚板块碰撞，古特提斯洋闭合，同时太平洋板块向西俯冲消减，盆地内部整体抬升，周缘发育一系列新生代断陷盆地。盆地主体部分普遍缺失古近系，仅在中东部地区发育新近纪（8—3Ma）红色黏土，第四纪（1.7Ma以来）黄土大面积覆盖。因此，晚白垩世盆地构造隆升至少延续至新近纪红色黏土沉积之前，之后再次发生隆升事件，可能在一定程度上反映了青藏高原隆升在鄂尔多斯地区产生的远程效应。根据磷灰石FT统计分析，鄂尔多斯盆地主体在喜马拉雅期发生过多次构造抬升事件，大约包含55Ma、25Ma、5Ma三个主要幕次（陈刚等，2007）。

鄂尔多斯盆地作为华北板块的一部分，其发展演化不能脱离主体而单独存在。二者演变历程异常复杂，不仅在板块形变上遭受多期改造、变形叠加，而且在沉积建造上也形成了多种岩石类型。由太古宙至新生代，盆地依次经历了阜平、五台、吕梁、晋宁、加里东、海西、印支、燕山和喜马拉雅等9大构造运动旋回，总体表现为基底形成—裂解—会聚—离散—会聚—造山—裂解—会聚—造山—掀斜—断陷的运动旋回特征（图2-2）。

鄂尔多斯盆地的发展演化总体上表现为"跷跷板"式升降运动，古地理格局具有多期性和旋回性，各期古地貌特征表现为：中—新元古代东高西低，弱分异、弱展布；早古生代—晚古生代中期北高南低，隆坳相间；晚古生代后期—中生代早期北高南低，东西分异、南北展布；中生代中、后期东高西低，东西分异、南北展布。上述不同时期独特的构造—沉积格局，对油气的运聚成藏具有重要意义。

第二节　地层特征

一、地层分区

《中国地层指南（修订版）》指出，地层特征主要受构造控制，地层区划的基础是构造单元及构造发展阶段。构造环境变化是地层大区划分最重要的基础之一，而在不同构造发展阶段控制下的古地理环境、地层物质组成、沉积类型、生物区系及含矿性等因素的变化，是地层小区划分的重要依据。鄂尔多斯盆地及周缘大体上属华北地层大区，根据前人研究成果可将盆地下古生界划分为三个地层小区（图2-3），分别为：盆地西缘地层小区、盆地南缘地层小区以及盆地中东部地层小区。中东部地层小区与华北地台中部相似，应属同一地层分区，以山西吕梁地区最为典型。南缘和西缘可以划分为两个不同的地层小区，二者边界不易确定，但以黄河—清水河发育的两条大断裂为界可能较好。清水河以南属南缘地层小区，黄河以东为西缘地层小区内带，沿贺兰山及以西为外带。实际上西缘与南缘地层小区在盆地西南缘存在过渡区域，不易区分。三个地层小区的地层出现明显沉积分异发生在中奥陶世晚期，此前虽有差异，但不显著，这也从另一方面表明该区构造古地理的重大转折发生在中奥陶世晚期。

西缘地层小区下古生界主要出露在北段桌子山、中段贺兰山以及南段青龙山—大/小罗山地区。青龙山地区属西缘内侧陆棚带，而其以西的罗山、中卫牛首山和同心张大沟一带均位于外侧斜坡带。在西缘地层小区内，下奥陶统总体上以内陆棚沉积为主，大多数地

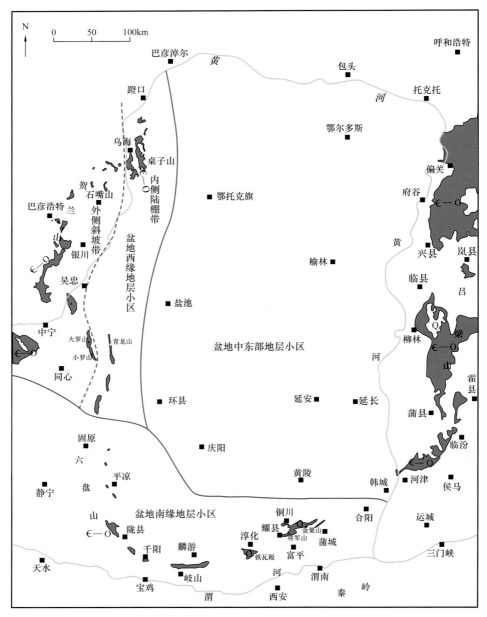

图 2-3 鄂尔多斯盆地下古生界野外地质露头与地层分区特征（据史晓颖等，2010）

区属于潮坪沉积环境，白云质碳酸盐岩较为发育，生物化石相对较少，门类单一。中奥陶统下部以内陆棚浅海沉积为主，而上部明显以外陆棚沉积占主导，晚期则发展成陆棚边缘半深水环境。上奥陶统总体上以半深海大陆斜坡沉积为主，但内带可能以外陆棚边缘凹陷—坡折带为主，外带则以大陆斜坡远源碎屑浊积岩为特征。在空间分布上，沿贺兰山西侧外带重力流—滑塌沉积启动明显早于东侧内带，始于中奥陶世达瑞威尔晚期（克里摩里组沉积期），而内带则始于晚奥陶世桑比早期（乌拉力克组沉积期），表明基底沉降由西向东逐步扩展的过程。在该地区目前还没有发现明显与陆架边缘生物礁相关的沉积地层组合。

南缘地层小区分带不是很明显，或至少没有发现太多的外带露头。仅就上奥陶统来看，可明显区分出两种不同的沉积相类型，分别以东段和西段为代表。在西段地区，以平凉组—背锅山组为代表的地层序列代表了外陆棚—大陆斜坡上部的沉积环境。在东段地区，以富平—耀县地区的金粟山组—桃曲坡组—东庄组为代表，属外陆棚凹陷—陆棚深水盆地沉积环境，总体上并未达到大陆斜坡沉积环境。从地层沉积序列来看，由外陆棚凹陷至大陆斜坡上部中间似乎缺失了一种相类型，即以生物礁为主体的台地边缘生物礁相。在铁瓦殿南坡西陵沟看到了生物礁相组合，其特征介于桃曲坡组与背锅山组之间。从空间分布看，南缘中段台地边缘生物礁相最有可能出现在泾阳—淳化之交的铁瓦殿山一线，其南为大陆斜坡上部，其北耀县—富平—蒲城为外陆棚深水凹陷。在南缘西段，陆棚相区出现在陇县—平凉一线的北东侧，其南西一侧为深水斜坡相区。在南缘地层小区东段，据傅力浦等（1993），在合阳地区发育较厚的滑塌角砾灰岩，而更东北的韩城一线则与华北地台内部的地层较相近，可能属于中东部地层小区。

盆地中东部地层小区由于受西南庆阳古陆、北部伊盟古陆、东部吕梁古隆起围限影响，整体以交替发育的蒸发台地—局限台地潟湖沉积为特征，其中—下奥陶统发育潮坪相白云岩，中奥陶统发育膏盐岩—白云岩互层，上奥陶统发育开阔台地石灰岩相，但后期盆地抬升剥蚀，部分残余地层零星分布。

总体来说，鄂尔多斯盆地中东部地层小区的地层发育与华北地台内部相近，拟采用相似的地层单位名称为好，而南缘和西缘相差较大，宜使用独立的岩石地层单位系统。

二、发育特征

鄂尔多斯盆地下古生界不同地区地层发育程度不一，但总体来说地层类型较为齐全。盆地中东部与华北地台内部最为相近，大多数地层可以直接进行对比。盆地西缘和南缘地层发育则与地台内部差别较大，特别是上奥陶统台地边缘和斜坡相沉积体系发育，这与地台内部有很大不同，尤其是南缘地区。在过去几十年中，鄂尔多斯地区奥陶系地层学研究积累了丰富的资料，特别是在生物地层学研究方面，安太庠等（1983，1990）、王志浩等（1984）对牙形石，葛梅钰（1990）对笔石，赖才根（1986）、陈均远（1984，1988）对头足类等进行了较为系统的研究，尤其是牙形石与笔石为地层划分对比提供了重要的生物地层证据。傅力浦等（1993）在笔石研究基础上进一步对奥陶系地层划分方案进行了研究与厘定。21世纪初围绕全球GSSP（全球年代地层单位界线层型剖面和点位）界线的建立，中国学者对笔石与牙形石进行了进一步的研究与补充（汪啸风等，2003，2004，2005；陈旭等，2000，2006，2008；张元动等，2002，2005，2009；詹仁斌等，2004，2007）。

1. 西缘地层小区地层发育特征

西缘地层小区涵盖天环坳陷和西缘冲断带两个构造单元，整体沉积差异较为明显，可分为北、中、南三个部分，北部为内蒙古乌海桌子山地区（图2-4），中部为宁夏贺兰山苏峪口地区，南部为宁夏同心青龙山地区（图2-5）。鄂尔多斯盆地西缘地层小区由下至上依次发育冶里组、亮甲山组、三道坎组、桌子山组、克里摩里组、乌拉力克组、拉什仲组、公乌素组和蛇山组，各组岩性特征如下。

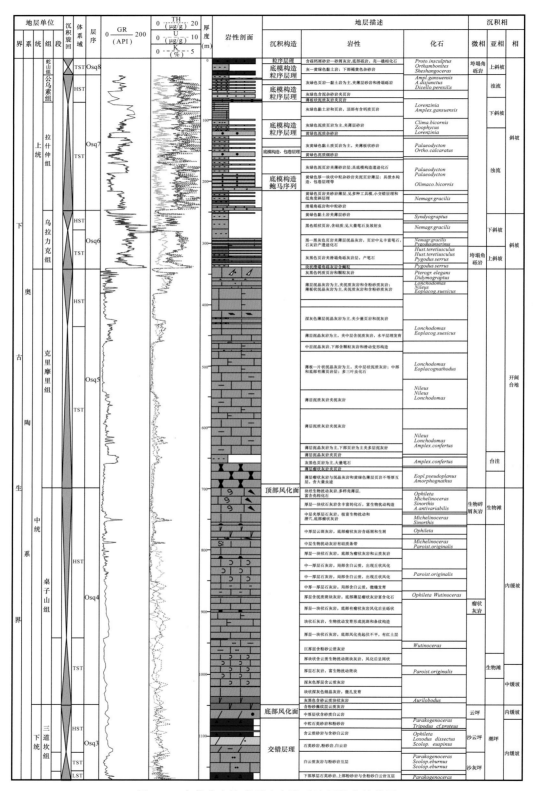

图 2-4 内蒙古乌海桌子山奥陶系地层综合柱状图

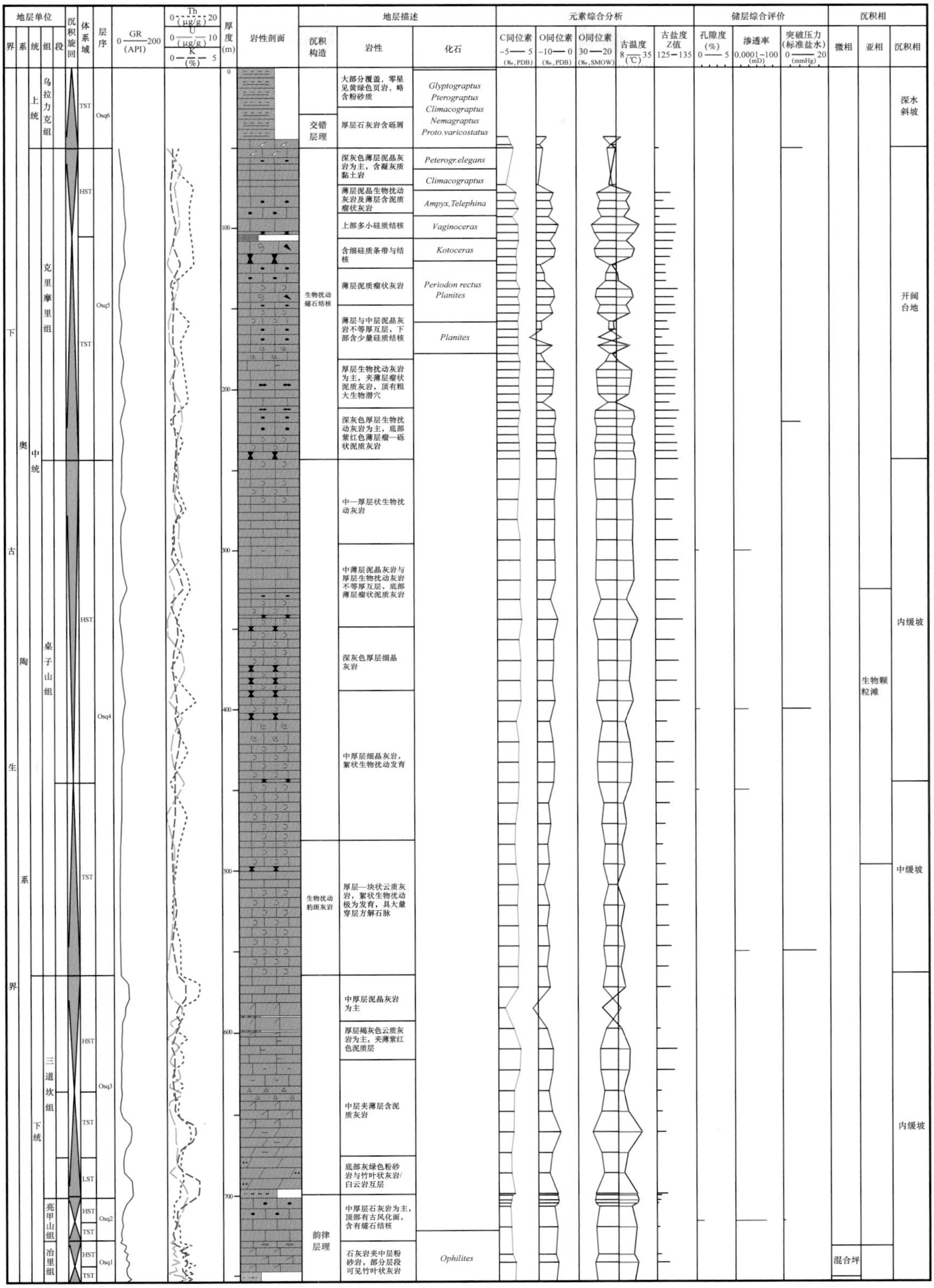

图 2-5 宁夏同心青龙山奥陶系地层综合柱状图

冶里组主要分布在西缘地层小区的中南部，岩性以泥质灰岩、竹叶状灰岩、鲕粒灰岩夹砂泥岩条带为特征。

亮甲山组以发育硅质结核和硅质条带灰岩为特征。

三道坎组主要发育中厚层石英砂岩（图2-6a）和白云岩，夹砂质白云岩、云质灰岩以及生物碎屑灰岩，厚约90m，属局限台地混合坪沉积。在该组中发现了 *Pseudowutingoceras* 和 *Parakogenoceras* 两个头足类化石带，以及 *Aurilobodus leptosomatus—Loxodus dissectus* 牙形石组合带（表2-1）。三道坎组在老石旦东山（岗德尔山）和东山口剖面上均发育很好，主要为石英砂岩和砂质白云岩，厚度一般不大。在东山口剖面多角石和腹足类（*Ophileta*）化石，总体代表混合潮坪沉积。

桌子山组主要由厚层石灰岩组成，含泥质或硅质结核，局部呈瘤状（图2-6b、c）。底部以厚层石灰岩出现与下伏三道坎组区分，顶部以克里摩里组底部薄层瘤状灰岩夹灰绿色页岩出现为分层标志，厚约400m，为开阔—局限台地沉积。该组含 *Polydesnia zuezshanensis*、*Ordosocerasquasilineatum* 和 *Pomphoceras—Duderoceras* 三个头足带，以及下部 *Aurilobodus leptosomatus — Loxodus dissectus* 带、中下部 *Paroistodus originalis* 和上部 *Amorphognathus antivariabilis* 三个牙形石带，还产三叶虫 *Pseudosaphus*、*Nileus*、*Ovalocephalus* 等属（表2-1）。

克里摩里组主要为薄层泥晶灰岩，夹瘤状灰岩、页岩以及中层状石灰岩（图2-6d、e），厚约250m。与下伏桌子山组间为一显著的层序界面，有风化面和地层截切现象存在，顶部则以乌拉力克组底部角砾状灰岩出现为分界标志，为Ⅰ型层序界面。克里摩里组上部发育以20～25m暗色页岩为主的地层（大石门剖面），夹鲕粒/颗粒灰岩。在该组中发现大量的三叶虫和笔石类化石，具良好生物地层控制，时代属中奥陶统无疑，上部相当于达瑞威尔阶Dw3，下部可达Dw1。克里摩里组发育 *Pseudamplexograptus confertus* 和 *Pterograptus elegans* 两个笔石带，以及 *Lenodus variabilis*、*Eoplacognathodus suecicus* 和 *Pygodus serra* 三个牙形石带，相当于标准笔石带 *D.artus*（Dw2）至 *D.Murchisoni* 带或 *Pterograptus elegans* 带（Dw3下部）地层（表2-1），属中奥陶统达瑞威尔阶无疑，与华南牯牛阶或上宁国阶相当。由于笔石化石主要产于中段，少量见于上段，而下部未见笔石，故该组下部可能包括Dw1的地层。据近年的研究（陈旭等，2008；汪啸风等，2005），牙形石 *Eoplacognathodus suecicus* 带在华南偶尔也出现于达瑞威尔阶下部，但出现层位较 *Undulograptus austrodentatus* 带高，*Lenodus variabilis* 带一般对比该阶底部的 *Undulograptus austrodentatus* 带。

乌拉力克组底部以厚层砾屑灰岩与克里摩里组区分，上部以灰黑色页岩为主夹薄层砾屑灰岩和泥晶灰岩（图2-6f、g），顶部以拉什仲组灰绿色砂岩出现为分界，为外陆棚深水盆地或盆地边缘滑塌沉积，厚度与岩性均有横向变化。该组在多数剖面上并未见顶，厚约100m。含有大量笔石，包括 *Husterogr. teretiusculus*（乌拉力克组的大部分）和 *Nemagr. gracilis*（仅见于顶部）两个带，以及 *Pygodus serra* 和 *Pygodus anserinus* 两个牙形石带。其层位大致与 *Didymogr. murchisoni* 带（Dw3）上部至 *Nemagr. gracilis* 带（Sa1）或其一部分相当（汪啸风等，1996），可与华南上奥陶统下部庙坡阶对比。当前国际奥陶

表2-1　鄂尔多斯盆地与国际标准及其他地区生物化石带对比简表

国际年代地层划分（ICS-2009）					北大西洋区	北美中大陆		中国		鄂尔多斯盆地及边缘		
系	统	阶	时	化石带	化石带	化石带		化石带	生物带	西缘	南缘	本部
奥陶系	上统	赫南特阶	H2	End of HICE / G. persculptus	A.ordovicius	Gamachignathus	G. persculptus / D.bohemicus	A.ordovicius		无沉积	无沉积	无沉积
			Hi1	N. extraordinarius		Aph.shatzeri	N. extraordinarius					
		凯迪阶	Ka4	D. complanatus		Aph. divergens	pacificus / ornatus				背锅山组	
			Ka3	A. ordovicius		A.grandis	D. complanatus / O.quadrimucronatus					
	中统		Ka2	P. linearis	A.superbus	O.robustus / O.velicuspis / B.confluens	manitoulinensis / pygmaeus	P.insculptus	P.insculptus / B.confluens / Y.neimengguensis			
			Ka1	D. caudatus		P.tenuis / P.undatus	spiniferus / ruedemanni americanus	H.europaeus	P.undatus			
		桑比阶	Sa2	C. bicornis	A.tvaerensis	B.compressa / E.quadridactylus / P.aculeata	C. bicornis	A.tvaerensis	A.gansuensis / C.bicornis	蛇山组	平凉组	
			Sa1	N. gracilis	P.anserinus	P.sweeti	N. gracilis	B.alobatus / P.anserinus	N.gracilis / H.teretiusculus	公乌素组 / 拉什仲组 / 乌拉力克组		
		达瑞威尔阶	Dw3	P. serra	P.serra	H.teretiusculus	H.teretiusculus	P.serra	P.elegans / P.serra	克里摩里组	马六段	马六段
			Dw2	D. artus	E.suecicus	callotheca	N.fasciculatus / A.confertus	E. suecicus / E. pseudodatus	E.suecicus / A.confertus			
			Dw1	U. austrodentatus	L.variabilis	dentatus / H.holodentata	U. austrodentatus	L.variabilis	L.variabilis			
		大坪阶	Dp3	Oncograptus	Microzark. parva	H.sinuosa	Oncograptus	M. norrilandicus	S.rectus	桌子山组	马五段	马五段
			Dp2	I. v. maximus	P.originalis	H.altifrons	M.-divergens / I. v. maximus victoriae	P.originalis	P.originalis / S.euspinus / P.parallelus			
	下统		Dp1	B. triangularis	B.navis / B.triangularis	M.flabellum laevis	lunatus	B.navis / B.triangularis	A.leptosomatus / L.dissectus		马四段	马四段
奥陶系		弗洛阶	Fl3	D. protobifidus		andinus	bifidus / fruticosus / absharensis		S.eburnus		马三段	马三段
			Fl2	Oe. evae	Oe. evae			O. evae	O. evae		马二段	马二段
			Fl1	T. approximatus	Pe. elegans	B. communis	T. approximatus	Pr. elegans / S. diversus		三道坎组	马一段	马一段
		特马豆克阶	Tr3	P. proteus	Pa. proteus	deltatus/costatus / dianae	Adelogr.–Clonogr. / Ad.victoriae	T. proteus	Serra.extensus / Serra.bilobatus	无沉积	亮甲山组	亮甲山组
			Tr2	P. deltifer	Pa. delifer	C.manitouensis	Psigraptus	G. quadraplicatus	S.tersus / S.opimus / R.manitouensis		冶里组	冶里组
			Tr1	I. fluctivagus	Co. angulatus	C. angulatus / I.fluctivagus	Adh.hunneb gensis / Triogr./Anisogr. / R.flabelliformis / A. matanensis / R. praeparabola	C. angulatus / C. lindstromi	C.angulatus / M.serierensis			

注：红色字体生物带：笔石；蓝色字体生物带：牙形石；────界线误差≥1个个化石带；──界线误差<1个化石带；▨▨ 界线位置基本准确；▨▨ 无沉积记录。

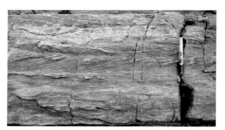

（a）内蒙古乌海桌子山下奥陶统三道坎组
底部石英砂岩发育羽状交错层理

（b）内蒙古乌海摩尔沟中奥陶统桌子山组
中厚层砂屑灰岩，发育层状溶蚀孔洞

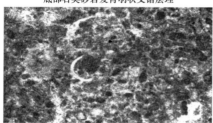

（c）内蒙古乌海乌达哈图克沟中奥陶统桌子山组
含生屑团粒泥晶灰岩

（d）内蒙古乌海海南老石旦中奥陶统克里摩里组
中薄—中厚层灰色泥晶灰岩，深水斜坡相

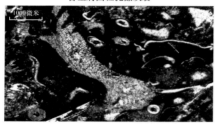

（e）内蒙古乌海海南老石旦中奥陶统克里摩里组
生屑泥晶灰岩，见腹足类、三叶虫、海百合茎等碎屑

（f）内蒙古乌海乌达区上奥陶统乌拉力克组
中上部灰黑色薄层砂质泥页岩，深水相

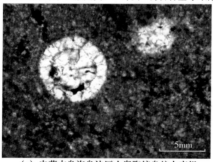

（g）内蒙古乌海乌达区上奥陶统乌拉力克组
中上部泥晶灰岩，内含颗石藻

（h）内蒙古乌海海南区拉什仲山上奥陶统拉什仲组上部
中厚层细粒含岩屑长石石英砂岩与灰绿色薄层页岩互层，
砂岩中常发育多种底模构造

（i）内蒙古乌海海南区公乌素组极薄层暗灰色砂质泥页岩

（j）内蒙古乌海海南区蛇山组含砾砂质灰岩

图2-6　盆地西缘各组地层特征

系年代地层表中厘定的 *Pygodus serra* 带实际上包含了中国使用的 *Husterogr. teretiusculus* 带和 *Pterograptus elegans* 带两部分，前者的始现层位高于后者，但明显低于 *Nemagraptus gracilis* 层位。

拉什仲组主要由灰绿色砂岩、砂质页岩组成（图 2-6h），上部夹生物碎屑灰岩，产笔石，属陆棚斜坡沉积，厚度大于 200m。安太庠等（1990）认为在岗德尔山南部仅见该组下部，产笔石 *Climacograptus*（*C.*）*bicornis*（Sa2）。该组至少与华南庙坡阶上部相当，并与乌拉力克组间为连续过渡关系。从空间分布上看，宁夏大罗山地区的巨厚灰绿色砂质浊积岩序列应该与拉什仲组时代相当，但其内典型的底模构造发育较少，化石不多，有笔石 *Orthograptus calcaratus*（Sa2），表明其属桑比阶。该地区主要为远源浊积岩，远离大陆边缘，水深更大，并且这种沉积特征与南缘平凉组相似。

公乌素组上部为薄层泥质灰岩夹粉砂岩，部分层段含页岩（图 2-6i），与下伏拉什仲组灰绿色页岩、上覆蛇山组生物碎屑灰岩整合接触，厚约 50m，系深水沉积。该组产 *Amplexograptus gansuensis* 笔石带，层位大致相当于 *Climacograptus wilsoni* 带（陈均远等，1984；傅力浦，1993），属上奥陶统桑比阶，可与华南庙坡阶对比。

蛇山组下部为黄绿色含砂钙质页岩夹生物碎屑灰岩，上部为中厚层砾状生物碎屑灰岩（图 2-6j）。底部以页岩夹生物碎屑灰岩与下伏公乌素组上部的砂岩夹页岩整合接触，被上石炭统煤系地层不整合覆盖，厚约 20m。该组产头足类 *Eurasiaticoceras* — *Sheshangoceras* 组合，层位大致相当于 *Dicranograptus clingani*（Ka1）带或略高（汪啸风等，1999）。该组分布局限，目前仅见于桌子山一处。

2. 南缘地层小区地层发育特征

南缘地层小区由下至上依次发育冶里组、亮甲山组、马一段、马二段、马三段、马四段、马五段、马六段、平凉组以及背锅山组。盆地南缘在生物地层方面研究相对较差，年代控制不够。特别是不同区段岩石地层单位命名较多，且各地层单位间的时空对比关系并不十分清楚。从整个南缘地层小区分段来看，可以分为三段，南缘西段以平凉剖面为代表，南缘中段以岐山—麟游剖面为代表（图 2-7），南缘东段以铁瓦殿剖面为代表。

冶里组—亮甲山组（早前合称麻川组）主要由白云质灰岩与中厚层石灰岩互层，底部以白云质灰岩、砂质白云岩与下伏上寒武统三山子组白云质灰岩夹页岩区分（图 2-8a），顶部以上覆马家沟组厚层豹皮状灰岩的出现为分界。该组产头足类化石 *Pararkogenoceras*，牙形石 *Drepanodus arcuratus*、*Scollopodu rex huoliangzhaiensis*、*Ozarkodina joachimensis* 等。

马一段—马五段（早前合称水泉岭组）主要由厚层块状灰岩和豹皮状灰岩组成（图 2-8b、c、d、e），下部夹砾屑灰岩，中部夹白云质灰岩。底部以豹皮状灰岩与下伏亮甲山组白云质灰岩区分，顶部马六段底部瘤状灰岩的出现为分界标志。地层中含有头足类 *Wutingoceras*、*Endoceras* 和牙形石 *Scolopodus eburnus*、*Panderodus* 以及三叶虫、腹足类等化石，厚约 300m，主要为碳酸盐岩潮坪沉积。

马六段（早前称三道沟组）下部为瘤状灰岩夹黄绿色钙质页岩，上部为厚层石灰岩与瘤状灰岩互层（图 2-8f、g）。该组底部以瘤状灰岩夹黄绿色钙质页岩与马家沟组厚层

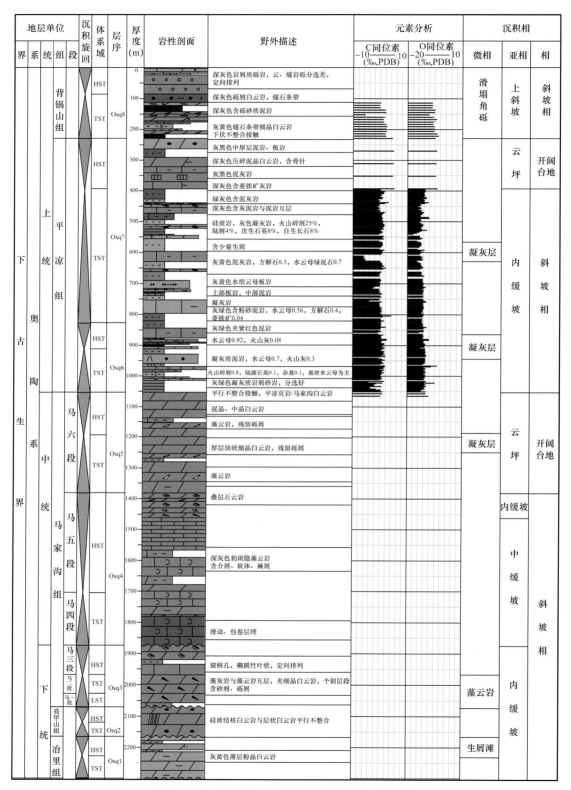

图 2-7　盆地南缘岐山—麟游剖面地层综合柱状图

(a) 陕西泾阳铁瓦殿北坡下奥陶统亮甲山组顶界
中厚层泥晶灰岩与马一段泥质粉砂岩分界

(b) 陕西泾阳铁瓦殿北坡下奥陶统马二段下部
厚层藻纹层灰岩下部常含有砾屑

(c) 陕西泾阳铁瓦殿北坡下奥陶统马三段底部厚层
石灰岩中夹粉红色石灰岩

(d) 陕西泾阳铁瓦殿北坡中奥陶统马四段上部
中厚层藻纹层灰岩

(e) 陕西泾阳铁瓦殿北坡中奥陶统马五段顶部厚层
岩溶角砾灰岩,发育层状溶蚀中—大型洞穴

(f) 陕西泾阳铁瓦殿北坡中奥陶统马五段与马六段分界,
其上为厚层砾屑灰岩,其下为灰黄色厚层含云质灰岩

(g) 陕西富平赵老峪中奥陶统马六段泥晶灰岩,
见笔石化石及底模构造

(h) 陕西富平赵老峪上奥陶统平凉组纹层状泥晶灰岩

(i) 陕西富平金粟山上奥陶统平凉组凝灰质泥页岩

(j) 陕西泾阳铁瓦殿上奥陶统背锅山组滑塌角砾岩

图 2-8　盆地南缘各组地层特征

石灰岩相区分，二者整合接触。该组下部含三叶虫、头足类及牙形石等化石，其中牙形石 *Pygodus serra* 带和 *Pygodus anserinus* 带与笔石 *Dydimograptus murchisoni* 带相当，属达瑞威尔阶顶部，为正常碳酸盐岩开阔台地沉积。

平凉组（相当于西缘的乌拉力克组＋拉什仲组＋公乌素组）最初被称为平凉页岩（图 2-8h、i），主要为页岩与薄层石灰岩不等厚互层，其间夹砾屑／砂屑灰岩，且以石灰岩为主，顶底不全，厚约 200m。该组含 5 个笔石带（*Husterogr. teretiusculus*、*Nemagr*、*gracilis*、*peltifer*、*lonlongxianensis*、*spiniferus*）以及 3 个牙形石带（*Pygodus serra*、*Pygodus anserinus*、*Microcoelodus symmetricus*），相当于从 *Husterogr. teretiusculus* 带（Dw3 上部）至 *Dicranogr. clingani* 带（Sa2 上部—Ka1 底部）。

背锅山组（相当于西缘蛇山组）由厚层块状砾屑灰岩及中层石灰岩—泥灰岩组成（图 2-8j），中部夹瘤状灰岩、薄层钙质页岩，产珊瑚、腕足类、腹足类及三叶虫、牙形石等。牙形石有 *Yaoxianognathus yaoxianensis* — *Beldodina confluens* 带（安太庠等，1990），厚 125～325m，为浅海陆棚沉积。在陇县龙门洞剖面，该组上部以滑塌角砾灰岩为主，主要形成于陆架边缘礁或台地前缘—生物礁前坡环境，下部往往以厚层浅灰色石灰岩为主，其中含有大量壳相—礁相生物化石，但也夹有厚度不等的滑塌角砾灰岩层或砾屑灰岩层。在李家坡则几乎全部为厚块状角砾灰岩，厚达 400m。在泾阳西陵沟西侧，该组可见厚度大于 600m，完全以厚块状滑塌角砾灰岩为主，其中见大量珊瑚、腹足类、头足类以及生物碎屑砂岩块。因此，该套地层的空间分布规律及其岩性变化特征，代表了从台地边缘生物礁至前坡的沉积环境，总体以前坡厚块状滑塌角砾灰岩为重要特征。

3. 中东部地层小区地层发育特征

中东部地层小区在区域上涵盖了伊陕斜坡和晋西挠褶带两大构造单元，以蒸发台地沉积为主，地层较为统一，可与华北地台本部进行对比。在中东部地层小区，早奥陶世海侵规模较小，沉积局限在盆地边缘。中奥陶世海侵扩大，地层小区内普遍沉积，岩性以碳酸盐岩为主夹杂若干蒸发岩，构成多套旋回。具有代表性的野外剖面有两个，由南至北依次为河津西硋口（图 2-9）和中阳柏洼坪（图 2-10）。盆地中东部地层小区由下至上依次发育冶里组、亮甲山组以及马家沟组，其中马家沟组由下至上依次划分为马一段、马二段、马三段、马四段、马五段和马六段，其中盆地内部以龙探 1 井最为典型（图 2-11）。

冶里组分布于中东部地层小区东缘，地层出露完好，岩性以灰色、浅灰色泥粉晶灰岩为主（图 2-12a），夹杂若干期竹叶状碎屑，由北向南厚度渐薄。

亮甲山组沉积边界与冶里组相似，范围略小，岩性以灰色、灰黄色粉晶白云岩为主（图 2-12b），层内多处发育大量硅质条带和团块（图 2-12c），顶部因怀远运动被风化剥蚀而形成薄层风化壳。

马家沟组在整个中东部地层小区内均有发育，可分为六段，马一段以白云岩为主，中东部地层小区中部洼陷发育第一套膏盐岩（图 2-12d）；马二段以石灰岩为主（图 2-12e），东缘中部发育少量生屑颗粒；马三段以泥质白云岩和白云质泥岩互层为主（图 2-12f、g），发育第二套膏盐岩；马四段沉积范围最为广阔，发育大套石灰岩（图 2-12f、h、i）；马五段下部发育第三套膏盐岩和白云岩，中部发育少量石灰岩，上部以白云岩和膏岩为主（图 2-12i、j）；马六段因构造运动影响，残留沉积较少，以泥晶灰岩为主。

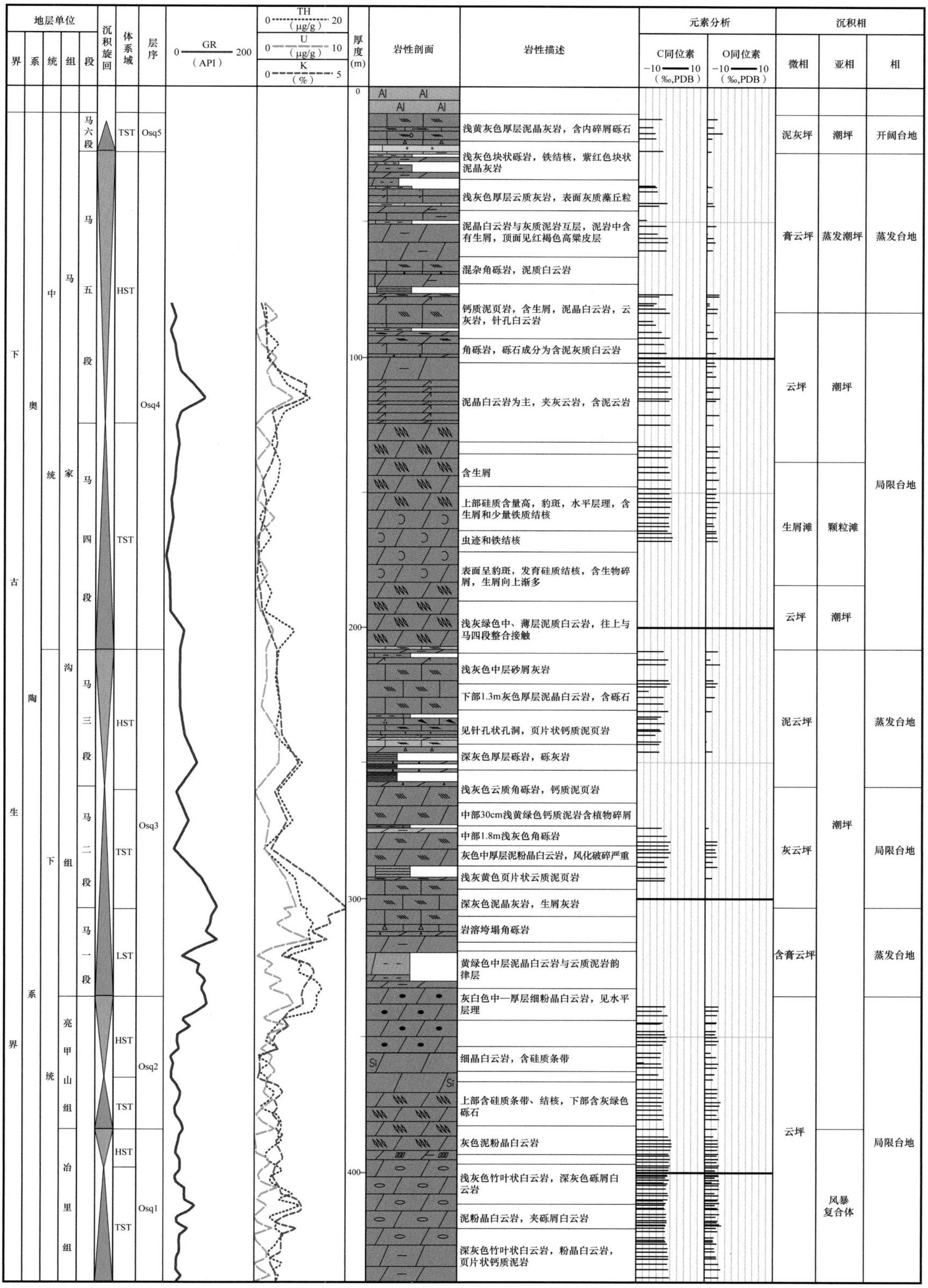

图 2-9　盆地东南缘河津西硫口剖面地层综合柱状图

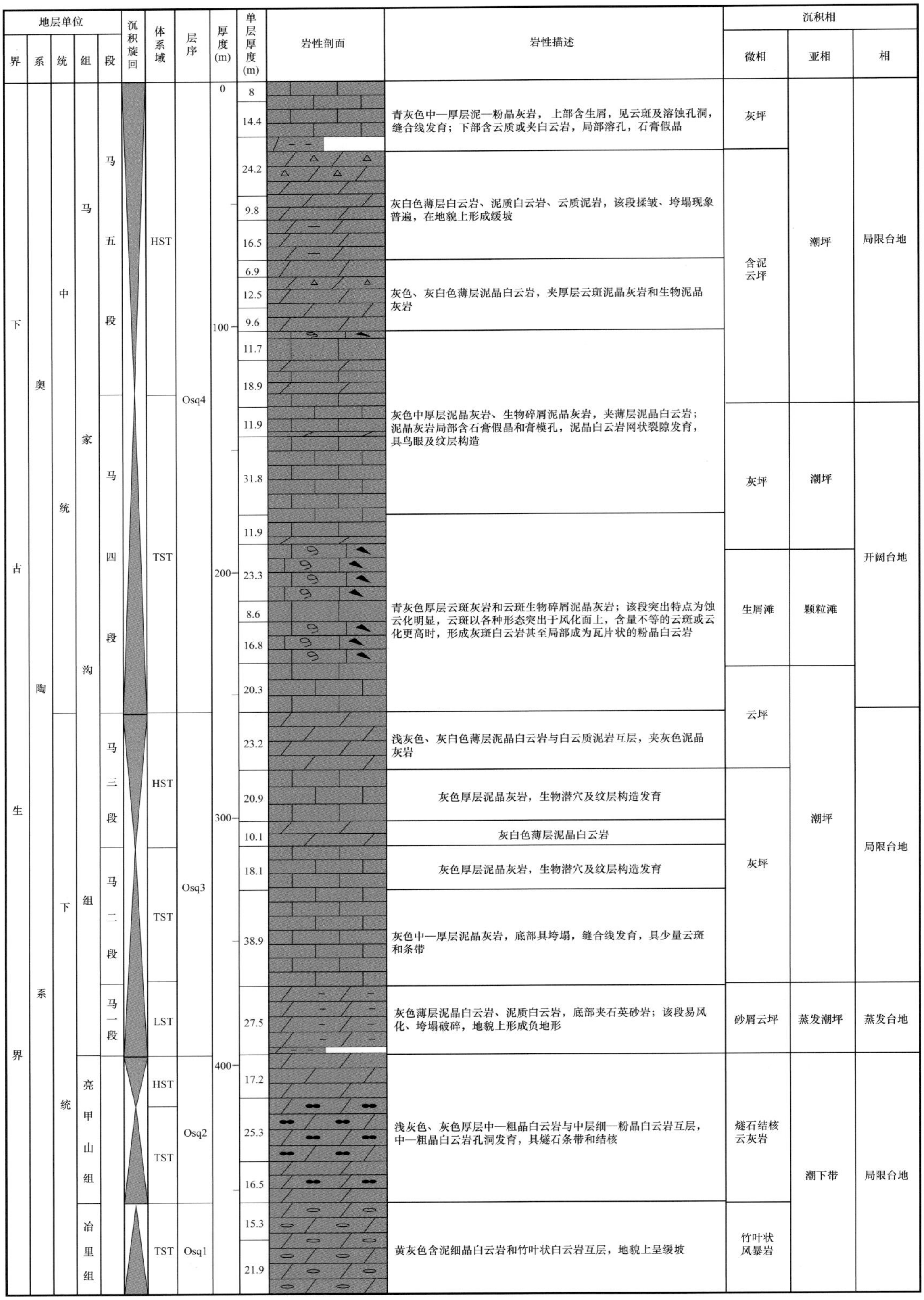

地层单位					沉积旋回	体系域	层序	厚度(m)	单层厚度(m)	岩性剖面	岩性描述	沉积相		
界	系	统	组	段								微相	亚相	相
下古生界	奥陶系	中奥陶统	马家沟组	马五段		HST	Osq4	0 / 100	8		青灰色中—厚层泥—粉晶灰岩，上部含生屑，见云斑及溶蚀孔洞，缝合线发育；下部含云质或夹白云岩，局部溶孔，石膏假晶	灰坪	潮坪	局限台地
									14.4					
									24.2		灰白色薄层白云岩、泥质白云岩、云质泥岩，该段揉皱、垮塌现象普遍，在地貌上形成缓坡	含泥云坪		
									9.8					
									16.5					
									6.9		灰色、灰白色薄层泥晶白云岩，夹厚层云斑泥晶灰岩和生物泥晶灰岩			
									12.5					
									9.6					
				马四段		TST			11.7		灰色中厚层泥晶灰岩、生物碎屑泥晶灰岩，夹薄层泥晶白云岩；泥晶灰岩局部含石膏假晶和膏模孔，泥晶白云岩网状裂隙发育，具鸟眼及纹层构造	灰坪	潮坪	
									18.9					
									11.9					
									31.8					
								200	11.9		青灰色厚层云斑灰岩和云斑生物碎屑泥晶灰岩；该段突出特点为蚀云化明显，云斑以各种形态突出于风化面上，含量不等的云斑或云化更高时，形成灰斑白云岩甚至局部成为瓦片状的粉晶白云岩	生屑滩	颗粒滩	开阔台地
									23.3					
									8.6					
									16.8					
									20.3		浅灰色、灰白色薄层泥晶白云岩与白云质泥岩互层，夹灰色泥晶灰岩	云坪		
				马三段		HST	Osq3		23.2					
								300	20.9		灰色厚层泥晶灰岩，生物潜穴及纹层构造发育	灰坪	潮坪	局限台地
									10.1		灰白色薄层泥晶白云岩			
									18.1		灰色厚层泥晶灰岩，生物潜穴及纹层构造发育			
				马二段		TST			38.9		灰色中—厚层泥晶灰岩，底部具垮塌，缝合线发育，具少量云斑和条带			
				马一段		LST			27.5		灰色薄层泥晶白云岩、泥质白云岩，底部夹石英砂岩；该段易风化、垮塌破碎，地貌上形成负地形	砂屑云坪	蒸发潮坪	蒸发台地
			亮甲山组			HST	Osq2	400	17.2		浅灰色、灰色厚层中—粗晶白云岩与中层细—粉晶白云岩互层，中—粗晶白云岩孔洞发育，具燧石条带和结核	燧石结核云灰岩	潮下带	局限台地
		下统							25.3					
						TST			16.5					
			冶里组			TST	Osq1		15.3		黄灰色含泥细晶白云岩和竹叶状白云岩互层，地貌上呈缓坡	竹叶状风暴岩		
									21.9					

图 2-10　盆地东缘中阳柏洼坪剖面地层综合柱状图

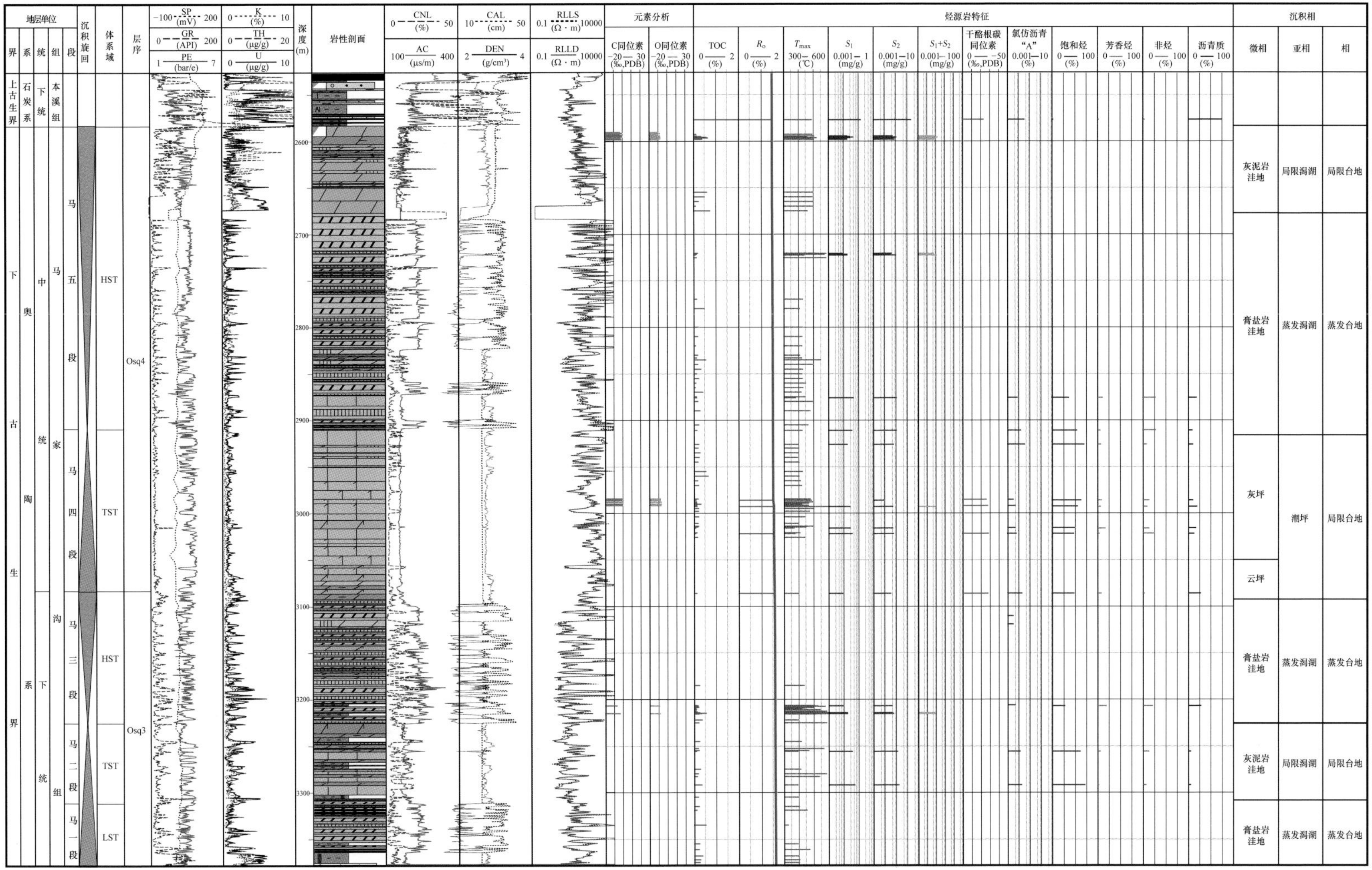

图 2-11 盆地东部龙探 1 井地层综合柱状图

（a）河津西磑口寒武系芙蓉统三山子组中厚层白云岩与
下奥陶统冶里组中薄层砂泥岩的分界

（b）山西离石下奥陶统亮甲山组细晶白云岩，
晶间孔呈斑状，单偏光×50

（c）河津西磑口下奥陶统亮甲山组燧石条带白云岩

（d）河津西磑口下奥陶统马一段与马二段分界，薄层风化
壳界面，马一段顶界为蒸发环境灰白色泥坪沉积，
马二段底部为厚层块状泥质白云岩

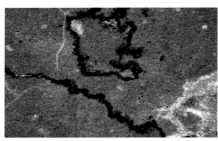

（e）山西柳林王家庄下奥陶统马二段含云质泥晶灰岩

（f）河津西磑口下奥陶统马三段中薄层泥质白云岩与中奥陶统
马四段厚层砂屑细晶白云岩分界（左为马四段，右为马三段）

（g）山西柳林下奥陶统马三段泥晶白云岩

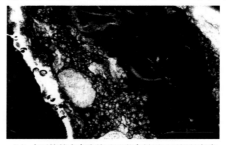

（h）山西柳林中奥陶统马四段含粉屑云质泥晶灰岩

（i）河津西磑口中奥陶统马四段与马五段分界，
马四段上部为中厚层泥质白云岩，马五段为中一薄层
泥质白云岩与白云质泥岩互层

（j）龙探1井中奥陶统马五段中部盐岩

图 2-12　盆地中东部各组地层特征

第三章　奥陶系年代等时地层格架

第一节　层序地层研究现状

自 20 世纪 50 年代，随着鄂尔多斯盆地地质勘查由东向西挺进，加之长庆、延长等一批油气田的发展壮大，有关盆地构造演化与沉积响应等基础研究也进入高速发展期，并取得了丰硕成果。但局限于重力、磁力、电法与地震资料品质较差，以及盆内野外露头资料较少等原因，目前有关盆地基底断裂体系展布、西缘逆冲叠瓦构造样式与演化、南缘特定时期岩相古地理特征、盆地内部及周缘等时地层格架重建等问题仍需要进一步明确和探讨。

鄂尔多斯盆地现今构造较为单一，但古构造不同于现今构造。奥陶纪盆地处于被动大陆边缘与主动大陆边缘转型过渡期，致使该区内部及周缘不同构造古地理环境下地层沉积特征差异较大（付金华等，2001；杨华等，2006，2010；赵振宇等，2012）。该区不仅古地理环境复杂，而且地质事件频繁，发生过生物事件、物理事件、火山事件、化学事件和突变沉积事件等（贾振远等，1997；汪啸风，1989）。这使得不同地层分区间很难建立清晰准确的年代等时地层格架。自 20 世纪 50 年代以来，奥陶系先后经历了 3 统 6 阶、2 统 8 阶和 4 统 6 阶三种划分方案，截至 2008 年，全国地层委员会出台了 3 统 7 阶的划分标准，但各阶命名、古生物特征与国际标准仍存在差异（陈旭等，1983）。另外，鄂尔多斯盆地奥陶系各地层小区地层命名冗杂，10 余套地层 50 个地层命名犬牙交错，各组、段划分与界线存在较大差异（安太庠等，1983，1990）。其中盆地南缘曾使用过的名称有龙门洞组、唐王陵组、铁瓦殿组、赵老峪组、桃曲坡组、上店组、段家峡组、金粟山组、泾河组、山字沟组、水泉岭组、麻川组等；西缘曾使用过的名称有前中梁子组、中梁子组、樱桃沟组、青山组、下马关组、罗山组、南庄子组、车道组、姜家湾组、银川组和米钵山组等；中东部曾使用过的名称有北庵庄组和峰峰组等（中华人民共和国地质矿产部地质专报）。上述问题的出现，给社会生产和学术交流带来诸多不便，因此科学合理地划分盆地下古生界层序地层格架，不仅对后期精细刻画碳酸盐岩岩相古地理具有重要意义，而且也是鄂尔多斯盆地走向国际化研究平台的必由之路。

关于层序地层研究方法，包洪平等（2000）提出了碳酸盐岩—蒸发岩地层层序界面识别的微相方法；李斌等（2009，2010）提出了空间数据库技术定量研究方法。关于层序地层划分方案主要有四种，贾振远等（1997）将鄂尔多斯地区南缘奥陶系划分为 12 个层序；姚泾利等（2008）将鄂尔多斯盆地西部奥陶系划分为 19 个三级层序，其中马家沟组包含 8 个三级层序；雷卞军等（2010）将马家沟组划分为 4 个三级层序；曹金舟等（2011）将鄂尔多斯盆地南部奥陶系划分为 7 个层序。关于层序地层模式，魏魁生等（1996—1998）认为鄂尔多斯盆地奥陶系是一种碳酸盐岩—碎屑岩缓坡模式和镶边陆架与末端陡倾缓坡的综合模式；周进高等（2011）将鄂尔多斯盆地中东部马家沟组沉积模式总结为障壁潟湖、咸化潟湖和膏盐湖三个沉积阶段不同的沉积模式；黄丽梅等（2012）在研究了鄂尔多斯盆地中东部马家沟组后，提出了低海平面时期沉积模式和高海平面时期沉积模式。另外，有学者还探讨了层序地层与油气的关系等问题（雷清亮等，1994；朱创业，1999）。然而，由于鄂尔多斯盆地西缘、南缘秦祁被动大陆边缘与中东部华北陆表海受庆阳古隆起的分隔，导致不同构造环境的奥陶系地层特征差异较大，且后期破坏严重，盆地周边地层出露不连续，造成奥陶系地层对比困难，尚未形成全盆地统一的奥陶系年代等时地层格架，基础研究并不牢靠。

中国奥陶系地层划分曾经使用过三分、二分与四分方案，其中各统、阶界线也存在较大差别（表 3-1）。尽管近 20 年来，强调牙形石与笔石等浮游生物群在地层划分与对比中的重要性，但实际上华北地台与国际上，甚至与华南深水标准笔石带的对比仍存在不确定性，主要源于华北地台深水相国际 / 地区标准笔石类化石不发育，而且其他大部分壳相生物化石或浮游相化石缺乏精确的可对比性。同时，华北地台下古生界不同构造背景下地层发育存在明显差别，尤其在边缘地区，如鄂尔多斯地块，岩性横向相变较快，仅依靠岩石地层单位进行对比容易出现穿时现象。

中国奥陶系划分方案的沿革实际上反映了国际学术界对奥陶系研究的分歧和不同阶段的认识过程（表 3-2）。由于这些分歧与问题的存在，导致不同地区的不同学者在不同时期对于同一套地层含义的理解与界线的划分存在较大差异，最终形成了地层学研究与实践过程中的一些混乱与困窘，给社会生产和科学交流带来了诸多不便。中国地层委员会于 2002 年采纳了奥陶系三分的意见，其中大部分界线与当前国际地层委员会提出的方案（Bergström 等，2008）是一致的，但个别界线略有差别。陈旭等（2008）通过对原有个别阶界线的调整，提出了适用于中国的统、阶划分方案，并与国际标准年代地层划分方案建立了很好的对比关系。

奥陶纪鄂尔多斯盆地受华北海、兴蒙洋、秦祁洋以及贺兰海多重影响，沉积格局十分复杂。早—中寒武世，鄂尔多斯盆地继承了新元古代后期的应力特征，表现为区域伸展，受其影响，形成了盆地北部东西向的乌兰格尔隆起、中西部南北向的靖边鞍状隆起以及东部的吕梁隆起。晚寒武世至早奥陶世亮甲山组沉积期，构造应力场由南北拉伸向南北挤压过渡，加之全球海平面下降，致使鄂尔多斯盆地内部出现大面积古陆，只在盆地周缘接受少量潮坪沉积。中奥陶世马家沟组沉积期，近南北向挤压开始占据主导地位，盆内发生坳陷，构造分异明显。进入晚奥陶世，盆地南侧的秦祁洋向北俯冲而北侧的兴蒙洋向南俯冲，南北向挤压进一步加剧，随之盆地两侧转换为活动大陆边缘，发育沟—弧—盆体系，华北板块整体抬升，海水退出全区。与此同时，西缘和南缘强烈沉降，同沉积断裂活动加强，台地边缘发育斜坡重力流，沉积了平凉组和背锅山组，标志着鄂尔多斯盆地早古生代碳酸盐岩台地沉积已接近尾声。奥陶纪末，由于加里东运动影响，兴蒙洋、秦祁洋以及贺兰海相继关闭并转化成陆间造山带，鄂尔多斯地块普遍抬升、剥蚀（杨华等，2006；李振

表 3-1　中国不同时期奥陶系地层划分方案

国际标准 (ICS2009)	时限 (Ma)	年龄 (Ma)	中国标准 (2008)	代号	全国地层委员会 2002	Chen等, 1995	Wang等, 1992	赖才根、汪啸风, 1982	穆恩之, 1974	张文堂, 1962	卢衍豪, 1959
奥陶系 Ordovician 上统 Upper Ordovician — 赫南特阶 Hirmantian	1.8	445.2	赫南特阶 Hirmantian	O_3^3	钱塘江阶 Chientangkiangian	钱塘江阶 Chientangkiangian	钱塘江统 Chientangian / 五峰阶 Wufengian	钱塘江亚统 Chientangian Subseries / 五峰阶 Wufengian	上奥陶统 Upper Ordovician / 五峰阶 Wufengian	上奥陶统 Upper Ordovician	钱塘江统 Chientangwg-kiangian
凯迪阶 Katian	7.8	453	钱塘江阶 Chientangkiangian	O_3^2				临湘阶 Linhsiangian	石口阶 Shikouan		
中统 Middle Ordovician — 桑比阶 Sandbian	5.4	458.4	艾家山阶 Neichiashanian	O_3^1	艾家山阶 Neichiashanian	艾家山阶 Neichiashanian	艾家山统 Aijiashanian / 小溪塔阶 Xiaoxitan	艾家山亚统 Neichiashan Subseries / 宝塔阶 Pagodan	中奥陶统 Mid Ordovician / 韩江阶 Hanjiangian	中奥陶统 Mid Ordovician	艾家山统 Neijiashanian
达瑞威尔阶 Darriwilian	8.9	467.3	达瑞威尔阶 Darriwilian	O_2^2	达瑞威尔阶 Darriwilian	浙江阶 Zhejiangian	扬子统 Yangzian / 牯牛阶 Guniuan	扬子亚统 Yangtze Subseries / 牯牛潭阶 Kuniutanian；庙坡阶 Miaopoan	胡乐阶 Huloan		
大坪阶 Dapingian	2.7	470	大坪阶 Dapingian	O_2^1	大湾阶 Dawanian		大湾阶 Dawanian	大湾阶 Dawanian	宁国阶 Ningkudan		
下统 Lower Ordovician — 弗洛阶 Floian	7.7	477.7	弗洛阶 Floian	O_1^2	道保湾阶 Daobaowanian	玉山阶 Yushanian	宜昌统 Yichangian / 道保湾阶 Daohaowanian	宜昌亚统 Ichang Subseries / 红花园阶 Hunghua-yuan	下奥陶统 Lower Ordovician	下奥陶统 Lower Ordovician	宜昌统 Ichangian
特马豆克阶 Tremadocian	7.7	485.4	特马豆克阶 Tremadocian	O_1^1	新厂阶 Xinchangian	宜昌阶 Yichangian	两河口阶 Lianghekouan	两河口阶 Lianghe-kouan	新厂阶 Xinchangian		

表 3-2　国际奥陶系地层划分方案对比简表

全球 系	全球 统	全球 阶	英国 统	英国 阶	北美 统	北美 阶	波罗的沿海 统	波罗的沿海 阶	澳大利亚 统	澳大利亚 阶	中国 统	中国 阶	西伯利亚 统	西伯利亚 阶	地中海冈瓦纳古陆 阶	时(TS)
奥陶系	上奥陶统	赫南特阶	ASHGILL	Hirmantian	CINCINNATTIAN	Gamachian	HARJU	Porkuni	UPPER	Bolindian	UPPER	Hirmantian 赫南特阶	UPPER	未定义	Hirmantian	Hi2 / Hi1
		凯迪阶		Rawtheyan / Cautleyan / Pusgillian		Richmondian / Maysvillian / Edenian		Pirgu / Vormsi / Nabala / Pakvere / Oandu / Keila		Eastonian		GSSP Chientangkiangian? 钱塘江阶?		Burian / Nirundian / Dolborian	Kralodvorian	Ka4 / Ka3 / Ka2
		桑比阶	CARADOC	Streffordian / Cheneyan / Burrellian	GSSP	MOHAW- KIAN	Chatfieldian GSSP / Turinian	VIRU	Haljala		Gisbornian		?		Baksian	Berounian	Ka1 / Sa2
	中奥陶统	达瑞威尔阶		Aurelucian		Chazyan		Kukruse		Darriwilian	MIDDLE	Neichiashanian 艾家山阶		Chertovskian	Dobrotivian	Sa1
			LLAN- VIRN	Llandeilian / Abereiddian	WHITEROCKIAN	未定义		Uhaku GSSP / Lasnamagi / Aseri / Kunda				Darriwilian 达瑞威尔阶	MIDDLE	Kirensko-Kudrinian / Volginian / Mukteian / Vikhorevian	Oretanian	Dw3 / Dw2 / Dw1
		大坪阶		Fennian			OELAND	Volkhov	LOWER	Yapeenian / Castlemainian		GSSP Dapingian 大坪阶		Kimnian		Dp3 / Dp2 / Dp1
	下奥陶统	弗洛阶	ARENIG	Whitlandian / Moridunian		Rangerian / Blackhillsian		Billingen		Chewtonian / Bendigonian	LOWER	GSSP Daobaowanian 道保湾阶	LOWER	Ugorian	Arenigian	Fl3 / Fl2 / Fl1
		特马豆克阶	TREMADOC	Migneritian / Cressagian	IBEXIAN	Tulean / Stairsian / Skullrockian GSSP		Hunneberg / Varangu GSSP / Pakerort		Lancefieldian		Xingchangian 新厂阶		Nyaian	Termadocian	Tr3 / Tr2 / Tr1

注：钱塘江阶的底界位置有两种不同意见，一种置于 Ka1 底部，一种置于 Ka4 底部。

宏等，2010）。由此可见，奥陶纪鄂尔多斯盆地处于被动大陆边缘与主动大陆边缘转型过渡期，致使该区内部及周缘不同构造古地理环境下地层沉积特征差异较大，单一的地层划分与对比方法难以建立全盆地年代等时地层格架。

　　长期以来，按照陆相碎屑岩的研究思路和方法去研究碳酸盐岩，虽然取得了一些成果，但也存在诸多不足。随着中国海相碳酸盐岩研究的逐步深入，在综合应用地质、地球化学、地球物理资料的基础上，受全息地层对比方法启发，建立了一套适用于复杂海相环境的地层划分与对比技术流程（图 3-1），可称为"碳酸盐岩层序地层划分与对比五要素法"（以下简称"五要素法"），其中古生物地层对比是基础，通过与国际标准化石带和区域化石带进行系统对比，可以初步建立年代地层序列；重要地质事件是标志，通过对一些特殊地质事件的识别，可以建立区域乃至全球的年代对比标志层，进而间接界定地层年代和进行区域对比；层序界面识别是关键，通过各级层序划分与对比，可以初步建立较高精度的等时地层格架；地球化学数据是补充，通过不同种类地球化学数据测试分析，可以进一步弥补和修正古生物、事件、层序所建立的年代等时地层格架；井—震结合对比是核心，特别是对于油气勘探开发盆地，通过大规模井—震结合一体化解释，可以建立盆地高精度等时地层格架网。

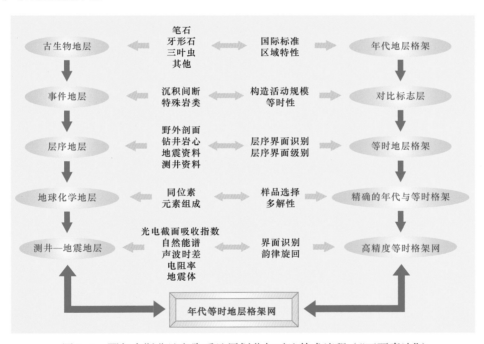

图 3-1　鄂尔多斯盆地奥陶系地层划分与对比技术流程（"五要素法"）

　　应用该套技术流程对鄂尔多斯盆地奥陶系进行了重新划分与对比，结果显示（图 3-2），奥陶系主要发育 3 统 6 阶，其中冶里组和亮甲山组对应下奥陶统特马豆克阶，马一段—马三段对应下奥陶统弗洛阶，马四段和马五段下部对应中奥陶统大坪阶，马五段上部和马六段对应中奥陶统达瑞威尔阶，平凉组对应上奥陶统桑比阶，背锅山组对应上奥陶统凯迪阶，盆地普遍缺失上奥陶统赫南特阶。

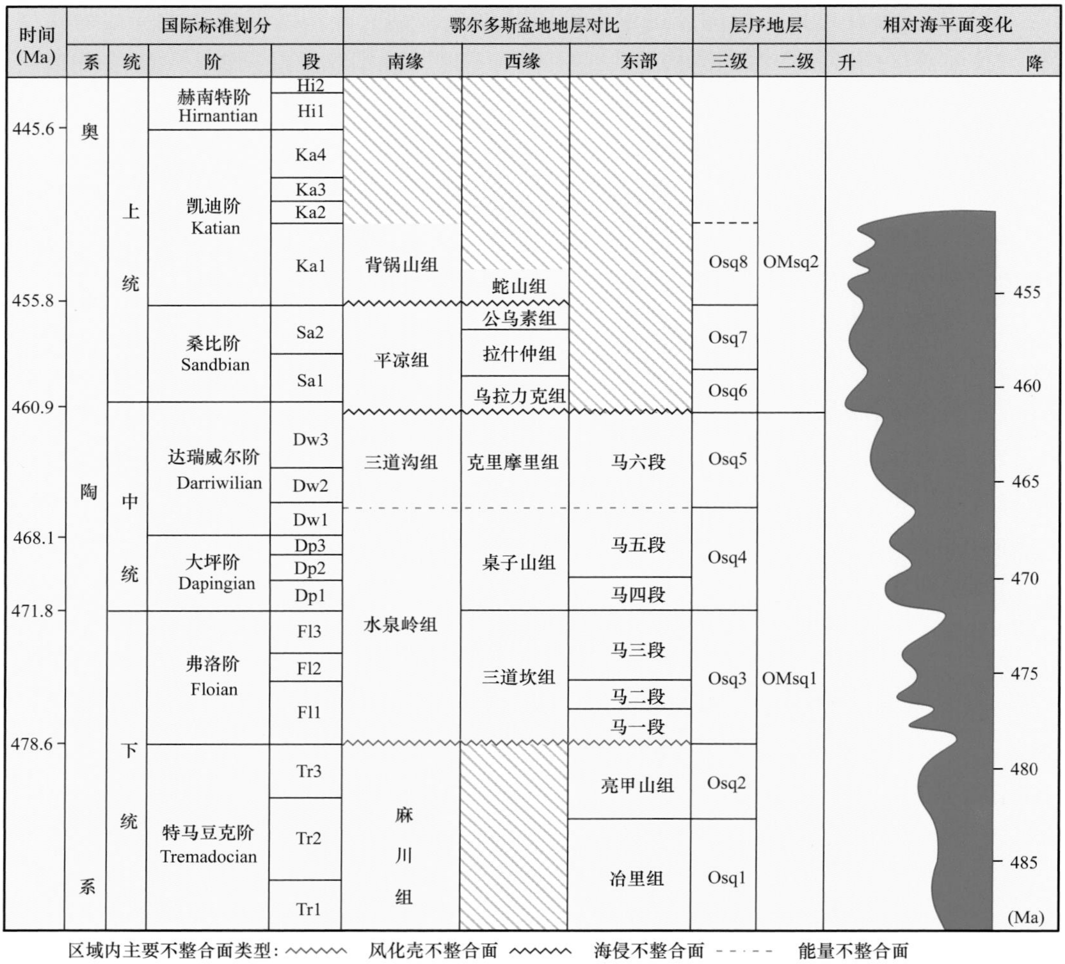

时间(Ma)	国际标准划分				鄂尔多斯盆地地层对比			层序地层		相对海平面变化
	系	统	阶	段	南缘	西缘	东部	三级	二级	升　　　　　降
445.6	奥	上统	赫南特阶 Hirnantian	Hi2						
				Hi1						
			凯迪阶 Katian	Ka4					OMsq2	
				Ka3						
				Ka2						
				Ka1	背锅山组	蛇山组		Osq8		
455.8			桑比阶 Sandbian	Sa2	平凉组	公乌素组		Osq7		
				Sa1		拉什仲组				
460.9	陶	中统				乌拉力克组		Osq6		
			达瑞威尔阶 Darriwilian	Dw3	三道沟组	克里摩里组	马六段	Osq5		
				Dw2						
468.1				Dw1						
			大坪阶 Dapingian	Dp3		桌子山组	马五段	Osq4		
				Dp2						
471.8				Dp1			马四段			
		下统	弗洛阶 Floian	Fl3	水泉岭组		马三段		OMsq1	
				Fl2		三道坎组	马二段	Osq3		
478.6				Fl1			马一段			
			特马豆克阶 Tremadocian	Tr3	麻川组		亮甲山组	Osq2		
				Tr2			冶里组	Osq1		
	系			Tr1						(Ma)

区域内主要不整合面类型：〜〜〜 风化壳不整合面　〜〜〜 海侵不整合面　- - - - 能量不整合面

图 3-2　鄂尔多斯盆地各分区地层划分与国际标准划分方案的对应关系（据郭彦如等，2012，2014）

第二节　层序地层格架建立方法与依据

传统的层序地层学研究主要强调对地震层序及其层序界面、凝缩段、体系域的识别与分析，重点在于从地震剖面中识别出有意义的超覆面（上超、下超、顶超）、截切面，以及沉积体系的退积—加积—进积特征（Vail P. R.，1987），由此来划分不同的三级层序及其体系域。

鄂尔多斯盆地二维地震资料品质较差，分辨率低，难以作为层序地层研究的主要手段（郭彦如等，2008）。根据层序地层学原理，寻找等时意义的地质证据将成为鄂尔多斯盆地碳酸盐岩层序地层划分与对比的主要手段。因此，奥陶系碳酸盐岩层序地层划分必须建立在全盆地地层系统对比基础上。针对鄂尔多斯盆地地表与地下地质条件复杂、奥陶系层序地层划分方案繁多、盆地周缘与盆地本部难以对比的问题，笔者提出"碳酸盐岩层序地层划分与对比五要素法"进行奥陶系层序地层划分与对比（郭彦如等，2014）。层序地层划分与对比五要素是古生物地层、重要地质事件、层序界面、地球化学数据和井—震剖面对比。"五要素"在层序地层划分与对比中起不同的作用，其中古生物地层是基础，重要地质事件是标志，层序界面识别是关键，地球化学数据是补充，井—震对比是核心。

一、古生物年代地层格架

目前国际上主要应用笔石、牙形石、三叶虫、浮游有孔虫、菊石（主要集中在中生界）等进行地层对比和半定量定年，其中奥陶系主要为笔石和牙形石，并在中国华南地区建立了 3 个金钉子剖面（全球奥陶系共有 7 个金钉子剖面）。

尽管近 20 年来，强调牙形石与笔石等浮游生物群在地层划分与对比中的重要性，但实际上华北地台与国外其他地区的准确对比仍不是很清楚，甚至与华南深水相标准笔石带的对比也有一定困难，主要原因是华北地台中发现的标准化石很少，缺乏可对比性。虽然华北地台下古生界地层相对一致，但不同构造背景下地层发育也存在差别，尤其是边缘地区，仅依靠岩石地层单位进行对比是困难且局限的，往往造成穿时和其他相关问题（安太庠等，1983，1990）。通过古生物地层对比，初步实现了鄂尔多斯盆地奥陶系与 2013 年国际地层委员会最新公布的奥陶系年代划分方案的对接。

表 2-1 中的生物化石带由安太庠（1983，1990）、陈旭等（2000，2006，2008）、汪啸风（1989，1993，1999，2003，2004，2005）、Bergström（2009）综合整理而得，各生物地层单元类型为延限带。3 个化石带与国际生物化石带相对应（笔石 *C. bicornis* 和 *N. gracilis*，牙形石 *P. serra*），主要为桑比阶（Sa2 和 Sa1）和达瑞威尔阶（Dw3）；2 个化石带与北美中大陆化石带相对应（牙形石 *P. undatus* 和 *B. confluens*），主要为凯迪阶（Ka1 和 Ka2）；3 个化石带与北大西洋化石带相对应（牙形石 *E. suesicus*、*L. variabilis* 和 *P. originalis*），主要为达瑞威尔阶（Dw1 和 Dw2）和大坪阶（Dp2）。通过上述对比可以看出，鄂尔多斯盆地奥陶系近 60% 的年代地层基本确立，其中上奥陶统包括盆地西缘的蛇山组、公乌素组、拉什仲组、乌拉力克组，盆地南缘的背锅山组和平凉组，盆地内部缺失；中奥陶统包括盆地西缘的克里摩里组和桌子山组，盆地南缘和内部的马六段、马五段和马四段；下奥陶统包括盆地西缘的三道坎组，盆地南缘和内部的马三段、马二段、马一段、亮甲山组和冶里组。从表 2-1 可以看出，鄂尔多斯盆地上奥陶统各套地层可以对应到化石带，界线基本清楚；中奥陶统桌子山组和马四段下部缺少可直接对比的生物化石带，下界不能确定，误差小于一个化石带。下奥陶统各套地层对比误差最大，通常大于一个化石带。安太庠等（1983，1990）研究认为，牙形石 *A. leptosomatus*、*S. eburnus* 和 *L. dissectus* 至少对应 Fl2 下界，但具体不详，其他下伏地层未能与国际和区域标准化石带相匹配，因此，具体对应关系暂不能定。

1. 国际与中国奥陶系年代地层划分方案对比

年代地层对比精度在很大程度上依赖于生物地层的研究程度与水平。尽管中国在奥陶系生物地层研究方面总体上居于国际先进水平，但在生物化石带的选取以及与国际上不同地区的精确对比方面，仍然存在一些分歧。此外，根据不同生物类型研究所建立的生物化石带之间的精确对比关系有待进一步明确。由于中国奥陶系沉积类型多样，不同地层分区所包含、发现的生物化石差别较大，客观上也导致了在很长一段时间内，相当多的地层单位时代与对比关系不清楚。另外，中国以往在浅水相生物地层方面的研究较多，而深水相以浮游生物为主的地层研究较少，也造成了深水与浅水相地层在生物群落对比上的困难。

目前奥陶系生物地层对比主要依靠笔石和牙形石。尽管中国在这两个门类的研究方面很深入，但由于生物地理区系的差别，一些化石带的准确对比仍然存在一些不确定性。

中国地层委员会于 2002 年采纳了奥陶系三分意见，其中大部分界线与当前国际地层委员会提出的方案（Bergström 等，2008）一致，但个别界线略有差别。陈旭等（2008）通过对原有个别阶的界线调整，提出了适用于中国的分统、分阶方案，并与国际标准年代地层划分方案建立了很好的对比关系（表 3-2）。虽然中国奥陶系年代地层与国际地层划分方案在一些具体生物带细节对比、阶一级精确界线标定及其对应关系上仍存在一些尚未解决的问题，但总体上还是比较清楚的。

中国南方下古生界，特别是奥陶系地层研究程度很高，目前也是国际奥陶系 3 统 7 阶标准年代地层划分方案中 3 个阶（中奥陶统大坪阶、达瑞威尔阶，上奥陶统赫南特阶）的金钉子剖面。因此，中国南方地层划分方案也被广泛用作国际地层对比的标准之一。在阶一级的年代地层划分方面，华南长期使用两套方案：以浅海壳相生物群为主的阶（扬子地区：两河口阶、道保湾阶、大湾阶、牯牛阶、庙坡阶、小溪塔阶、五峰阶）和以深水浮游相笔石为主的阶（江南地区：新厂阶、下宁国阶、中宁国阶、上宁国阶、胡乐阶、韩江阶、石口阶、五峰阶）。目前，这两套地层系统的对比关系基本清楚（汪啸风等，1996，2004，2005；戎嘉余等，2005）。在五峰阶上部新建赫南特阶并成为国际标准划分中的一个正式年代地层单位，相应地钱塘江阶范围缩小，相当于传统五峰阶的下部，仅包括国际标准划分中的 Ka4（*D.complanatus* 带）和 Ka3（*A.ordovicus* 带）上部，而其下部划入艾家山阶（陈旭等，2008）。因此中国的艾家山阶和钱塘江阶与国际划分的凯迪阶和桑比阶相当。

目前国际上主要采用笔石和牙形石的生物地层对比标准，新近完善的中国年代地层系统，则采用新厂阶、道保湾阶、大坪阶、达瑞威尔阶、艾家山阶、钱塘江阶、赫南特阶划分方案（表 3-2）。该套系统与国际标准划分方案对比关系基本清楚。

中国华南（以扬子板块为主）与华北（以华北地台为主）两大地区奥陶系的地层对比虽然已有过不少意见（赖才根等，1981；安太庠等，1985，1990；汪啸风等，1996），但由于分属不同的板块和不同的生物地理分区，导致两地在生物组合面貌上相差很大。由于华北地区一般缺乏笔石类化石，牙形石以华北地方型分子较多，因而其与中国年代地层化石带的对比关系大多是通过牙形石与笔石的间接对比关系来确定的。近年的研究证明，牙形石是奥陶系地层对比中非常重要的一类生物化石，已经成为全球奥陶系划分与对比的重要参考标准。比如全球最重要的北大西洋与北美中大陆型两类牙形石在生物带的划分与对比上也很不相同（表 2-1）。从总体上看，华南地区的牙形石以北大西洋型为主，华北地台则以北美中大陆型占主导。在鄂尔多斯盆地边缘，特别是上奥陶统则具有两者混生的特点，这对建立华北地层划分对比方案以及桥接华北与华南地台对比关系方面具有重要意义。

2. 鄂尔多斯地块与中国标准年代地层划分方案对比

1）上奥陶统生物地层序列

在统级边界上，鄂尔多斯盆地有较好的笔石与牙形石带可与华南以及国际标准进行较好对比。上奥陶统底部笔石 *Nemagraptus gracilis* 带（Sa1）和牙形石 *Pygodud anserinus* 带（Sa1）或 *Plectodina aculeata* 带（Sa1），中奥陶统顶部的牙形石 *Pygodus serra* 带（Dw3）、笔石 *Husterograptus teretiusculus* 带（Dw3 上部）和 *Pterograptus elegans* 带（Dw3 下部），

在西缘和南缘地区均发育良好，分布较广，并可与华南及世界其他地区进行直接对比（表2-1）。因此鄂尔多斯地块中—上奥陶统界线可以比较肯定在乌拉力克组或平凉组的中下部，但中—下奥陶统界线的确定略有困难。

晚奥陶世，鄂尔多斯盆地边缘普遍发生强烈沉降，岩相分异显著，以深水—斜坡沉积为主，地层中含有丰富的笔石动物群。因此，各地层单位时代标定较为准确。盆地西缘乌拉力克组下部产笔石 *Heterograptus teretiusculus*（Dw3 上部）和牙形石 *Pygodus serra*，上部产牙形石 *P. anserinus*（Dw3 上部）和笔石 *Nemagraptus gracilis*（Sa1）；拉什仲组产 *Climacograptus bicornis*（Sa2）；公乌素组产笔石 *Amplexograptus gansuensis*（Sa2—Ka1）、*Am. disjunctus*（Sa2—Ka1）；蛇山组产角石 *Shenshangoceras*。该生物地层序列较为清楚，包含达瑞威尔阶顶部至凯迪阶下部（表2-1）。考虑到蛇山组厚度较小且分布局限（主要为滑塌沉积），内部化石大多经搬运再沉积，因此其时代也有可能达 Ka2 底部。

盆地南缘地层小区西段，平凉组含有 5 个笔石带（傅力浦，1993），自下而上依次为 *Husterograptus teretiusculus*（Dw3）、*Nemagraptus gracilis*（Sa1）、*Climacograptus peltifer*（Sa2）、*Amplexograptus longxianensis*（Sa2）、*Climacograptus spiniferus*（Ka1），时代相当于国际标准的 Dw3 至 Ka1。可与西缘桌子山地区的乌拉力克组至公乌素组相对比，并相当于华南庙坡组至宝塔组底部。其上背锅山组以台地边缘前斜坡滑塌角砾灰岩、边缘礁相厚层生物灰岩为主，牙形石混杂，不含笔石。其中时代最晚的有 *Protopanderodus liripipus* 和 *P. insculptus*，并建有 *Yaoxiangnathus yaoxianensis — Belodina confluens* 带（汪啸风等，1996），时代相当于 Ka2 或有可能到达 Ka3 下部。

盆地南缘地层小区东段，上奥陶统主要发育外陆棚—陆棚边缘沉积。在淳化铁瓦殿以北，以深水外陆棚—中陆棚碳酸盐沉积为主，包括平凉组（又称金粟山组）和背锅山组（又称桃曲坡组 / 赵老峪组）。而在泾阳铁瓦殿山南侧，主要发育大规模台地前斜坡滑塌角砾灰岩。其中平凉组产笔石 *Climacograptus bicornis*（Sa2）和牙形石 *Yaoxiangnathus neimenguensis* 带（傅力浦，1993），背锅山组产牙形石 *Yaoxiangnathus yaoxianensis* 带、*Propanderodus insculptus—Belodina confluens* 带等（安太庠等，1990；汪啸风等，1996），表明金粟山组和桃曲坡组分别与西段地区的平凉组和背锅山组相对应。另外，在桃曲坡组上部还发现笔石 *Orthograptus quadrimucroconatus*（安太庠等，1990），其一般对比 Ka2，相当于 *Pleurograptus linearis* 带的上部，并可与华南临湘组相对比。傅力浦（1993）将桃曲坡组上部以泥页岩夹薄层石灰岩的一段地层建立为东庄组，该套地层在陇县也有发现。其中含有类似于华南五峰组的小型腕足类化石，但不产笔石和牙形石。从上下地层约束关系看，东庄组可能相当于 Ka3，并大致可与华南的临湘组上部至五峰组底部相对比，但仍属凯迪阶，可能不会到达赫南特阶。

2）中奥陶统生物地层序列

在华南，中—下奥陶统界线位于大湾组下段上部，介于牙形石 *Baltoniodus triangularis* 带（Dp1）和 *Oepikodus evae* 带（Fl3）之间，也是国际地层委员会中—下奥陶统 GSSP 位置（汪啸风等，2005；陈旭等，2008；Bergstrom 等，2009），大致相当于笔石 *Azygograptus suesicus* 带（Dp1）和 *Didymograptus deflexus* 带（Fl3）之间（汪啸风，2005；陈旭等，2008）。这些关键性的化石带在华北以及鄂尔多斯盆地均未发现。因此中—下奥陶统界线只能通过其他化石的间接对比来确定。

鄂尔多斯盆地中奥陶统生物化石较多，可以进行较好对比，特别是西缘桌子山组和克里摩里组，能够提供重要的生物地层控制。在青龙山和桌子山地区，桌子山组下部发现 Dp1 的代表性牙形石 *Baltoniodus triangularis* 和 *Microzarkodina flabellum*，中下部发现 *P. originalis*，近顶部发现 *Lenodus antivariabilis*，它们分属于大坪阶的三个生物带（安太庠等，1990；汪啸风等，1996；葛梅钰等，1990）。因此可以确认，桌子山组包括大坪阶，其上界有可能跨入中奥陶统达瑞威尔阶。

在上述地区，克里摩里组也提供了完整的达瑞威尔阶生物化石带（安太庠等，1990；葛梅钰等，1990）。自下而上依次发育牙形石 *Lenodus variabilis*（Dw1）、*Eoplacognathus suecicus*（Dw2）、*Pygodus serra*（Dw3）三个带，以及笔石 *Pseudamplexograptus confertus*（Dw2）和 *Pterograptus elegans*（Dw3 下部），克里摩里组下部约 45m 沉积未见笔石，该段地层从上下关系约束看，可能相当于 *Undulograptus austrodentatus*（Dw1）的层位。

3）下奥陶统生物地层序列

据安太庠等（1983，1985，1990）的对比意见，华北地区下马家沟组下部所产的牙形石 *Aurilobodus leptosomatus*—*Loxodus dissectus* 带相当于华南的 *Oepikodus evae* 带（Fl2），代表弗洛阶中—上部沉积，而下马家沟组上部的 *Tangshanodus tangshanensis* 带相当于华南的 *Baltoniodus triangularis* 带（Dp1）至 *Baltoniodus navis* 带（Dp2 下部），代表大坪阶下—中部沉积。鄂尔多斯盆地西缘三道坎组产 *Aurilobodus leptosomatus*—*Loxodus dissectus* 带（Fl2），因此，可以大致确定中—下奥陶统界线在华北地台中部位于下马家沟组下部，在西缘位于桌子山组下部或者三道坎组上部。弗洛阶牙形石发现的地点相对较多，但多数相当于 Fl2，而相当于 Fl1 和 Fl3 的化石没有确认。相当于 Fl2 的牙形石主要产自西缘北段三道坎组和桌子山组下部，以及南缘麻川组上部，化石相对单一，同时共生少量头足类（陈均远等，1984；安太庠等，1990）。

在鄂尔多斯盆地西缘贺兰山中段下岭南沟组发现的牙形石较多，建立了良好的牙形石带（安太庠等，1990）。这些化石带与华北地台中部冶里组（安太庠等，1983）以及华南地台新厂阶的牙形石带均可进行良好对比，属于特马豆克阶，但阶的底界精确位置仍有待进一步确定。有了上述两个统级界线的生物地层控制，就可以相对明确地将鄂尔多斯盆地各主要岩石地层单位与年代地层阶一级单位进行大致的对比与界定。

总体上说，鄂尔多斯盆地不同地区下古生界发现的化石不少，但大多数地区与剖面还缺乏深入系统的研究。除个别剖面与层段外，多数地区与剖面缺乏可靠的化石依据和足够的生物地层控制。因此，在地层对比方面主要依赖岩性与岩相的对比作为补充与参考，这也是鄂尔多斯盆地下古生界，特别是奥陶系下部地层对比问题较多的重要原因。另外，鄂尔多斯盆地不同地区从地台内部到盆地边缘岩相变化较大，许多岩石地层单位的上下关系不明确，或有些仅依据部分出露建立了地层单位，进一步加剧了对比的困难。因此，在该套地层对比方法中，强调生物地层的重要性，但也综合考虑其他多方面的因素。

二、地质事件标志层

1. 事件地层的类型与特征

事件地层学是利用地质事件及其地质记录来对比地层和确定地层界线的学科，是地层学的一个分支（蔡雄飞，1997）。它是 20 世纪 80 年代形成的，但与之有关的认识则要早得多。人们早就认识到地质历史上的各种地质事件，且都可能在地层中留下相应的地质记录。地质事件通常分为地内事件和地外事件。地内事件包括生物绝灭、地磁极倒转、海平面升降、火山喷发及火山灰降落、洋中脊体积变化、地壳运动、气候变化、沉积环境变化、缺氧环境出现、浊流和风暴等；地外事件包括陨星和彗星撞击地球、超新星爆发、太阳辐射强度变化等。这些事件既有突变的，也有灾变的；既有地质历史上极罕见的，也有周期性出现的。

根据事件地层学的观点，地层构架由一系列缓慢渐变过程和短暂的突变或灾变事件组成，而突变或灾变事件在地层研究中有特殊意义，地层界线本质上应反映突变。因此，事件地层学与以渐变论和均变论为基础的传统地层学有显著区别。由于任何地质事件总是要通过沉积特征、地球化学特征或古生物特征等在地层中留下印记，而且，经过细致的研究，这些印记是可以被认识和确定的。因此，可以通过对这些事件所留下的印记的研究来对地层进行划分与对比。与传统的地层划分与对比方法相比，事件地层学具有以下一些优点：等时性、全球性和大区域性、科学合理性、精确性、野外易于识别等。

事件地层学所采用的方法大致与传统的地层学相似，除了需要综合对比各种地层学、地球化学和古生物学资料外，还需要着重考虑一些突发地质事件的识别。因此，事件地层学实际上是根植于传统的地层学，但在研究方法上有所发展和创新的一门学科，它代表着地层学今后的研究方向。

根据之前对事件的分类，相应的，将事件地层单位也分为对应的几类，即：沉积事件单位、化学事件单位、生物事件单位、复合事件单位。

1）沉积事件单位

沉积事件单位又称物理事件单位，指的是诸如火山作用、风暴流、密度流等突发事件所形成的沉积层位。这些沉积记录具有短时、高精确度、大范围或区域性以及等时或近等时的特点，因而在实际应用上有很好的效果。

2）化学事件单位

化学事件单位是指在厘米至米级的地层上面取样，进行化学元素分析得到的结果所显示出的岩层之间的关系。进行化学分析的元素有有机碳（Corg）、无机碳（Ccarb）、Sr 和 S 同位素、稀有金属和贵金属等。根据所分析地层的厚度，可以进行短期或是长期的地层对比，而且这种分析的结果都是量化的，比较精确。

3）生物事件单位

生物事件单位指代表生态事件、进化事件和灭绝事件的沉积单元。常见的生物事件有全球性生物群的集群灭绝事件和区域短期进化、移栖、繁殖、集群死亡事件。在有化石支持的情况下，以生物事件来进行地层对比是非常有说服力的，而且是非常精确的。

4）复合事件单位

复合事件单位是指由几种事件相互复合所形成的沉积单元。如大量的火山灰降落事件，由于火山灰中具有特定的化学成分从而引起火山灰下面的生物集群死亡，这三类事件复合在一起就形成一个复合事件。

2. 鄂尔多斯盆地火山事件地层特征

在达瑞威尔期末和桑比期，发育大规模的火山活动达10余次，其中最大规模发生在达瑞威尔期末（Huff，1996；Botting，2002；Warren，1992；Graham，2003），并发育了约50cm的火山凝灰岩，该套地层在盆地西缘和南缘的残留地层中广泛分布，成分主要为火山碎屑（80%）、陆源石英（10%）和杂基（10%）（袁卫国，1995）。

该套凝灰岩之所以能作为区域对比标志层，是因为其不但在鄂尔多斯盆地广泛分布，而且在当时全球范围内的其他板块也广泛发育，如冈瓦纳大陆、劳伦大陆、波罗的海板块、华南板块和华北板块等都具有大量报道。这些火山凝灰层为恢复该时期的构造古地理环境提供了有利借鉴。达瑞威尔期末，联合古陆开始解体，各大板块相继拆离，鄂尔多斯盆地位于华北板块边缘，受周缘火山活动影响，发育了一套较厚的火山凝灰岩。至乌拉力克组沉积早期，火山活动频率达到高峰，盆地周缘断层由盆地外缘向盆地内部活动加剧，因而发育了多套薄层状的火山凝灰岩。可以说，该套具有全球标志特征的火山凝灰岩，为有效划定地质时代提供了较为准确的时间标尺，特别是对于野外剖面地层的识别和划分，具有重要意义。

第一套凝灰岩层始于达瑞威尔阶上部的 *elegans* 带（Dw3底部），止于 *Hustedograptus treretiusculus* 带内（Dw3顶部）。这次事件在鄂尔多斯盆地西缘青龙山剖面的克里摩里组上部有很好的记录，表现为厚约14cm的一层黄色泥质沉积，其成分主要为斑脱岩。与此相当的火山活动事件在彭阳相当的层位上也有较好的记录，表现为厚约30cm的一层翠绿色斑脱岩（图3-3）。这两个层位均位于上述的重大滑塌截切面之下，并为良好的笔石或牙形石化石带所控制。

（a）宁夏同心青龙山中奥陶统克里摩里组上部　　　　　　　　（b）陕西泾阳西陵沟中奥陶统马六段顶部
　　　薄层泥晶灰岩夹凝灰质黏土岩层　　　　　　　　　　　　　中厚层石灰岩夹黄色凝灰质黏土岩

图3-3　鄂尔多斯盆地周缘中奥陶统上部凝灰岩夹层

第二套凝灰岩层主要发育于鄂尔多斯盆地南缘平凉组中上部，以多层橘黄色斑脱岩为标志，厚4~40cm。大体结束于桑比期末，与 *bicornis* 带（Sa2）相当。该套凝灰层分布广泛，在内蒙古乌海桌子山剖面、平凉赵沟桥剖面、陇县龙门洞剖面、富平赵老峪剖面、金粟山剖面、泾阳西陵沟剖面以及蒲城尧山剖面平凉组下部均有发育，可多达7层，岩性以橘黄色黏土层或页岩为主，成分主要为水化黏土，其中有火山玻璃质，属典型钾质斑脱岩（K-bentonite），野外易于识别，细腻滑手（图3-4）。由于水下火山活动，在相关层位上均发现黑色硅质条带或薄层硅质岩层，并伴有大量的放射虫化石，这也是一个重要的参考标志层。

(a) 宁夏同心青龙山上奥陶统平凉组底部灰绿色薄层砂质泥
页岩夹斑脱岩层

(b) 陕西富平赵老峪上奥陶统平凉组顶部薄板状灰岩夹凝灰岩

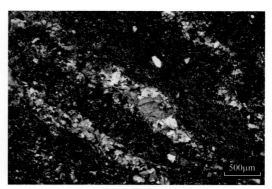

(c) 陕西富平灵殿沟上奥陶统背锅山组底部凝灰岩显微照片

(d) 陕西宝鸡岐山—麟游上奥陶统平凉组凝灰岩显微照片，
正交偏光

图 3-4　鄂尔多斯盆地周缘上奥陶统底部凝灰岩夹层及特征

上述两套凝灰岩层分别出现在两个时期：一个位于达瑞威尔期 Dw3，时限约
463Ma；另一个位于 Sa2，其时限约 457Ma，可以与北美的 Deicke—Millbrig 双凝灰岩层
（Chattfieldian/ Turinian 阶之交的 *Belodina compressa* 带顶和 *Phragmodus undatus* 带底部）
以及欧洲的 Kinnekulle 凝灰岩层（Keila/Haljala 阶之交，牙形石 *Belodina alobatus* 带下部）
相对比，可能具有全球性。

Dicranograptus clingani

———————————456Ma———

Climacograptus bicornis　～～～～～ ☆～～～火山喷发～～～

———————————459Ma———

Nemagraptus gracilis

———————————461Ma———

Hutedograptus teretiusculus

～～～～～～～ ★ ～～～拉伸沉降～～～462.5Ma

Pterograptus elegans ～ ～～～～～～☆ ～～～火山喷发～～～463Ma

———————————464Ma———

Dicranograptus artus（ ～ *Pseudamplexograptus confertus*）

注：达瑞威尔阶 468—461Ma 含 3 个化石带，其中 Dw3 时间较长按 3Ma 计，内含 3
个笔石带，故火山喷发在 457Ma 最强。这是华北地台最重大的一次构造活动，也是沉积

背景发生转折的关键时期。

　　鄂尔多斯盆地周缘中—上奥陶统分布如图3-5所示，上述两套凝灰岩层在目前两套残留地层分布范围内广泛发育，由西缘桌子山剖面、青龙山剖面、平凉剖面，到南缘的岐山剖面、淳化剖面、泾阳剖面以及富平剖面等。上述两套标志层在盆地西缘与南缘野外剖面发育良好，并能进行有效识别。但在盆地内部，由于录井精度限制，多数钻井剖面未发现记录。目前已经发现的凝灰岩层/斑脱岩层主要记录在上奥陶统桑比阶平凉组，例如盆地西部余探2井、惠探1井等，并以薄层灰绿色凝灰岩/斑脱岩形式产出。

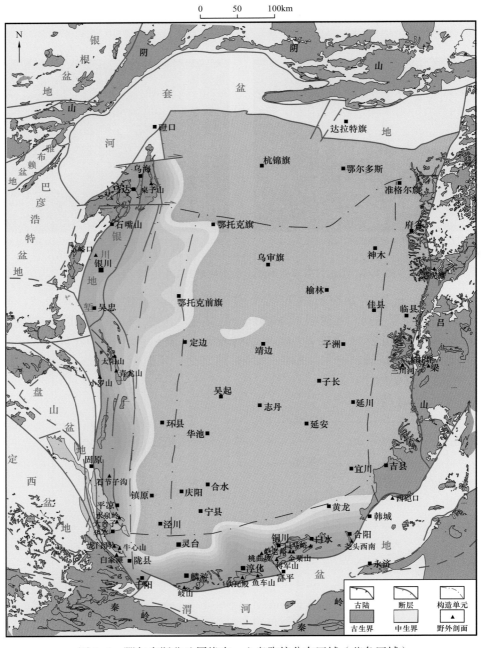

图3-5　鄂尔多斯盆地周缘中—上奥陶统分布区域（蓝色区域）

3. 中奥陶世晚期—晚奥陶世早期火山事件地质意义

中奥陶世晚期—晚奥陶世早期的火山喷发是显生宙已知的最大一次火山喷发事件，其影响范围相当广。据目前的地质资料和近年的研究成果，其在欧洲、北美、南美洲大陆均有良好的表现。

该重大火山喷发事件最早由 Huff 等（1996）发现，在地层记录中主要表现为斑脱岩，以多层或集合体形式出现。早期主要关注其成因和分布，近年来更多关注其对表层系统——大气、海洋、环境变化的影响。该次大喷发可能始于达瑞威尔晚期，终于凯迪中期，持续时间约 10Ma；分布范围很广，在北美东部可达 $220×10^4 \sim 340×10^4 km^2$，在瑞典可达 $69×10^4 km^2$，总体积高达 $1134 km^3$。另外，在阿根廷前科迪勒拉带也发现至少 20 多个地点，其层位最早见于牙形石 *evae* 带，最晚见于笔石 *elegans* 带（牙形石 *suecicus* 带），代表冈瓦纳大陆边缘火山喷发活动（Huff 等，1996）。

一些研究者认为，北美和北欧发育两期较大的斑脱岩层，属钾质斑脱岩［起因于古大西洋关闭，并与太康（Taconic-orogeny）造山运动相关］。在北美有明显的两期，Deicke 斑脱岩层（Dw3，*serra* 带中部）和 Millbrig 斑脱岩层（Sa2 末—Ka1，*clingani* 带）。在西北欧古大西洋的劳伦边缘，古大西洋岛弧或微板块与劳伦大陆的碰撞带也有两期，上部称 Kinnekulle 斑脱岩（Sa2 末—Ka1），下部称大斑脱岩层。

对火山灰层 Ar/Ar 同位素（Kyoungwon 等，2001）研究发现，其年龄值为：（449.8 ± 2.3）Ma，Deicke；（448.0 ± 2.0）Ma，Millbrig；（454.8 ± 2.0）Ma，Kinnekulle。这些年龄值明显较由生物控制的年代要新，其精度不如综合约束调整后的年龄可信，而且也不能与 SHRIMP 年龄值相对比。但上述两个层位的笔石与牙形石带与该区发现的斑脱岩层位一致，因此认为它们极有可能是同期地质事件导致的结果，可以作为跨越大陆的对比标志层。因为这是稀有事件，所以其发生的时间远远短于生物化石带。此外其不受生物地理区域的限制和岩相影响，有可能在不同沉积相地层中发现并作为直接的地层对比标志。

三、层序界面识别

1. 层序界面类型

一个完整的基准面旋回中记录了与沉积趋势变化有关的四个主要事件（图 3-6、图 3-7）。（1）强制海退开始（滨线处基准面下降的开始）：伴随河流—浅海环境的沉积作用向剥蚀作用 / 过路作用的变化。（2）强烈海退的终止（滨线处基准面下降的终止）：标志着河流—浅海环境下剥蚀作用向加积作用的变化。（3）海退的终止（滨线处基准面上升期间）：标志着滨线海退向海侵作用的转换。（4）海侵的终止（滨线处基准面上升期间）：标志着滨线海侵向海退作用的转换。

上述四个事件控制了七种层序地层学界面，这些界面至少部分可以作为体系域边界，其他地层界面可能在体系域内部识别。

1）陆上不整合面

陆上不整合面是基准面下降期，如河流下切、风化降解、沉积物路过或成土作用等形成的侵蚀面或无沉积面。在滨线强制海退期逐渐向盆地方向延伸，在强制海退结束时延伸至其最远端。陆上不整合面可能位于任何类型的沉积体系（河流、滨岸或海相）顶部，下伏地层

层序模式＼事件	沉积层序Ⅱ	沉积层序Ⅲ	沉积层序Ⅳ	成因层序	T—R层序
	HST	HST早期	HST	HST	RST
海侵结束					
	TST	TST	TST	TST	TST
海退结束					
	LST晚期（楔状体）	LST	LST	LST晚期（楔状体）	
基准面下降结束					RST
	LST早期（扇体）	HST晚期（扇体）	FSST	LST早期（扇体）	
基准面下降开始					
	HST	HST早期（楔状体）	HST	HST	

————— 层序边界
───── 体系域边界
- - - - - 体系域内部界面

图 3-6　目前层序模式内体系域和层序边界的时间属性（据 Catuneanu，2002，修改）

可能由正常海退或者强制海退形成，上覆地层可能是正常海退或者被新的海侵沉积所覆盖。

2）相对应整合面

相对应整合面形成于基准面下降终止时的海相环境中。该面与强制海退结束时的古海底面相近，是最新的退覆斜坡沉积面，并与陆上不整合向海方向的终止相对应。相对应整合面将下伏强制海退沉积与上覆低位正常海退沉积分隔开来，并在任何倾角下都下超于下伏序列。

3）强制海退底面

强制海退底面形成于基准面下降开始时的海相环境中，将下伏高位正常海退地层与上覆强制海退地层分开。陆架上，下伏沉积与上覆沉积均呈前积趋势，在整个向上变粗的序列中，下降开始面下超于已有地层的倾斜面，强制海退底面被更年轻的强制海退前积斜坡沉积依次下超。在强制海退底面被波浪和洋流重建的部位，冲刷接触削截了下伏地层。

4）海退侵蚀面

海退侵蚀面形成于强制海退期末，海底坡度很小，波浪能量达到平衡区域的浪控陆棚地层。根据海底坡度的对比，基准面下降时，晴天浪基面的下降导致原有加积到内陆架地区的高位正常海退沉积遭受侵蚀，形成槽状交错层理砂岩并直接覆于冲刷面之上。

5）最大海退面/初始海侵面

最大海退面形成于基准面上升早期结束，标志着滨线海退至海侵的变化，分隔了下伏前积层和上覆退积层。因此，最大海退结束面形成在加积序列中，并位于低位正常海退地

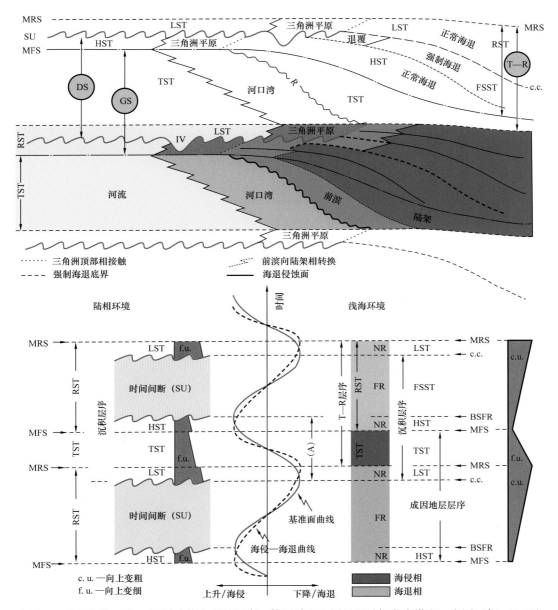

图 3-7 基准面与海侵—海退曲线定义的层序、体系域和地层界面（据奥克塔文·卡图尼努，2009）

SU—陆上不整合面；c.c.—相对应整合面；BSFR—强制海退底面；MRS—最大海退面；MFS—最大洪泛面；R—海侵侵蚀面；IV—下切谷；（A）—正可容纳空间；NR—正常海退；FR—强制海退；LST—低位体系域；TST—海侵体系域；HST—高位体系域；FSST—下降期体系域；RST—海退体系域；DS—沉积层序；GS—成因地层层序；T—R—海侵—海退层序

层顶部，被海侵"愈合相"沉积上超。作为滨线海退最年轻的斜坡沉积，最大海退面向盆地方向下超于原有海底，覆盖于原有海退斜坡沉积之上。最大海退面通常是整合的，但不排除滨线海侵时遭受海底冲刷而导致沉积物负载与水下流能量平衡改变的可能性。最大海退面又被称为海侵面、低位顶面、初始海侵面、整合海侵面和最大前积面等。

6）最大洪泛面

最大洪泛面形成于基准面上升最快末期，根据海侵—海退曲线来定义，标志着滨线海侵的结束，分隔下伏退积地层和上覆前积地层。存在上覆前积地层识别出的最大洪泛面为地震下超面。由于沉降速率与沉积速率的可变性，最大洪泛面与最大海退面存在低穿时性。凝缩段由极少陆源物质向陆棚和深水环境供给期间形成的半远洋—远洋细粒沉积组成，较易识别，并与各种资料都有响应。凝缩段岩性均一，在地震测线上表现为较明显的带；由于有机质和放射性元素快速集中，凝缩段在测井上易表现为高伽马响应。

7）海侵侵蚀面

海侵侵蚀面由滨线向陆迁移时，被潮汐或波浪冲刷切割所形成。大多情况下，海侵侵蚀面被海侵滨面沉积叠加和上超。

2. 鄂尔多斯盆地奥陶系层序界面类型与特征

鄂尔多斯盆地奥陶系野外基干剖面层序界面主要有9种，分别为古风化壳、渣状层、河流回春作用面、古岩溶作用面、斜坡重力流冲刷侵蚀面、盆地内浊流侵蚀作用面、火山事件作用面、上超面和岩性、岩相转换面。

1）古风化壳

古风化壳是地质历史时期地壳表层岩石经长期风化作用后所形成的分布于地壳表层的残积物，它的存在代表了地质历史时期地壳上升，海平面下降，原岩暴露于水面之上而遭受过风化剥蚀，所以古风化壳是典型的层序界面。分布广泛，主要包括古土壤和植物根土层。古暴露面上风化壳是很好的不整合界面标志。古风化壳以钙质风化壳最为常见，其次是铁质、铝质和硅质风化壳（图3-8）。

(a) 同心青龙山芦草沟：水泉岭组/麻川组

(b) 陕西淳化铁瓦殿北坡：麻川组/水泉岭组

(c) 内蒙古海南区老石旦东山：崮山组/三道坎组

(d) 同心青龙山鸽堂沟：麻川组/大台子组

图3-8　野外剖面古风化壳标志特征

古风化壳主要发育在寒武系/奥陶系冶里组分界（图 3-9 中 SB0）和亮甲山组/马一段分界（图 3-9 中 SB2-1 和 SB2-2），古喀斯特作用面主要发育在马五段/马六段（克里摩里组）分界（图 3-9 中 SB4），这三大界面在野外和地震剖面上均较容易识别，为全盆地层序地层划分与对比奠定了基础。斜坡重力流冲刷侵蚀面主要分布在马六段（克里摩里组）/乌拉力克组（平凉组）分界（图 3-9 中 SB5）和平凉组/背锅山组分界（图 3-9 中 SB7），其中乌拉力克组（平凉组）底部首先发育 2～3m 的斜坡垮塌灰砾岩重力流，之后突变为泥岩和微晶灰岩互层（图 3-9 中 SB5）。

2）渣状层

渣状层又称渣状土，是由于全球海平面下降导致前期沉积暴露，遭受风化剥蚀、淡水淋滤、溶解等地质作用所形成的异常疏松、似渣状的土壤。

3）河流回春作用面——底砾岩

河流回春作用是由于全球海平面快速下降，陆棚的一部分或全部暴露地表，河流推进至陆棚并下切陆棚，形成河流深切谷。河床滞留沉积是留在河床底部、集中堆积成不连续透镜体的砾石等粗粒碎屑物质，这些粗碎屑物质被河流由上游搬来或近侧向侵蚀海岸形成，而细粒物质被选择性搬运走，河床滞留沉积的底部常具有明显的冲刷界面，是层序边界的标志。在研究本区，含有底砾岩的地层厚度介于 1～2m 之间，砾石扁平，定向排列，与下伏地层成切割关系（图 3-10）。

4）古岩溶作用面

古岩溶作用面是指地质历史时期发育的，并被后来沉积物所覆盖的（含有 CO_2 的地下水和地表水对可溶性碳酸盐岩的溶解、淋滤、侵蚀和沉积等）古岩溶作用所形成的作用面。

该类型界面的形成过程即是层序界面的发育过程，即原始位于水体之下发育的碳酸盐岩在构造抬升或海平面下降条件下暴露地表，遭受风化、剥蚀，从而形成古岩溶作用面。

5）斜坡重力流冲刷侵蚀面

斜坡重力流冲刷侵蚀面在中国南方震旦系—三叠系沉积地层中的台地边缘斜坡剖面上广泛发育，主要表现为一套台地边缘垮塌沉积，或斜坡侵蚀作用形成的不规则界面及其之上的低水位期角砾状灰岩。

该类界面是在海平面下降速率大于盆地沉降速率条件下所形成的典型层序界面（图 3-11）。

至背锅山组沉积期，鄂尔多斯盆地周缘板块加速会聚碰撞抬升，致使盆地周缘发育多期斜坡重力流，特别是盆地南缘保存完好，砾石悬浮于泥岩基质中，直径 5～50cm 不等，属重力流近源沉积。

6）盆地内浊流侵蚀作用面

盆地内浊流侵蚀作用面主要表现为伴随着相对海平面的快速下降，盆地内发育的浊流对前期沉积冲刷侵蚀形成不规则的界面，界面之上发育低位体系域浊积砂岩，该类砂岩的底面槽模特别发育（图 3-12）。

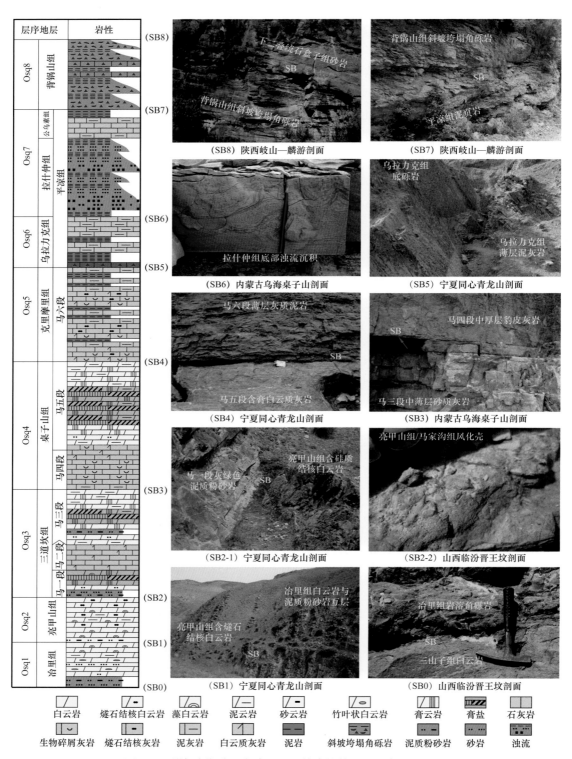

图 3-9　鄂尔多斯盆地奥陶系地层综合柱状图及层序界面特征

(a) 古泾阳西陵沟背锅山组

(b) 岐山背锅山组

(c) 岐山平凉组/马家沟组

(d) 苏峪口组石英砾岩

图 3-10　野外剖面古底砾岩标志特征

图 3-11　富平赵老峪野外剖面水下截切标志特征（背锅山组滑塌沉积）

(a) 内蒙古桌子山：克里摩里组/乌拉力克组

(b) 内蒙古桌子山：乌拉力克组泄水构造

图 3-12　野外剖面浊流侵蚀标志特征

深水浊流侵蚀面主要发育在乌拉力克组／拉什仲组分界（图3-9中SB6），拉什仲组沉积期鄂尔多斯盆地西缘受伊盟古陆、阿拉善古陆、华西古陆运动以及古气候变化多重影响，普遍发育深水浊流沉积，因此浊流侵蚀面为二者地层界线的有力佐证。

7）火山事件作用面

火山事件作用面是一套与火山事件作用有关的，可将层序划分开来的一套火山作用形成的产物。如中国南方海相上、中二叠统之间的界面即为一火山事件作用面，主要表现为中二叠世结束之后，随着东吴运动主幕的拉开，在广大的川滇地区出现了大面积分布的玄武岩堆积，也由于此次构造运动使得中二叠世的海域退缩到黔南以南地区，而其他地区上升成陆，遭受风化剥蚀，并为铁、铝、硫等矿床的形成创造了条件。在鄂尔多斯盆地西缘、南缘中奥陶统顶部至上奥陶统中部，发育多套火山凝灰层，可作为区域等时标志层（图3-13）。

(a) 淳化西陵沟平凉组斑脱岩：相当于Millbrig—Kinnekulle凝灰层，桑比阶上部—凯迪阶底部

(b) 富平赵老峪平凉组斑脱岩：相当于Millbrig—Kinnekulle凝灰层，桑比阶上部—凯迪阶底部

图3-13　野外剖面火山凝灰层标志特征

8）上超面

上超面是指后期沉积层与前期沉积层之间为一上超接触关系，为海平面下降后又上升转变过程的产物。通过对鄂尔多斯地区一些下古生界地震剖面进行处理和解释，可以对区内下古生界的划分与对比提供间接的证据与参考。寒武系中下部地层，包括辛集组、馒头组是一个以碎屑岩为主的地层单元，与下伏前寒武系为不整合接触，地震反射明显，而其上覆张夏组和三山子组主要由碳酸盐岩组成，二者界线明显，在地震剖面上容易区分。

上寒武统—下奥陶统三山子组与上覆马家沟组为区域性不整合面，在地震剖面上易识别。寒武系在地震资料上可以划分为两个地层单元，即寒武系中下部碎屑岩单元和寒武系中上部碳酸盐岩单元。

9）岩性、岩相转换面

岩性、岩相转换面是在海平面下降速率小于沉降速率条件下形成的，台地和台地边缘可能会经历短暂的暴露，斜坡侵蚀作用不明显，盆地内不发育低水位扇形体。同时，上下地层不同生物类型、分布、数量的多少也可作为层序界面的重要标志（图3-14）。

生物（贝壳）碎屑层：生活在浅水环境中的含壳类生物，死亡后壳体经湖浪作用搬运至岸线附近，后期经湖水的不断冲刷破碎，形成贝壳碎屑层，其中壳体破碎严重，难以辨认属种，并且呈乱杂状堆积。因此它可以反映湖岸环境，当上覆地层水体逐渐或突然加深时，这些碎屑层便可近似代表层序或准层序组的顶界。

(a) 富平赵老峪：平凉组

(b) 内蒙古桌子山：克里摩里组/桌子山组

(c) 陕西富平：三道沟组/平凉组

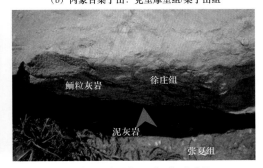

(d) 山西河津西磴口：张夏组/徐庄组

图3-14　野外剖面能量转换界面标志特征

植物根迹化石：根迹化石是岩心中最易识别的遗迹化石，其种类繁多，生态特点复杂，虽不能绝对地作为暴露标志，但大都为陆面或极浅水环境下的产物。在层序边界的识别过程中，可以根据上、下地层植物根迹化石纵向上的变化推断层序边界的位置。

遗迹化石：遗迹化石（除粪化石外）均为原地保存，它既反映了生物的行为习性，也反映了它们赖以生存的地质环境。因此，利用生物遗迹对环境的敏感性，可以较为准确地反映地层纵向演化序列。

层序是多种控制因素作用下形成的一套地层，其中所含生物数量、种类应该是变化的，从多到少或从少到多因沉积环境不同而变。层序边界上下地层由于湖水深度、沉积环境等差异很大，生物数量、种类往往发生突变，因此，可以利用相邻地层中生物数量的突变考虑是否存在层序界面。

上、下地层中的化石所代表的时代相差较远，或古生物化石群突变，出现生物演化的不连续或生物种属的突变，都说明地层之间发生过沉积间断或长时间的侵蚀风化，是不整合（层序边界）存在的证据。

岩性、岩相转换面主要发育在马一段 / 马二段分界、马二段 / 马三段分界、马三段 / 马四段分界（图 3-9 中 SB3）、马四段 / 马五段分界以及亮甲山组 / 冶里组分界（图 3-9 中 SB1）。作为地层对比中应用最为普遍的一种界面形式，其受局部沉积环境影响较大，同时又具有多解性，因此需结合其他类型的层序界面综合分析，以免出现穿时。

四、地球化学指标

1. 化学地层学发展现状

化学地层学是一门将地层学与地球化学融为一体的边缘分支学科，是化学信号在地层学中的应用。其主要内容是利用岩层中化学元素及其化合物的演变规律进行地层划分与对比，同时推断地层形成时的地球化学环境及演变规律。其基本方法是，根据地层中的化学信号特征，如放射性同位素蜕变、稳定同位素含量比值、痕量元素含量与分布、有机分子分布等对地层进行研究，绘制化学地层信号与深度的关系曲线，进而对沉积序列中的沉积旋回、古气候—古海洋变化以及成岩方式的变化等进行解释与对比。在与其他地层学方法（如生物地层、岩石地层、磁性地层、岩相学以及地震地层等）综合之后，化学地层学可为沉积过程的数值模拟提供必要的信息，并且有可能提高地质年代表的分辨率。

根据所采用的化学信号，化学地层学可进一步划分为放射性同位素地层学、稳定同位素地层学、分子化学地层学、有机碳和碳酸盐碳化学地层学和元素化学地层学等。地层记录中化学信号能为地层划分与对比提供必要的信息。现有研究表明，化学地层学所提供的地层和年代分辨率经常高于某些生物地层和地震地层框架所能提供的分辨率（Smith，1989）。绝对年代框架中的化学地层信号也能为盆地中沉积过程和成岩过程的数值模拟提供必要的信息。然而，由于大多数地球化学工作者的兴趣主要在沉积组分的热动力学过程和成岩过程上，而很少考虑地球化学资料的地层意义，长期以来化学地层学没有得到应有的重视。此外，获取化学地层资料的时间要求较长，分析精度要求较高，对其结果进行解释需要多学科综合等因素也制约了化学地层学的发展。但我们相信，随着科学技术的发展和分析手段的提高，将能方便快速地分析出地层记录中的化学信号，化学地层学必将受到地质工作者的重视。

1）放射性同位素地层学

20 世纪初，科学家们发现放射性元素都具有以自动的、恒定（不受外界温度、压力等条件影响）的速率逐渐衰变为非放射性同位素并释放出能量的性质。20 世纪 30 年代，地质学家开始利用放射性元素的蜕变现象来测定矿物和岩石的年龄，进而推断岩石或地层形成的年龄。目前，该方法已经成为地质界普遍采用的方法，并发展成一个独立学科，称为地质测年学。常用的手段有铀—铅法、铷—锶法和钾—氩法等。该方法自提出以来，已广泛应用于绝对地质年龄的确定和哑地层对比等领域。迄今为止，该方法仍然是测定岩层绝对年龄、建立年代地层框架的唯一方法。

2）稳定同位素地层学

稳定同位素地层学是利用稳定同位素组成在地层中的变化特征，进行地层划分与对比，确定地层相对年代，并探讨地质历史中发生的重大事件的化学地层学方法。其研究对象是地层中的稳定同位素，目前主要研究氧、硫、碳和锶的稳定同位素。

（1）氧同位素地层学。

氧同位素地层学是 Emiliani（1955）首先提出的，他在世界上率先对加勒比海和北大西洋第四纪深海沉积物（其地质年龄为 0～600ka）中有孔虫壳的氧同位素进行分析研究，并发现这些氧同位素组成的变化具有一定的规律性，根据这些规律性，Emiliani（1955，1966）将深海沉积地层划分为若干阶段。此后，Be 和 Duplessy（1976）、Kennett（1976）以及 Cita（1977）又分别发现印度洋、地中海和太平洋的同时代或相近时代深海沉积物中有孔虫壳的氧同位素组成亦具有一定规律性变化，其变化情况与 Emiliani（1955）在加勒比海和北大西洋所发现的情况几乎完全一致。这表明，深海沉积物中有孔虫壳氧同位素组成的变化完全可以作为划分与对比地层的一种标志。

（2）硫同位素地层学。

硫同位素地层学的研究是以 Auh 和 Kulp（1959）的工作揭开序幕的，他们首先以较高的精度分析了大西洋、太平洋和墨西哥湾等地区不同深度海洋硫酸盐中的硫同位素组成。随后，国内外许多学者先后研究了世界各地不同地质时期海相石膏层中的硫同位素，获得了数以千计的数据，并汇编成一条显生宙海相硫酸盐中硫同位素组成的变化曲线（陈锦石，1989），该曲线的建立，使得利用地层中所含的硫同位素组成来确定地层时代和进行地层对比成为可能。

（3）碳同位素地层学。

对于海相碳酸盐中的碳同位素早在 20 世纪 30 年代就有人进行过研究，但都是对零散样品进行的分析，其目的只是确定海水盐度和碳酸盐岩的早期成岩作用。直到 20 世纪 70 年代人们才懂得，对海相碳酸盐的碳同位素研究必须系统进行，就像地层学研究那样，在一个剖面或一套钻孔岩心上系统地采集样品，进行同位素分析。最先在一个海相碳酸盐岩地层剖面上进行系统碳同位素研究的是原苏联的科学家，他认为海相碳酸盐岩碳同位素组成的变化可以作为划分地层的标志，从而第一次把碳同位素与地层学联系起来。

这些轻稳定同位素的急剧变化往往是由于水温、盐度的快速短期变化或元素的循环与海底储集所造成的，在显生宇地层记录中经常可以见到该类稳定同位素的急剧正偏移或负偏移的大量实例，它们构成了可用于区域性的，甚至全球性地层对比的化学事件地层单元（Kauffman，1988）。Kennett（1976）根据采自加勒比海和赤道大西洋岩心的氧同位素短期偏移对比，在距今 900ka 的沉积物中建立了 22 个全球等时的冰川海平面升降控制的同位素阶段。这些阶段代表了 21～100ka 的米氏轨道旋回，因而具有极高的年代地层分辨率。Smith（1989）根据墨西哥湾 45Ma 以来上新世至更新世海洋沉积物中有孔虫的氧、碳同位素值建立了化学地层学剖面，在此基础上，绘制了该区的沉积速率图，展示了该区研究时段的沉积速率、沉积间断和年代地层信息。碳同位素地层学研究不同程度地解决了地层的划分与对比问题，也明确证实了氧、碳同位素的地层学意义。氧、碳同位素的地层学意义除表现为在地层界线附近发生碳同位素的正负偏移之外，还反映在其变化与海平面变化的密切联系之上。李玉成（1998）在对华南晚二叠世的碳同位素变化曲线进行研究时发现，该区的碳同位素变化呈现出与全球海平面变化一致的旋回性，表明二者之间存在密切联系。该现象在全球其他地区亦有发现（王宗哲等，1996；李玉成，1998）。氧、碳同位素的这一特性，有助于全球年代地层格架以及全球海平面变化曲线的建立。

（4）锶同位素地层学。

锶（Sr）是在海水沉淀过程中渗入碳酸盐岩中的一种痕量元素，其同位素比值在同时期海洋中是稳定的，并且该比值可由当时形成的未经蚀变的碳酸盐岩可靠地反映出来。因此，有可能用保存较好的古代海相碳酸盐岩中的锶同位素组成确定地质历史时期海水的锶同位素比值（Smith，1989）。锶同位素比值作为化学地层学的工具而用于海相碳酸盐岩地层对比和测龄是由 Burke 等（1982）提出的，他们对显生宇 700 余块海相碳酸盐岩样品锶同位素的研究表明，中—晚侏罗世至更新世，海水中的锶同位素比值发生了较大幅度缓慢而单调的变化。该变化趋势使我们有可能利用锶同位素测定沉积序列的年龄。继这一里程碑式的研究之后，大量学者对不同时代不同区域的软体动物、有孔虫、腕足类、牙形石等古生物以及碳酸盐矿物和白垩层等进行了更为详尽的研究。这些研究进一步证实了锶同位素具有地层学意义且具有较高的分辨率，目前，其对新生代沉积物的分辨率已达到 0.5～1Ma（Smith，1989）或 0.1～2Ma（DePaolo，1986）。

国内对锶同位素地层学的研究尚不多见，主要集中在海水化学组成的变化上，但其研究成果同样可以用于地层的划分与对比。如田景春和曾允孚（1995）研究了中国南方二叠纪古海洋的锶同位素演化规律，指出锶同位素的演化与海平面变化直接相关。张明书等（1995）对西沙群岛西琛 1 井礁序列全岩样的锶同位素测定得到的新生代晚期古海水的锶同位素记录，与用 DSDP 钻孔岩心中浮游有孔虫得出的曲线一致，只是数据略偏高。锶同位素地层学要求有较高的分析精度，一般要求精确到小数点后 5～6 位，其分析手段要比其他轻同位素的分析复杂。但锶同位素地层学只需要进行很少的分析就可以进行地层对比，而且锶同位素对成岩作用不敏感，也不像轻稳定同位素那样依赖钙质化石（Smith，1989），这些足以弥补其分析方法上的不足。因此，锶同位素地层学是一种很有应用前景的化学地层学方法。

3）分子化学地层学或生物化学地层学

分子化学地层学或生物化学地层学是化学地层学相对较新但发展迅速的分支。沉积岩中有大量的有机化合物以化学分子的形式存在，这些复杂的化合物具有特定的来源、广泛的分布，而且在地质历史时期中相当稳定。有些有机化合物，如甾族、类脂和酮等能够提供有关地层记录以及盆地中有机组分的成因和成岩史的有关信息。例如，类脂的化学习性可能与沉积过程中有氧或缺氧条件有关。长链烯酮是海洋浮游植物，尤其是颗石藻的特定组分，其不饱和程度与温度有关。Farrimond 等（1986）对采自北大西洋的深海岩心进行了烯酮不饱和指数分析，认为可能与米兰柯维奇轨道变化周期相一致。

4）有机碳和碳酸盐碳含量的变化

有机碳和碳酸盐碳含量的变化可以反映大洋水体的上涌作用、水体分层、碳循环以及大洋生物产率等方面的原始短期信号，运用这些化学信号可以进行地方性至区域性的高精度地层对比（Kauffman 等，1991）。在特定情况（如大洋缺氧事件）下，甚至可以用来进行区域或全球性地层对比。在钙质／硅质碎屑岩混合岩相中，有机碳和碳酸盐碳的大规模快速波动表现为岩性和颜色的显著变化，因而可以进行直观对比，例如 Prell（1978）应用碳酸盐含量的变化对哥伦比亚盆地的第四系进行对比，Elder（1987）以塞诺曼阶—土伦阶界线上下的页岩层序中碳酸盐碳和有机碳含量的快速变化为标志，对整个科罗拉多高原进行对比。

5）元素化学地层学

元素化学地层学是 Alvarez 父子在白垩系—古近系界线黏土层中发现铱异常，并据此提出小行星撞击假说的基础上发展起来的。目前，对全岩样品进行痕量元素分析已被当作对重大地层界线进行对比的重要辅助手段之一。十余年的研究表明，铱和其他各种痕量元素可以通过一系列途径富集于海相沉积物中，如陨击尘降物、大规模火山喷发、深部地幔喷气、非补偿浓缩作用、生物富集作用以及沉积物再循环作用等，由此形成的化学峰可以用于区域或全球性地层对比，例如白垩系—古近系界线黏土层中的铱异常就极有可能成为全球年代地层对比的标志。继白垩系—古近系界线研究之后，国内外不少学者又对其他地质界线上的痕量元素含量及变化进行了探索性研究，并在前寒武系—寒武系界线、泥盆—石炭系界线、二叠—三叠系界线以及中—上侏罗统界线上发现了程度不等的元素地球化学异常，表明地质历史时期元素地球化学异常的普遍性。

此外，磷、锰、铀以及其他一些痕量元素也有可能在海相地层中相对富集。例如广泛分布的薄层磷灰石层可能表明古代黑色页岩中的短期区域性上涌流事件，因而可以充当重要的年代地层学事件的标志；在缺氧环境下发育的黑色页岩中可能富集自生铀，该铀富集带也可以作为区域性至全球性化学地层对比的工具（Kauffman 等，1991）。

2. 鄂尔多斯盆地化学地层学应用

不整合面以下的岩层中，由于风化暴露作用的结果，常常造成某些元素的特殊富集或贫乏，并引起同位素组成的变异，也可以形成某些盐类，这些均可作为识别层序边界的标志，如图 3-15 所示的碳氧同位素应用。研究区碳氧稳定同位素负向漂移有两种成因。

（1）在封闭、局限环境里形成的石灰岩和白云岩具有较低的 $\delta^{13}C$ 值，因为生物成因的 CO_2 气体不易散发，然而蒸发作用会将大量的 ^{16}O 带走，使 ^{18}O 相对富集。这种信息对于研究沉积环境，尤其是缺少化石的沉积相分析和地层划分与对比显然十分有用。鄂尔多斯盆地与全球标准剖面稳定同位素对比见图 3-15，图中左侧红色曲线为国际地层委员会 2008 年公布的奥陶系标准碳同位素曲线（Bergström，2009），山西临汾剖面和河津西礁口剖面中的马一段、马三段和马五段就属于该种类型，表明受局限环境影响。

（2）在正常海相沉积中 $\delta^{18}O$ 和 $\delta^{13}C$ 值都较淡水相重，但当海相碳酸盐岩地层中出现 $\delta^{18}O$ 和 $\delta^{13}C$ 值负向漂移时，则多与大气淡水风化淋滤有关。其中马一段—亮甲山组、马二段—马三段、马五段—克里摩里组以及乌拉力克组—拉什仲组界线处，均出现浅水暴露以及大气淡水影响所致的同位素负向漂移。

由图 3-15 可知，通过碳同位素对比，冶里组与亮甲山组均位于特马豆克阶，且亮甲山组底界位于 Tr2 中部，与全球海平面上升相对应。马一段、马二段和马三段均位于弗洛阶，具体界面对应关系如图 3-15 所示。马四段位于大坪阶，马五段跨越两个阶，上部延伸至达瑞威尔阶下部。其他组、段与国际标准剖面的对应关系与古生物地层、层序地层和事件地层的对比结果基本一致。通过与国际标准剖面碳同位素曲线和全球海平面变化曲线相比较，能够较为精确地标定各组、段的时间界线，基本误差小于一个时段，有效弥补了因古生物缺失和不同级别层序界面对比混乱而带来的影响。

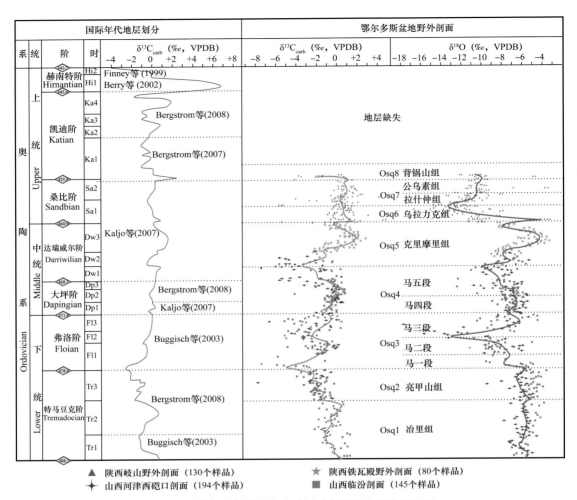

▲ 陕西岐山野外剖面（130个样品）　　★ 陕西铁瓦殿野外剖面（80个样品）
✦ 山西河津西硪口剖面（194个样品）　■ 山西临汾剖面（145个样品）

图 3-15　鄂尔多斯盆地与全球标准剖面稳定同位素对比

　　导致海相地层中锶同位素组成具全球基本一致演化规律的因素主要有两个（石和，2003）：（1）海水中的锶有两个主要来源，一为古陆壳硅铝质岩石经风化剥蚀作用提供相对富放射性成因的锶，称为壳源锶，具有较高的 $^{87}Sr/^{86}Sr$ 比值，全球平均值为 0.7119；二为洋中脊热液系统提供相对贫放射性成因的锶，称为幔源锶，$^{87}Sr/^{86}Sr$ 比值较低，全球平均值为 0.7035。（2）壳源锶和幔源锶在全球海洋海水中完全混合仅需 1ka，而在海水中存留的时间可达 19Ma。

　　地壳运动、冰川活动、气候变化、板块运动以及洋中脊热液系统的变化等全球性地质事件的结果多引起全球性海平面的升降和海陆面积的相互消长，最终影响全球海水中 $^{87}Sr/^{86}Sr$ 比值的变化。近年来，大量研究成果表明，锶是对海水变化反应最灵敏的元素之一。自显生宙以来全球海水锶同位素组成有规律地变化，其 $^{87}Sr/^{86}Sr$ 比值变化与海平面变化有内在的联系。当海平面下降时，陆地暴露面积增大，由大陆风化作用带入海洋的陆源锶增加，从而引起海水 $^{87}Sr/^{86}Sr$ 比值的相对提高；当海平面上升时，一方面由于陆地暴露面积减少，由风化作用带入海水的陆源锶减少，另一方面海平面上升期往往对应于海底扩张加剧期，此时海底热液活动剧烈，由此进入海水的幔源锶增加，使得海水的 $^{87}Sr/^{86}Sr$ 比值相对变小。因此可以通过分析一套海相碳酸盐岩地层的 $^{87}Sr/^{86}Sr$ 比值，建立其随时间变化的曲线，来确定地层沉积形成时期的海平面变化特征。整体而言，二者通常具有负相关性（蓝先洪，2001）。

以盆地西缘 Y3 井为例，采用 GB/T 17672—1999 岩石中铅、锶、钕同位素测定方法，利用热电离同位素比值质谱仪，在温度 26℃和湿度 44% 的条件下，对 22 个井下样品进行锶同位素测定（杭州地质研究院），具体见表 3-3。

表 3-3　Y3 井岩心样品锶同位素分析数据表（据长庆研究院）

系	统	组	井号	深度（m）	岩心号	岩性	环境	$^{87}Sr/^{86}Sr$	±2σ
奥陶系	上统	乌拉力克组	Y3	4090.90	6-1/51	深灰色含灰泥岩	台缘斜坡	0.724569	3
			Y3	4092.80	6-14/51	深灰色粉屑石灰岩		0.710463	2
			Y3	4093.76	6-21/51	深灰色含灰泥岩		0.731364	3
			Y3	4097.68	6-43/51	深灰色含灰泥岩		0.731576	3
			Y3	4100.19	7-8/48	深灰色含灰泥岩		0.732240	10
			Y3	4102.41	7-19/48	深灰色含灰泥岩		0.733939	4
			Y3	4103.93	7-27/48	深灰色含灰泥岩		0.733294	3
			Y3	4107.17	7-46/48	深灰色含灰泥岩		0.732580	3
			Y3	4135.93	8-1/46	灰色角砾状灰质云岩		0.711164	10
			Y3	4136.90	8-6/46	灰色角砾状灰质云岩		0.712701	10
	中统	克里摩里组	Y3	4137.74	8-11/46	灰色钙质角砾岩	开阔台地	0.710880	4
			Y3	4138.62	8-16/46	灰色粉晶灰岩		0.711150	9
			Y3	4141.25	8-36/46	灰色粉晶云岩		0.710866	5
			Y3	4142.70	8-46/46	灰色粉晶云岩		0.710273	4
			Y3	4143.96	9-11/72	灰褐色溶蚀孔洞状粉晶云岩		0.710169	7
			Y3	4144.50	9-16/72	灰褐色粉晶云岩		0.711609	5
			Y3	4146.62	9-34/72	灰褐色粉晶云岩		0.710111	2
			Y3	4149.32	9-58/72	灰褐色粉晶云岩		0.710498	9
		桌子山组	Y3	4323.55	10-1/28	深灰色细晶云岩	局限台地	0.709692	6
			Y3	4325.86	10-19/28	灰褐色溶蚀孔洞状粉细晶云岩		0.709369	3
			Y3	4326.30	10-22/28	深灰色细晶云岩		0.709572	10
			Y3	4330.28	11-2/42	深灰色细晶云岩		0.709863	7

由表 3-3 可以看出，乌拉力克组 $^{87}Sr/^{86}Sr$ 比值平均值为 0.725389，Y3 井明显高于前人已测奥陶纪海水的最高值 0.71，分析原因主要有两个（测试单位以及人为因素等除外）：

一是测定样品为泥岩，可能导致测试值偏大；二是盆地北部伊盟古隆起古老硅铝质岩石化学风化作用通过河流和地下水向海水提供相对富放射性成因的锶。克里摩里组为正常海相台地沉积，原岩为石灰岩，但部分层段遭受白云岩化作用影响，$^{87}Sr/^{86}Sr$ 比值平均值为0.7106945。桌子山组为局限潮坪沉积，原岩为白云岩，$^{87}Sr/^{86}Sr$ 比值平均为0.709624。由此可以看出，排除成岩蚀变影响，桌子山组 $^{87}Sr/^{86}Sr$ 比值明显小于克里摩里组，分析原因可能为受大气淡水淋滤中央古隆起古老碳酸盐岩和海水循环不畅等影响，导致区域局限环境内锶放射性同位素含量下降所致。稳定同位素地层划分与对比方法虽然有效，但也存在缺陷。首先必须具备标准剖面进行对比，其次大范围应用，费用较高，周期较长。

五、测井—地震综合解释

测井曲线是层序地层划分最主要的手段。其原理是应用能够反映岩性、岩相变化的岩性曲线进行沉积韵律的旋回性识别，可以划分出不同级别的层序。通常，放射性测井曲线和自然电位测井曲线作为层序地层划分的主要测井曲线。自然伽马测井曲线（GR）对于薄层地层敏感，可用于高分辨率层序地层划分与对比，而自然电位曲线（SP）在反映三级层序的旋回特征方面有独特的优势，二者结合很容易进行有效的层序地层划分与对比。近年来，随着野外露头剖面放射性测量技术的进步，可以建立野外露头剖面的放射性测量曲线，为地面露头剖面与钻井剖面准确对比奠定了基础。

多年来，碳酸盐岩地层对比中测井曲线的选择一直是难点，没有定律可循，需根据不同沉积环境和沉积物类型的变化而变化。特别是大套石灰岩或白云岩地层，传统的PE（光电吸收截面指数）和GR/SP无法有效识别，因此要借鉴其他测井曲线对研究区地质环境的敏感响应，例如 AC（声波时差测井曲线）、RLLD（深侧向电阻率测井曲线）和 RLLS（浅侧向电阻率测井曲线）以及 U—TH—K（铀—钍—钾测井曲线）组合等。在研究区，PE和 GR/SP 的地质响应特征与其他盆地类似，不再赘述，下面主要介绍 AC、RLLD 和 RLLS 在地层划分与对比中的一些潜在特性。

首先，有效区分岩性、岩相转换面。AC、RLLD 和 RLLS 在划分马四段与马五段界线时具有较好的效果。定探1井马四段与马五段经过后期成岩作用改造，表现为大套白云岩，PE 和 GR/SP 在二者界面无明显反应，所以该套地层也曾一度划分为马四段，致使定探1井区靠近古隆起附近出现较厚的地层沉积，这与当时的古地理环境相悖。根据古地理环境恢复可知，定探1井区附近主要为局限海沉积，马四段岩性主要为局限海生物颗粒滩相白云岩和云灰岩，马五段岩性主要为局限海含膏纹层云岩和灰云岩，二者界面为岩性、岩相转换面。在其他曲线无明显反应的情况下，AC、RLLD 和 RLLS 却出现了界面突变，有效地识别了二者的界线（图3-16）。上述情况的出现，可能与两种因素有关：一是上述三种曲线对地层岩性变化较为敏感，特别是少量石膏类矿物的存在；二是马五段底界可能存在膏模孔。但如果是后者，通常 RLLD 和 RLLS 会出现正幅度差，且垂向深度较大。

其次，能有效划分古风化壳或古岩溶。RLLD 和 RLLS 在识别古风化壳方面也显示出了前所未有的潜质。寒武系上部三山子组和冶里组之间存在沉积间断，并在盆地大范围内发育古风化壳和古岩溶，但该界面在部分井段的 PE 和 GR/SP 中较难识别，变化幅度弱且特征不明显，但 RLLD 和 RLLS 幅度差的出现开辟了一条新的途径，并在盆地其他井地层划分与对比中发挥了积极作用（图3-17）。

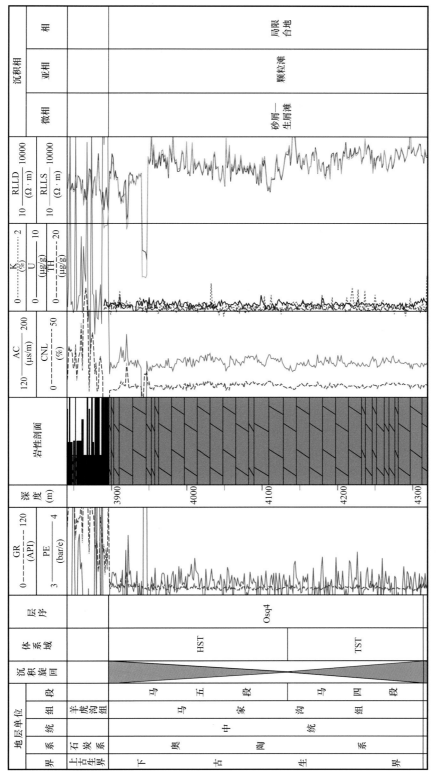

图 3-16 定探 1 井马四段 / 马五段界线测井响应特征

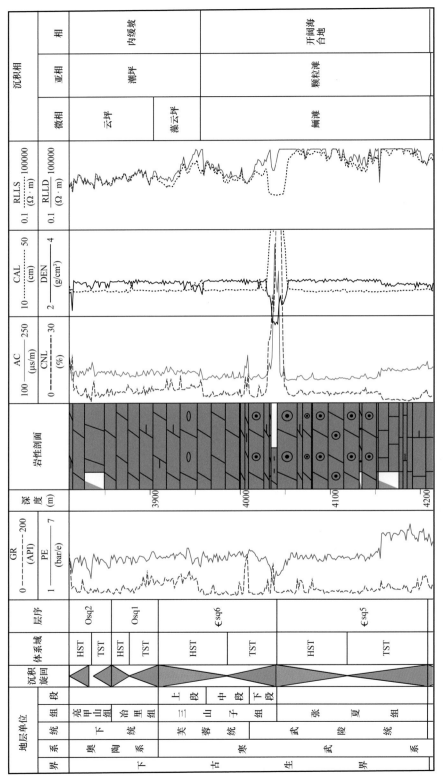

图 3-17 淳探 1 井冶里组与三山子组界线测井响应特征

测井曲线在层序划分中的核心作用是沉积旋回识别。沉积旋回包括正旋回沉积、反旋回沉积及复合旋回沉积，根据岩、电特征划分出不同级别的旋回借以判别层序界面的位置（图3-18）。在沉积旋回识别中首先要识别凝缩段。

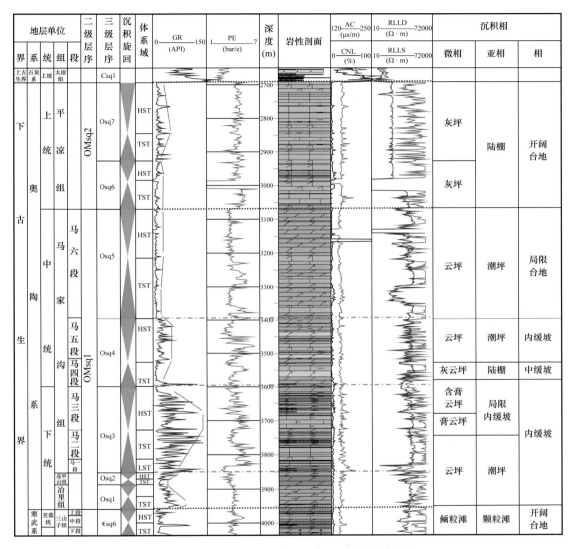

图3-18　旬探1井奥陶系层序地层综合柱状图

凝缩段通常与层序沉积期间最大水深相伴生，在海盆中常形成于海平面达到最高、海岸上超点达到向陆最远时期，即最大海泛面形成时期。而最大海泛面是层序内的重要分界面，该界面以下是海侵体系域，界面以上是高位体系域。在测、录井资料上，该界面之下为退积型准层序组，界面之上为进积型准层序组（图3-16）。

鄂尔多斯盆地奥陶系凝缩段具有以下特征：（1）凝缩段由深灰色、灰黑色泥页岩、油页岩组成；（2）凝缩段内微体和超微体化石丰度高且分异度大；（3）在测井曲线上，烃源岩凝缩段常以高自然伽马、低电阻率、平直自然电位为特征；（4）在地震反射剖面上，凝缩段响应于强振幅、高连续、分布广泛的地震反射，其上往往存在上覆层的系列下超点；

（5）凝缩段有机碳含量高，自盆地中央向陆地方向有机碳含量有减少的趋势等。

海相盆地井—震结合是必不可少的一种技术手段。最大洪泛面在地震剖面上有时表现为一个下超面。在此情况下，可以根据可容纳空间接近最大这一特征，在层序内寻找上超点接近盆地边缘最远处的同相轴，作为该层序的最大洪泛面。利用岩、电及分析化验资料，首先识别出凝缩段，并用合成地震记录标定到地震剖面上，从而也可在地震剖面上标定凝缩段的发育部位。

当凝缩段确定后，在凝缩段之间即可找到层序界面。层序界面为一不整合，多为岩性、岩相变化面。当不整合面上下岩性、岩相变化不大时，层序界面难以识别。这时有两种办法可确定层序界面：一是通过旋回分析判断沉积叠置关系的转换点来识别，如退积准层序组或加积准层序组向进积准层序组的转化点为层序界面；二是区域性不整合界面通过地震测线标定。特别是在勘探初期，地震测线对于了解井间地层变化趋势以及恢复古地理边界具有良好的效果。在鄂尔多斯盆地内部地震剖面上，由于信噪比差、分辨率低等原因，内部反射杂乱，不易区分。但在盆地台缘区和古隆起周边可见大的不整合界面引起的同相轴削截、收敛等接触关系（图 3-19），奥陶系经过余探 1 井的一条东西向剖面（L086683A），剖面东侧为剥蚀古隆起，向西地层逐渐出露并加厚，与上覆石炭系呈削截不整合接触关系。

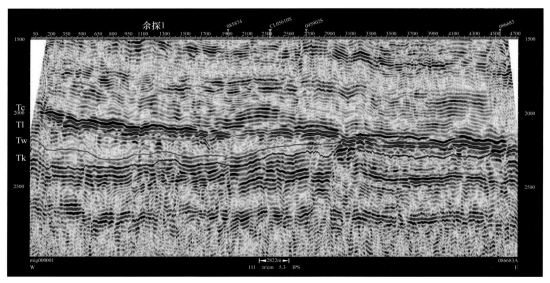

图 3-19 井—震结合地层解释

Tc—石炭系底；Tl—拉什仲组底；Tw—乌拉力克组底；Tk—克里摩里组底

以旬探 1 井为例（图 3-18），在上述三级层序界面识别的基础上，奥陶系划分为 7 个三级层序，各层序测井曲线变化韵律明显，特别是 GR，按照 LST—TST—HST 的发育特征展现出低值—高值—低值的变化韵律，由此也可进一步证明层序地层划分的准确性。同时 PE、RILD 和 RILS 也展现了较为明显的变化韵律。依据电性特征，结合岩性变化规律，以及 SB2、SB3、SB5 三个重要不整合界面的控制，在沉积学原理指导下，进行鄂尔多斯全盆地 17 条连井剖面层序地层等时对比，最终建立了全盆地层序地层格架。

第三节　奥陶系层序地层格架

一、层序界面识别与对比

层序界面识别是层序地层划分与对比的关键，根据鄂尔多斯盆地碳酸盐岩层序地层划分与对比五要素可以很好地识别奥陶系层序界面。

在华北地台内部（唐山地区），奥陶系内有 4 个（SB1—SB4）重要的全区性 I 型不整合面（史晓颖等，1999；王鸿祯等，2001），可作为层序地层对比的重要参考标准。另外在冶里组近底部的 SB0 虽不是很显著，但也可普遍辨识。这些层序界面在鄂尔多斯盆地边缘均可识别，但盆地边缘的上奥陶统还有几个重要的层序界面。因此，综合起来鄂尔多斯盆地边缘地区奥陶系内部自上而下可识别的重要层序界面及关键性化石带控制如下：

～～～～～ SB8（区域性不整合）--- 以上地层在全区内均缺失

背锅山组：*Orthograptus quadrimucronatus* 带

～～～～～ SB7（水下滑塌截切面）

公乌素组 + 拉什仲组：*Protopanderodus insculptus* 带

～～～～～ SB6（水下滑塌截切面）

乌拉力克组：*Climacograptus bicornis* 带

～～～～～ SB5（水下滑塌截切面）--- 乌拉力克组底部

克里摩里组（马六段）：*Husterograptus teretiusculus* 带

～～～～～SB4（古风化壳残余）--- 克里摩里组底界

桌子山组（马四段 + 马五段）：*Lenodus variabilis* 带

～～～～～ SB3（岩溶角砾岩）--- 桌子山组底界

马家沟组（马一段至马三段）：*Paroisdotus originalis* 带

～～～～～ SB2（岩溶角砾岩）--- 三道坎组底部

亮甲山组：*Serratognathodus bilobatus* 带

～～～～～SB1（古风化壳）--- 麻川组和天景山组中

冶里组：*Monocostodus servierensis* 带

-------SB0（近底部风化面）--- 麻川组近胡基台下岭南沟组底

上述华北地台内部识别的重要界面（SB0—SB4）均有较好的生物地层约束，可以在华北地台各个地区进行良好的对比。但在鄂尔多斯盆地边缘不同地区，界面的表现有所不同。

1. 二级层序 OMsq1

二级层序 OMsq1 包括五个三级层序，涉及以下五个层序界面。

1）SB0（Osq1/∈sq6）层序界面

SB0 层序界面分布在鄂尔多斯盆地西缘与南缘，为奥陶系与寒武系之间的二级层序界面。可见于盆地西缘贺兰山西坡下岭南沟组底部，以泥质沉积层的出现分隔于下伏风山组厚层云质灰岩，向上变化为薄层石灰岩与粉砂质泥岩互层；在青龙山鸽堂沟表现清楚，位于麻川组底部 8m 深灰色厚块状石灰岩之上，以厚约 1.2m 的粉红色泥质粉砂岩为特征（图 3-20b），界面上下地层分隔明显。在盆地南缘淳化铁瓦殿山北坡，则出现在麻川组距底 12m 的深灰色泥晶灰岩之上，表现为厚约 0.5m 的灰黄色泥质粉砂岩（图 3-20a），该特征与在华北唐山地区看到的情况相似（史晓颖，1999）；在唐山赵各庄一带，相当的层序界面出现在冶里组距底约 23m 的位置上（史晓颖，1999）。冶里组底部与凤山组顶部构成一个三级层序，其中含三个牙形石带。而冶里组底部仅相当于该跨系沉积层序的高位体系域，其中含有上寒武统顶部牙形石 *Cordylodus caboti* 带。在该界面之上的新层序内，出现下奥陶统底部的 *Mon. servierensis* 带（安太庠等，1983，1990；史晓颖，1999）。

图 3-20　鄂尔多斯盆地边缘 SB0 层序界面特征
（a）铁瓦殿剖面，麻川组下部泥晶灰岩与粉砂岩之间的层序界面；
（b）鸽堂沟剖面，麻川组底部厚层石灰岩与大台子组粉砂质白云岩间的界面

　　自然伽马曲线有明显变化，界面之下表现为低值（图 3-18）。在二维地震剖面上有明显的地震同相轴超覆尖灭现象（图 3-21）。

　　因此，在鄂尔多斯盆地边缘可能也具有同样的情况，麻川组底界可能低于寒武系 / 奥陶系界线。

　　2）SB1（Osq2/Osq1）层序界面

　　SB1 层序界面分布在鄂尔多斯盆地西缘与南缘。在华北唐山一带位于亮甲山组底部，以古风化壳为特征（王鸿祯等，2001），在华北地台中部可以广泛追索。

　　在鄂尔多斯盆地西部贺兰山西坡，该界面表现良好，位于天景山组底部，以起伏的风化面为标志，其上发育两层各厚 0.8m 的灰黄色粉砂质页岩，中再夹一层泥质灰岩，代表一个长时期的暴露风化。在青龙山地区则表现为麻川组中下部一个明显起伏的古岩溶面，

其上存在5～15cm不等的灰黄色—紫红色粘结砂屑灰岩，沿该面追索，还见切入下伏石灰岩深30cm、宽35cm、长约3m的典型潮道，其中充填灰黄色砾岩（图3-22a）。

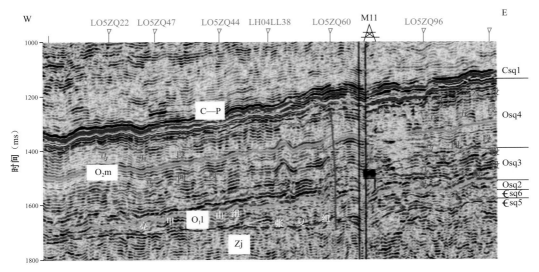

图3-21　鄂尔多斯盆地东部地震剖面层序结构剖面

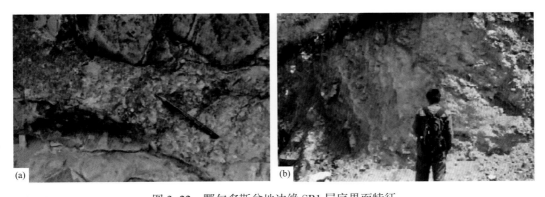

图3-22　鄂尔多斯盆地边缘 SB1 层序界面特征

（a）鸽堂沟剖面，麻川组中部 SB1 层序界面上的角砾灰岩；（b）铁瓦殿剖面，麻川组上部 SB1 层序界面上的黄色泥质粉砂岩

　　在鄂尔多斯盆地南缘淳化铁瓦殿山北坡，该界面位于麻川组中下部含云质厚层石灰岩中，也是一个很好的古风化面，其上发育厚约50cm的灰黄色泥质粉砂岩以及铁质风化壳层（图3-22b）。在陇县白家滩剖面上，该界面同样以泥质沉积的出现为标志。

　　自然伽马曲线有明显变化，界面之上表现为锯齿状高值（图3-18）。碳同位素曲线表现为一明显的负异常值（δ^{13}C 值偏轻），与全球奥陶系碳同位素曲线特征一致（Stig M.等，2009）（图3-15）。

　　3）SB2（Osq3/Osq2）层序界面

　　SB2 层序界面分布在鄂尔多斯盆地西缘、南缘与中东部。在三道坎组与下伏地层之间，不整合代表了一个长时期的剥蚀面。在盆地西部青龙山水泉岭组底部亦然，其上出现厚5～15cm不等的石英砂岩层和紫红色砾灰岩层。在盆地南部铁瓦殿北坡则是一个显著的陆上风化壳，以截然出现在中厚层石灰岩序列中厚约 5m 的黄色泥质粉砂岩为特征，成层性较差，风化后形成明显的大沟。在盆地南缘岐山—麟游斜坡相带，马家沟组底界发育一套 2～3m 的大块底砾岩，具有明显的氧化暴露特征。在华北地台马家沟组底部分布广泛，以厚层岩溶角砾岩、栉壳灰岩为重要特征，个别地区见不规则分布的砂岩体，代表一个突出的古风化面。

自然伽马曲线变化明显，界面之上表现为锯齿状低值，声波测井曲线出现高值，电阻率迅速增高（图 3-18、图 3-23）。碳同位素曲线表现为一明显的负异常值（$\delta^{13}C$ 值偏轻），与全球奥陶系碳同位素曲线可对比，Osq3 氧同位素值也偏轻（图 3-15）。

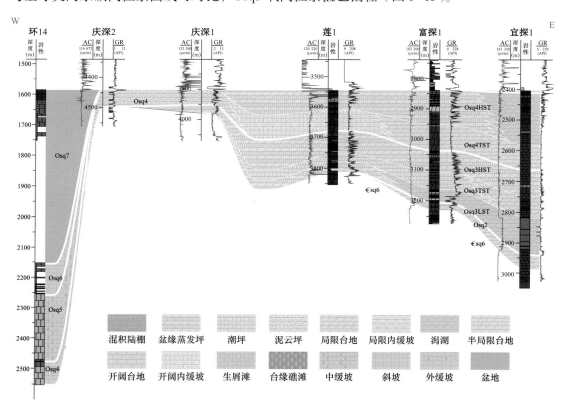

图 3-23　环 14—宜探 1 井东西向连井剖面奥陶系层序地层格架（据郭彦如，2014，修改）

4）SB3（Osq4/Osq3）层序界面

SB3 层序界面分布在鄂尔多斯盆地西缘、南缘与中东部，在多数地区表现为陆上暴露风化面，不同程度地发育古风化壳或残积角砾。在盆地西缘桌子山组下部表现为起伏不平的暴露风化面，其上发育厚 5～10cm 不等的红色泥质层和钙质结壳层。在盆地中东部马三段顶部膏岩层之上，自然伽马和电阻率曲线变化明显，层序界面均表现为齿状高值，而界面之下均表现为锯齿状高值，界面之上均呈微齿状低值（图 3-18、图 3-23、图 3-24）。

5）SB4（Osq5/Osq4）层序界面

SB4 层序界面分布在鄂尔多斯盆地西缘和南缘。在盆地西缘北段，该界面位于桌子山组厚层石灰岩与克里摩里组底部薄层瘤状灰岩之间，可见明显的古风化面与侵蚀下切

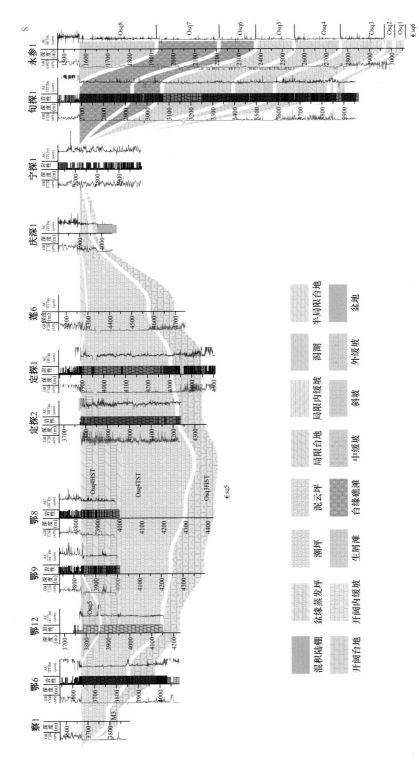

图 3-24　蔡 1—永参 1 井南北向连井剖面奥陶系层序地层格架（据郭彦如，2014，修改）

（图 3-25a），其上下的岩性差别很大，易于辨识。在桌子山组顶部出现多个薄的栉壳层和红色泥质层，代表小的暴露面。在贺兰山西坡胡基台以米钵山组底部约 9m 厚层砾屑灰岩为重要标志，其中具良好的滑动变形构造，代表近源滑塌沉积。由该点向东 4km 至中梁子一带，该界面变化为明显的古风化面，其下厚层石灰岩顶起伏不平，其上存在约 1.3m 灰黄色泥质沉积。由此可见，西缘外带滑塌沉积启动较早，这也是西缘外带的共同特征，普遍早于内带。在青龙山地区，该界面位于三道沟组与水泉岭组之间，表现为一个陆上风化面，其上存在约 10cm 厚的灰白色钙结壳层和约 15cm 厚的褐灰黄色粘结砾灰岩（图 3-25b）。在盆地南部铁瓦殿北坡表现为三道沟组底部一层厚约 1.2m 的岩溶角砾岩，其底部明显起伏不平，与水泉岭组顶部云质厚层石灰岩明显不同（图 3-25c），岩溶角砾横向可变化为砾屑灰岩。在盆地中东部，以马五段顶部膏岩发育为特征，代表了水体变浅的过程。

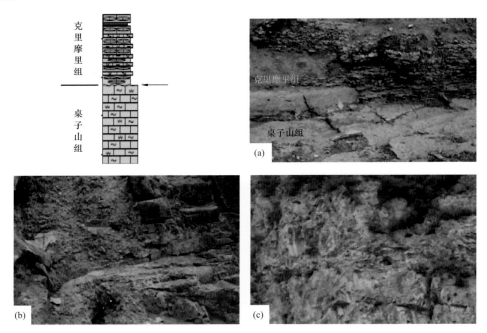

图 3-25　鄂尔多斯盆地边缘 SB4 层序界面特征

（a）老石旦剖面，桌子山组厚层石灰岩与克里摩里组底部薄层瘤状灰岩之间的层序界面；（b）鸽堂沟剖面，水泉岭组底部厚层石灰岩与泥质粉砂岩之间的层序界面；（c）铁瓦殿剖面，三道沟组岩溶角砾岩与水泉岭组厚层石灰岩之间的层序界面

自然伽马曲线出现明显的台阶状变化，界面之上表现为低值平滑曲线，而界面之下表现为锯齿状低值背景，在界面处电阻率迅速升高（图 3-18）。碳、氧同位素曲线均表现为一明显的负异常值，与全球奥陶系碳同位素曲线可对比（图 3-15）。在鄂尔多斯盆地本部大部分地区，该界面是石炭系与奥陶系马五段的风化壳不整合面，奥陶系顶部侵蚀沟槽明显（图 3-21）。

2. 二级层序 OMsq2

二级层序 OMsq2 包括三个层序，涉及以下四个层序界面。

1）SB5（Osq6/Osq5）层序界面

SB5 层序界面为二级层序界面，是大的区域性不整合面，代表了大的构造运动转换期。界面之上，鄂尔多斯盆地中东部处于侵蚀剥蚀状态，一直持续到石炭纪末，而盆地西部、南部则形成深海槽。

SB5 是研究区最重要的层序界面，分别位于乌拉力克组之底，三道沟组顶部，山字沟组底部以及泾河组底部，代表了研究区地质演化与沉积发展史的重要转折。该层序界面具有很好的生物地层控制，位于笔石 *Husterograptus teretiusculus* 带和 *Pterograptus elegans* 带之间或牙形石 *Pygodus serra* 带（Dw3）中部。该层序界面在北美以及欧洲大陆上也有很好的记录，在北美中大陆，位于 Copenghagen 砂岩组 A 段之底，与其下的 Antelope Valley 石灰岩分界截然，大致相当于 *sweeti* 带下部，在欧洲相当于 *Pygodus serra* 带中下部。一般被解释为 SAUK 大层序和 Tippecanoe 大层序的边界（Finney 等，2007；Saltzman 等，2005；Haq 等，2008），可以进行广泛的对比。在中国不同的板块上，该层序界面位于华南庙坡组与牯牛潭组之间；在华北地台中部位于峰峰组与马家沟组之间，低于中—上奥陶统界线一个笔石带，但厚度变化不等；在塔里木板块，可能位于萨尔干组和坎岭组之间某一层位上。在各不同地区，该层序界面都构成重要的岩相变化界面，是辅助识别中—上奥陶统界线的重要参考标志。近年的研究还表明，在该层序边界附近普遍存在一个显著的碳同位素正向异常（MDICE），并被解释为可能与大气 CO_2 浓度下降有关，同时也伴生一个重要的锶同位素变化异常，被认为可能与陆源风化向海洋输入的锶含量升高有关（Saltzmandeng，2005）。

SB5 在大部分地区表现为典型的水下滑塌截切面，与前述的各层序界面显著不同。在鄂尔多斯盆地西缘剖面上，界面之上为 3～12m 不等的低位体系域滑塌角砾灰岩（乌拉力克组底部、山字沟组底部和三道沟组顶部），是盆地边缘最突出的一个层序界面（图 3-26a）。在贺兰山西坡胡基台，界面之上是厚达 18m 的滑塌巨角砾岩，砾石直径可达 1m，一般为 5～15cm，非常混杂，呈现出斜坡扇水道沉积的特点。在青龙山地区，以三道沟组顶部 3.5m 的厚层含砾屑灰岩层为特征，其中有明显的渐进变形构造，而界面之下则是薄板状泥晶灰岩，二者截然不同。在鄂尔多斯盆地南缘，该界面出现在陇县三道沟组顶部，其上发育约 5m 厚层滑塌灰岩，含有近源大岩块，向下刨蚀地层深达 2m，再向上出现中薄层石灰岩夹粉砂岩，向上过渡为含有 *Husterograptus teretiusculus* 的平凉组页岩。在富平赵老峪一带，表现为平凉组底部的陆上风化面，在起伏不平的厚层碳酸盐岩侵蚀面上发育厚约 1m 的黄色粉砂质泥岩（图 3-26b）。

2）SB6（Osq7/Osq6）层序界面

SB6 层序界面分布在鄂尔多斯盆地西缘与南缘。在盆地西缘桌子山地区位于拉什仲组下部，以约 25m 的厚层—块状含长石中—粗粒石英砂岩与下伏黑灰色泥质—黏土岩截然区分，砂岩底部含有细砾，代表一次大幅海平面下降。其下的泥质岩中含有笔石 *Nemagraptus gracilis*，砂岩之上的页岩中含有 *Climacograptus bicornis*，因此界面的时代可确定在 Sa2 带之底。在陇县龙门洞以及平凉赵沟桥剖面的平凉组中上部，也发育有一层厚 0.4～4m 不等的砾屑灰岩，其性质与拉什仲组下部的层序界面一致，层位也接近 Sa1/Sa2 带边界，恰在界面之下的页岩中采获笔石 *Nemagraptus gracilis*，至少表明界线底界应高于该带。此外，在泾阳西陵沟和耀县桃曲坡剖面的平凉组下部顶之下 5～8m 处，也发育一个明显的界面，但均表现为陆上暴露面（图 3-27）。在西陵沟以一层紫红色铁质风化壳为标志，其上、下出现砾屑灰岩层。而在桃曲坡，则表现为一层厚约40cm的黄色泥质粉砂岩。

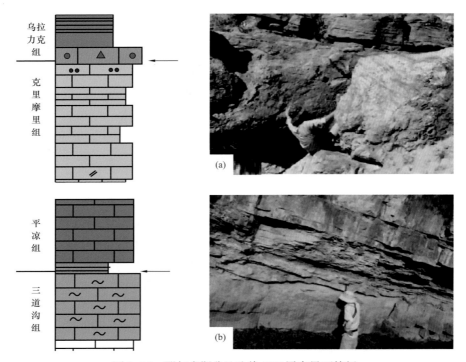

图 3-26　鄂尔多斯盆地边缘 SB5 层序界面特征

（a）酸枣沟剖面，克里摩里组顶部层序界面上的厚层滑塌灰岩；

（b）赵老峪剖面，平凉组与三道沟组虫扰灰岩之间层序界面上的粉砂质泥岩

图 3-27　鄂尔多斯盆地边缘 SB6 层序界面特征

（a）大石门剖面，拉什仲组砂岩与乌拉力克组页岩之间的层序界面；（b）西陵沟剖面，平凉组上部与平凉组下部角砾灰岩之间的层序界面；（c）赵老峪剖面，平凉组上部与平凉组下部之间的层序界面

在华北地台中部，峰峰组在各地保存情况不一。目前已知该组最高的层位含牙形石 *Belodina compressa—Microelodus symmetricus* 带，一般对比为 *Proniodus alabatus* 带下部或笔石 *Climacograptus bicornis* 带（Sa2）底部（安太庠等，1983，1987，1990；汪啸风等，1996），考虑到峰峰组沉积后经历了从晚奥陶世至早石炭世长达数亿年的风化剥蚀，其原始沉积的最高层位很可能接近 *bicornis* 带之底，故其顶界的不整合可能相当于拉什仲组下部层序界面，或略早于 SB6。

自然伽马曲线在锯齿状中值背景中出现低值，其他曲线无明显变化（图 3-18）。碳同位素曲线变化不大，但氧同位素值明显偏轻（图 3-15）。

3）SB7（Osq8/Osq7）层序界面

SB7 层序界面主要分布在鄂尔多斯盆地西缘与南缘。在不同的地区分别位于蛇山组底部、背锅山组底部、银川组底部以及桃曲坡组底部。前两者表现为明显的水下滑塌截切面，其上为厚层砂质砾屑灰岩和块状角砾岩，其下则为页岩或黏土岩。而在贺兰山西坡则为银川组底部厚达 50～65m 的厚层含钙屑长石石英砂岩（重力流成因），明显区分于其下薄层粉砂质泥岩和粉砂质页岩的远源浊流沉积，代表一次明显的进积迁移。在南缘东段地区，该界面出现在背锅山组与平凉组之间或略高层位（图 3-28a）。该层序界面有很好的生物地层控制，其位置相当于笔石带 *Dicranograptus clingani*（Ka1）和 *Pleurograptus linearis*（Ka2）之间，或相当于北美中大陆牙形石 *confluens* 带和 *tenuis* 带之间的层序界面。在华南该界面出现在宝塔组之上，或相当于 *Hamarodus europaeus* 带和其上的临湘组 *Protopanderodus insculptus* 带之间。在欧洲该界面出现在 *Amorphognathus superbus* 带和 *Prioniodus alobatus* 带之间，大致与北美中大陆 Eureka 砂岩之下的层序界面相当。该界面通常被认为代表了晚奥陶世冰川开始启动导致的第一个重大海平面下降事件（Saltzman 等，2005），而其上的 Eureka 砂岩则被认为代表了冰川启动导致的最重大的低海平面时期沉积，具有全球近似的同时性（汪啸风，1993）。该层序界面为研究区上奥陶统与全球其他地区的地层对比提供了最重要的、可靠的层序界面参考标志。

4）SB8（Csq1/Osq8）层序界面

SB8 层序界面受地层发育限制，只分布在鄂尔多斯盆地西缘和南缘，部分地区该界面与奥陶系/石炭系间的二级层序界面重叠，仅见于桃曲坡剖面和龙门洞剖面，分别位于桃曲坡组顶部和背锅山组顶部。在盆地西南部龙门洞剖面上，该界面之上出现 5m 紫红色钙质胶结角砾灰岩，代表低位体系域部分滑塌沉积，向上被东庄组海侵体系域黄绿色页岩所覆盖（傅力浦，1993）。在盆地南部桃曲坡剖面，以背锅山组下部厚约 15m 富含腹足类、头足类及珊瑚化石的中层状石灰岩为标志，代表低位体系域沉积，其上被背锅山组上部以薄层泥质灰岩为代表的海侵体系域上超（图 3-28b、c、d）。SB8 层序界面的时代约束不是很清楚，但可以肯定在 *Orthograptus quadrimucronata* 之上（出现在背锅山组上部），故可能相当于 Ka2 中上部。

在桃曲坡剖面背锅山组顶部，存在一个长时期的古风化面。其上被上古生界含煤陆相地层所覆盖，其他地区该风化面所代表的时间可能更长，是华北地台上规模巨大的区域性不整合面。考虑到该界面之下的背锅山组沉积水深并不浅，因此认为该地区原始的沉积地层可能还会延续得晚一些，只是被后期风化剥蚀掉了。

图 3-28　鄂尔多斯盆地边缘 SB7 和 SB8 层序界面特征

（a）西陵沟剖面，背锅山组与平凉组之间的层序界面；（b）桃曲坡剖面，背锅山组薄层石灰岩与背锅山组生物碎屑灰岩的分界；（c）桃曲坡剖面，背锅山组顶部富含生物化石的厚层石灰岩；（d）桃曲坡剖面，背锅山组顶部的古风化壳，上部为晚古生界砂砾岩，含煤线

二、层序地层纵向序列

上述 9 个层序界面尽管分布范围各不相同，但界面特征明显，至少反映出 2 个二级层序和 8 个三级层序。各层序及其地层对比关系大致为：OMsq1 相当于中—下奥陶统，包括 Osq1（冶里组）、Osq 2（亮甲山组）、Osq 3（LST—马一段；TST—马二段；HST—马三段）、Osq4（TST—马四段；HST—马五段）和 Osq 5（马六段 / 克里摩里组）；OMsq2 相当于上奥陶统，包括 Osq 6（平凉组下部 / 乌拉力克组）、Osq 7（平凉组上部 / 拉什仲组 + 公乌素组）和 Osq 8（背锅山组）（图 3-2、图 3-18）。

三、层序地层横向格架

鄂尔多斯盆地奥陶系三级层序地层格架以中央古隆起为界，东西和南北层序地层格架明显不同。在东西剖面上（图 3-23），结合连井与野外剖面信息，盆地西缘至少发育层序 Osq1—Osq7。由于南部庆阳古隆起的存在，地层尖灭于庆深 2 井处，由下至上依次发育外缓坡、中缓坡、开阔台地、斜坡相。盆地中央古隆起的鞍部主要发育层序 Osq4，为蒸发台地、潮坪相；盆地东部与中部地层关系对比良好，保存状态基本一致，主要发育层序 Osq3、Osq4，由下至上蒸发潮坪、咸化潟湖交替分布。从整个剖面来看，在庆阳古隆起西侧，相变变化较快，以台地—斜坡相为主，东部以蒸发潮坪—潟湖相为主。由下至上，西部祁连海水深逐渐增加，东部华北海振荡加深。

在南北向剖面上（图 3-24），也有类似的特点。鄂尔多斯盆地北部为伊盟古隆起，缺失奥陶系全部地层。中部主要发育层序 Osq3、Osq4 两套地层，由下至上依次为潮坪、浅水台地、蒸发台地相。南部庆阳古隆起一直处于隆起剥蚀状态；南缘层序地层发育最全（层序Osq1—Osq8），由下至上依次发育潮坪、中缓坡、台缘礁滩相、开阔台地相、斜坡相，反映秦岭海水体逐渐加深的过程。

总体来看，鄂尔多斯盆地西、南部"L"形秦祁海槽奥陶系层序发育齐全，表现出7～8次海侵—海退的演化过程。在盆地西部窄大陆边缘奥陶系发育层序Osq1—Osq7七套地层，盆地南部宽大陆边缘奥陶系发育层序Osq1—Osq8八套地层。受伊盟古隆起—庆阳古隆起分隔，盆地中东部台内凹陷中奥陶世出现三次海侵—海退旋回，形成层序Osq3—Osq5。

四、层序地层平面分布特征

鄂尔多斯盆地奥陶系整体厚度特征如下：北部伊盟古陆，缺失奥陶系全部地层；中部地区，地层厚度在500～700m之间；南部庆阳古陆，缺失奥陶系全部地层；西缘、南缘沉积相对较厚，大于800m；东部相对较薄，小于800m，变化相对平缓（图3-29）。

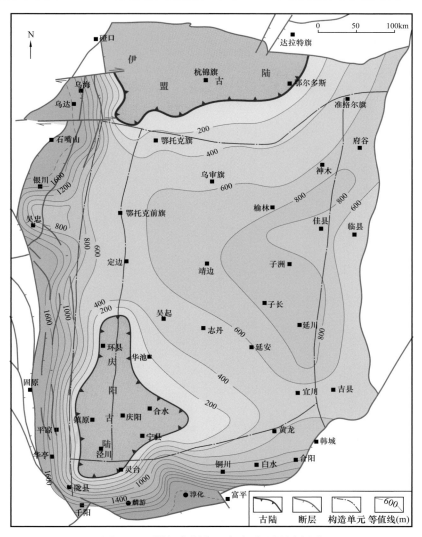

图3-29　鄂尔多斯盆地奥陶系地层厚度图

1. 下奥陶统特马豆克阶

下奥陶统特马豆克阶由层序 Osq1 和 Osq2 组成。

Osq1（相当于冶里组）：受太康运动影响，鄂尔多斯地区在晚寒武世以后抬升为陆并遭受剥蚀，直到早奥陶世冶里组沉积期，海水从东、南、西南三个方向入侵，才开始奥陶纪的沉积。冶里组沉积期沉积区域仅局限于东、南和西部边缘地带，沉积厚度一般为40～120m。在西部，沉积范围至定边西、环县西、平凉一带，沉积中心在固原一带，沉积厚度最厚超过 120m。在南部，海水侵至淳化北、黄龙西、宜川一带，富县地区未被海水覆盖不接受沉积，在黄龙、白水地区沉积厚度大都为 20～40m，在岐山地区地层沉积厚度达108m。在东部，海水侵至府谷、佳县、延川一带，沉积厚度一般为 10～30m（图 3-30）。

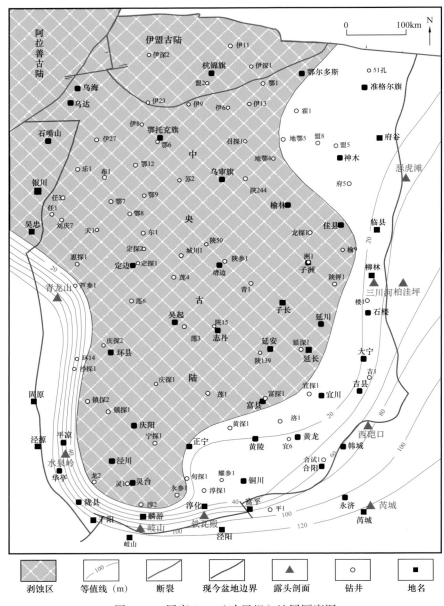

图 3-30　层序 Osq1（冶里组）地层厚度图

Osq2（相当于亮甲山组）：亮甲山组沉积期海侵是冶里组沉积期海侵的继续，海侵范围扩大，沉积区域继续扩大，但沉积格局和冶里组沉积期基本一致，仍然分布在鄂尔多斯古陆的东、南和西部边缘。在西部，沉积范围变化不大，沉积厚度一般为50～120m。在南部，沉积范围向北扩大至陇县北、灵台一带，沉积厚度一般为40～130m，由北向南沉积厚度逐渐加大，岐山地区的沉积厚度达130m。在东部，海水侵至府谷、佳县、延安一带，沉积厚度一般为40～80m（图3-31）。

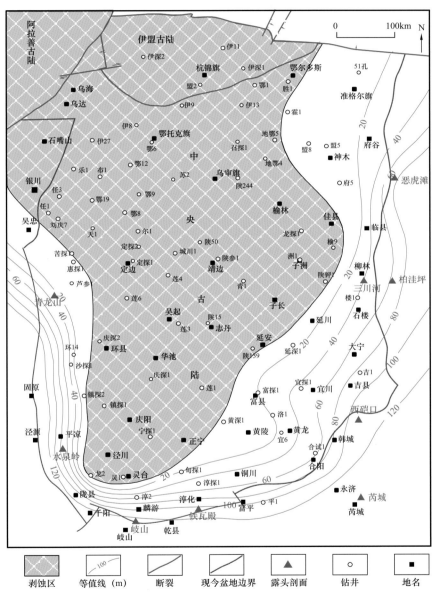

图例：剥蚀区　等值线（m）　断裂　现今盆地边界　露头剖面　钻井　地名

图3-31　Osq2（亮甲山组）地层厚度图

2. 中—下奥陶统弗洛阶—达瑞威尔阶

中—下奥陶统弗洛阶—达瑞威尔阶由下奥陶统弗洛阶的层序Osq3（相当于马一段至马三段）、中奥陶统大坪阶的层序Osq4（相当于马四段至马五段）和达瑞威尔阶的层序

Osq5（相当于马六段／克里摩里组）组成。

Osq3 LST（相当于马一段）：亮甲山组沉积期末，怀远运动使整个鄂尔多斯盆地一度抬升，亮甲山组顶部遭受风化剥蚀，地层出现短暂的沉积间断，至马一段沉积期又开始了奥陶纪的第二次海侵，海水从东、南、西三个方向再次侵入盆地，海侵范围增大，古陆面积减小，仅剩伊盟隆起和中央古隆起仍然遭受风化剥蚀，盆地内部地形地貌发生较大分化，沉积差异明显。在西部，沉积范围扩大至乌海、鄂托克前旗西、环县、镇原一带，沉积厚度一般为40～60m。在南部，沉积范围向北扩大至灵台、长武、宜君一带，旬邑地区发育一凹陷，凹陷中心在灵台东附近，地层厚度达147.2m。在中东部，沉积范围扩大至华池、靖边、乌审旗、府谷一带，沉积厚度一般为40～120m，盆地中东部中间发育一个广泛的潟湖凹陷，沉积中心在子洲、延川、宜川一带，中心沉积厚度大于120m（图3-32）。

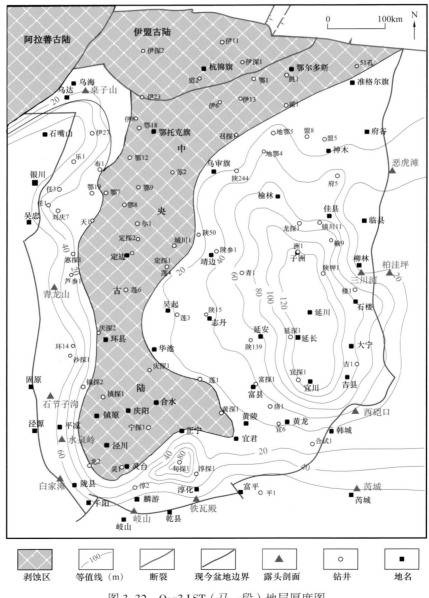

图3-32　Osq3 LST（马一段）地层厚度图

Osq3 TST（相当于马二段）：马二段沉积期海侵继续扩大，伊盟隆起和中央古隆起继续缩小。在西部，沉积范围较马一段沉积期变化不大，沉积格局没有改变。在南部，海侵范围向北扩大至灵台、宁县、合水一带，地层沉积厚度一般为40～80m。在中东部，海侵范围也继续扩大至华池、靖边、鄂托克前旗、鄂托克旗、乌审旗北一带，地层厚度一般为40～100m，在中东部发育一南北向的凹陷，凹陷地区沉积中心在佳县、柳林、延川一线，沉积最大厚度大于100m（图3-33）。

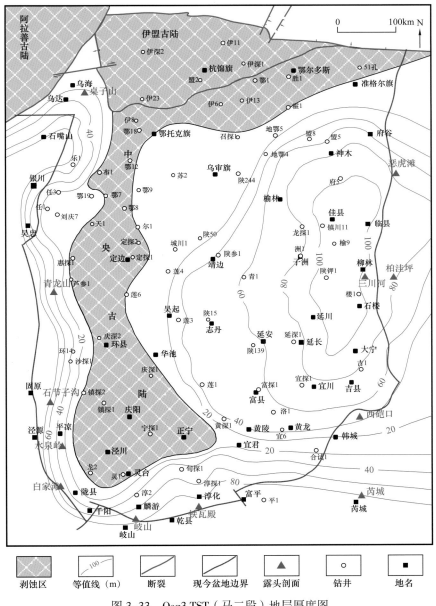

图 3-33　Osq3 TST（马二段）地层厚度图

Osq3 HST（相当于马三段）：马三段沉积期属于振荡性海退，海水变浅。在西部，沉积范围较马一段沉积期和马二段沉积期变化不大，但是沉积厚度较之前增大，一般为

40～200m。在南部，海水退至灵台、宜君、白水一带，在旬邑、耀县一带有一凹陷，凹陷中心在淳化北附近，中心地层厚度大于 120m。在中东部地区，海水覆盖范围至黄陵、华池、鄂托克前旗西、鄂托克旗西、鄂尔多斯一带，在榆林、靖边、延长一带有一近北西—南东向的凹陷，凹陷中心沉积厚度最大甚至超过 200m（图 3-34）。

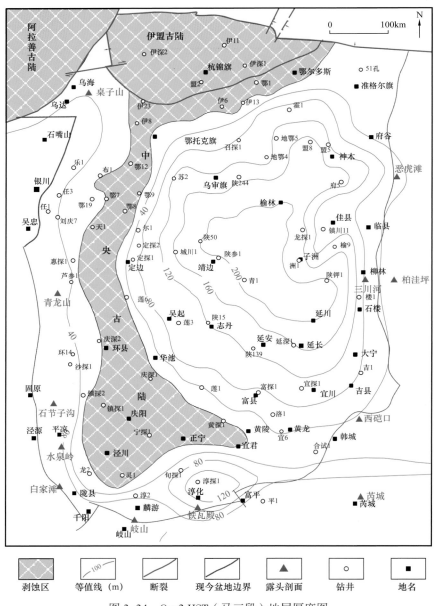

图 3-34　Osq3 HST（马三段）地层厚度图

Osq4 TST（相当于马四段）：马四段沉积期海侵是奥陶纪海侵的高峰期，海侵范围最广，海水最深。中东部的华北海和西南部的祁连海在中部连通，中央古隆起被海水淹没并接受沉积，仅剩南部的庆阳隆起露出水面。在庆阳隆起南部沉积范围在长武、宜君一线以南，岐山地区沉积最厚超过 200m。西部祁连海域沉积厚度大都为 120～200m，沉积中心在银川、固原地区，地层沉积厚度最大超过240m。华北海域沉积范围向南扩大至庆城、华池、黄陵一带，向北扩大至鄂托克旗、杭锦旗、鄂尔多斯、准格尔旗一带，中部凹陷区沉积中心在定边附近，沉积中心厚度最大超过360m（图3-35）。

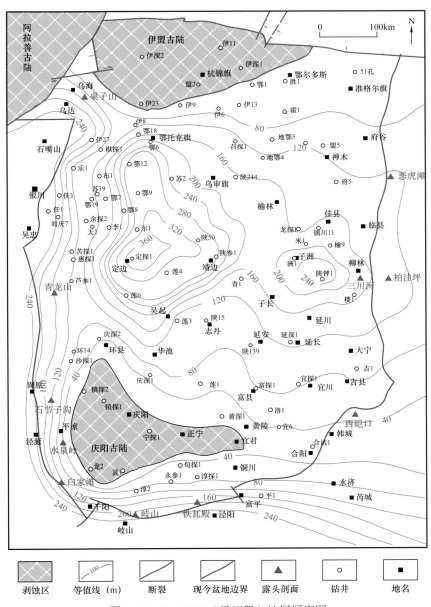

图3-35　Osq4 TST（马四段）地层厚度图

Osq4 HST（相当于马五段）：马五段沉积期又是一次振荡性海退，中央古隆起抬升变浅，沉积减薄至10～40m。西部、南部沉积增厚，西部沉积厚度一般为100～260m，沉积中心在银川、固原一带，最大沉积厚度大于280m；南部沉积厚度多为80～200m，最大沉积厚度大于240m。在中东部，沉积中心东移至榆林、龙探1井、子长地区，沉积厚度一般为80～360m，沉积中心最大厚度超过360m（图3-36）。

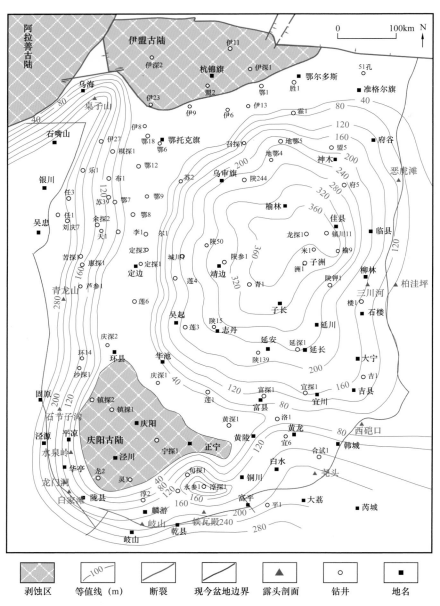

图3-36 Osq4 HST（马五段）地层厚度图

图例：剥蚀区、等值线（m）、断裂、现今盆地边界、露头剖面、钻井、地名

Osq5（相当于马六段）：马六段沉积期是一次小幅度的海侵，但是由于加里东运动影响，致使西部、南部海水变深，沉积厚度一般为100～300m。南部在岐山、淳化、耀县地区沉积厚度超过400m。通过岩相古地理分析，在中东部仍有大范围的海域分布，由于后期抬升剥蚀，仅在榆林、子洲、延安、宜川、黄龙等地区有零星残存，一般残余厚度在10m左右（图3-37）。

3.上奥陶统桑比阶—凯迪阶下部

上奥陶统桑比阶—凯迪阶下部由上奥陶统桑比阶的层序Osq6（相当于平凉组下部/乌拉力克组）、层序Osq7（相当于平凉组上部/拉什仲组+公乌素组）和凯迪阶下部的层序

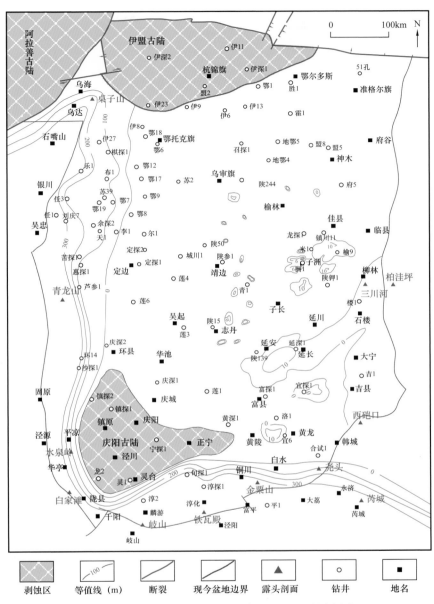

图 3-37　Osq5（马六段 / 克里摩里组）地层厚度图

Osq8（相当于背锅山组）组成。

　　Osq6（相当于平凉组下部）：由于加里东运动的影响，鄂尔多斯盆地东升西降，西部海水变深，华北海从中东部全部退出盆地，中东部从此开始接受风化剥蚀。在西部海水变深，但吴忠东附近地区露出水面，西部沉积厚度一般在 150～400m 之间，沉积中心在小罗山、固原以西，地层最厚超过 450m。在南部海水范围至陇县、灵台、宁县、黄龙一带，沉积厚度一般为 150～400m，沉积中心在岐山地区，沉积厚度超过 450m（图 3-38）。

　　Osq7（相当于平凉组上部）：沉积阶段与前一阶段相比变化不大，沉积范围稍有扩大，海水变深，但是沉积范围仅局限于南缘和西缘地区。在西部吴忠东、鄂托克前旗西地区露

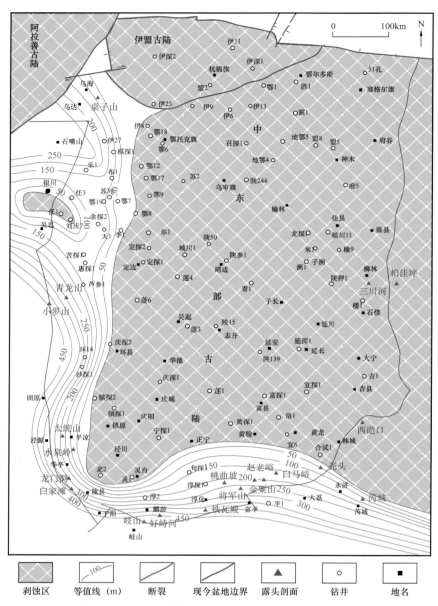

图 3-38　Osq6（平凉组下部/乌拉力克组）地层厚度图

出水面，将西部海水从中间隔开，石嘴山地区和小罗山地区是两个沉积中心，石嘴山地区沉积厚度超过 500m，小罗山和固原以西地区沉积厚度超过 1000m。在南部海水覆盖范围变化不大，沉积厚度一般为 200～600m，在岐山地区沉积厚度最大，地层沉积厚度超过 800m。在东部地区仍然继续接受风化剥蚀（图 3-39）。

Osq8（相当于背锅山组）：背锅山组沉积期是海退的继续，海水开始逐渐退出鄂尔多斯地区，仅在桌子山—石嘴山地区和盆地南缘局部地区发育背锅山组。海水在西缘地区退出，在桌子山—石嘴山地区形成海湾，沉积厚度不足 20m。在南缘退至华亭、灵台、黄龙

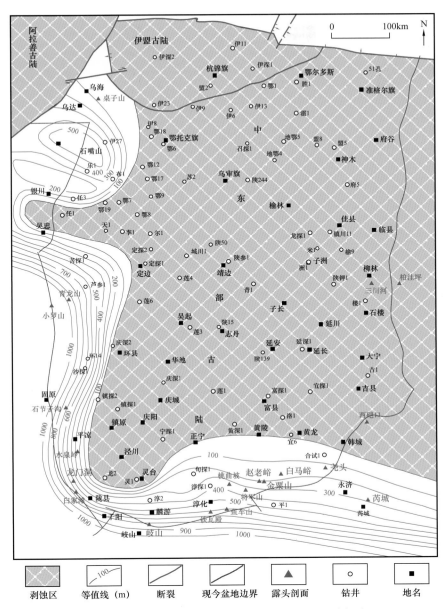

图 3-39　Osq7（平凉组上部／拉什仲组）地层厚度图

一线，沉积厚度一般为 200～600m，由北向南沉积厚度加大，在铁瓦殿地区地层沉积厚度超过 700m。鄂尔多斯盆地其他地区继续接受风化剥蚀（图 3-40）。

　　总之，层序 Osq1—Osq2，古陆面积较大，地层主要分布在南部周缘。层序 Osq3—Osq4，古陆面积缩小，且呈现递变式变化，展现了一个水侵的过程。鄂尔多斯盆地内部以东部凹陷为中心，地层呈盆形分布，古陆周缘地层也较厚。层序 Osq5，鄂尔多斯盆地西部地层基本保留，东部马六段剥蚀殆尽，个别零星分布。层序 Osq6—Osq8，东部处于剥蚀状态，西缘与南缘继续沉积，且厚度较大。

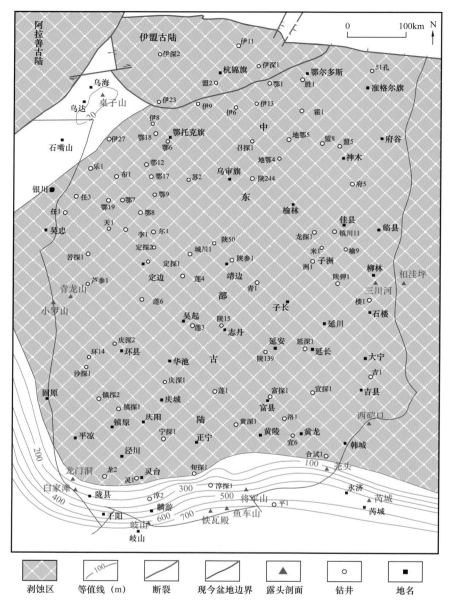

图 3-40 Osq8（背锅山组）地层厚度图

阿拉善古陆

伊盟古陆

| 剥蚀区 | 等值线（m） | 断裂 | 现今盆地边界 | 露头剖面 | 钻井 | 地名 |

第四章 奥陶纪层序岩相古地理特征

　　鄂尔多斯盆地早期岩相古地理是以岩石地层和古生物地层单位为时间单元进行编制的，鉴于盆地南缘、西缘及本部地层对比系统存在不确定性，因此，大多数岩相古地理图件的应用和推广受到了限制。随着鄂尔多斯盆地油气勘探工作的逐步发展，编制详细、精确的工业化图件势在必行，否则必将阻碍盆地科研与生产的步伐。为了解决这一混沌局面，必须从基础地质抓起，即地层划分与对比是核心，在经历了几套地层划分与对比方案之后，随着国际地层委员会 2013 年国际标准划分方案的出台，在大量基础地质、地球物理和分析化验工作基础上，基本解决了盆地内部及周缘的地层划分与对比问题，建立了盆地统一的、多信息的、多尺度的层序地层对比格架，同时也形成了一套适合克拉通边缘复杂地质条件下混相地层划分与对比的技术流程。

　　以体系域为编图单元，在优势相法、瞬时法、单因素分析多因素综合作图法指导下，编制盆地范围内的岩相古地理工业化图件符合目前科研生产的基本要求，也为国家"十三五"油气田增储上产提供了强有力的理论指导和技术支持。层序岩相古地理编图作为第三代古地理编图方法，不仅体现了岩相古地理编图的等时性、成因性、实用性、合理性，而且也对未知区域起到了预测作用，即预测性，可以说，层序岩相古地理编图不仅代表了中国现阶段岩相古地理工业制图的前沿，而且也是世界岩相古地理研究的必然趋势。作为石油部门科研生产的基础图件，其成果的优劣将直接影响盆地油气资源勘探和开发的进程。因此，奥陶系作为鄂尔多斯盆地下古生界最大、最有利的产气层位，编制出一套合格、精准的工业化图件势在必行，从而指导油气资源评价、了解油气分布规律和预测油气远景目标。

第一节 碳酸盐岩层序岩相古地理研究新方法

　　采用单因素分析多因素综合作图法，以地层厚度平面分布图、不同岩性厚度平面分布图、不同岩性厚度百分含量平面分布图等约束沉积相类型、范围及其相边界。

　　工业图件制图可用"层序岩相古地理工业化制图八步法"实现，其技术流程具体分 8 个步骤（表 4-1），其中：地震剖面解释主要刻画古陆边界，判断沉积/剥蚀边界；古地层残留厚度图主要用来判断盆地的古构造格局；不同岩性厚度图主要用来大致明确沉积环境的类型；不同岩石含量等值线图可以定量确定相边界的类型；碳、氧同位素分析可以用来精确地计算古海洋沉积期的古盐度、古温度变化情况；微量、稀土元素分析主要用来判断影响盆地沉积的古水系情况；沉积相标准剖面是在野外剖面观测、井下岩心描述基础上，通过各种实验手段确定盆地不同沉积区相序演化的关键；最后，在单井剖面的基础上，建立盆地连井剖面骨架网，对于建立盆地相空间展布规律具有重要意义，具体技术路线如图4-1 所示。

表 4-1   层序岩相古地理工业化制图八步法

步骤	工业制图流程	地质意义
1	地震剖面解释	刻画古陆边界
2	古地层残留厚度图	判断盆地古构造格局
3	不同岩性厚度图	明确沉积环境类型
4	不同岩石含量等值线图	确定相边界
5	碳、氧同位素分析图	恢复古盐度、古温度
6	微量、稀土元素分析图	判断古水系
7	沉积相标准剖面	明确标准相序演化
8	沉积相连井剖面	建立相空间展布规律

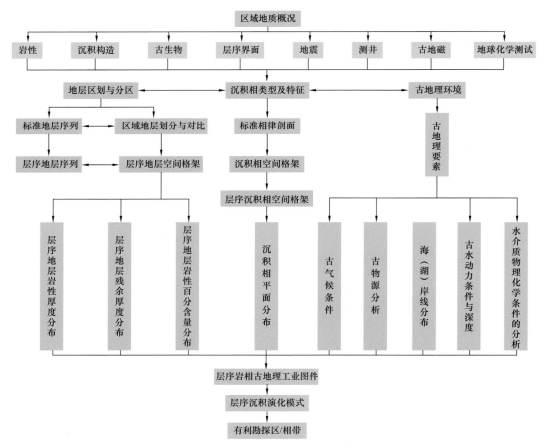

图 4-1   层序岩相古地理技术路线图

第二节 主要沉积相类型及特征

一、弱镶边台地沉积模式及沉积相类型

通过野外露头观测、岩心观察、薄片分析、地球化学测试等研究，认为鄂尔多斯盆地奥陶系共发育两种模式 15 种沉积相类型。两种模式分别为镶边碳酸盐岩台地模式与碳酸盐岩缓坡模式，其中碳酸盐岩台地模式主要为 Wilson（1975）的标准相模式（图 4-2），包括蒸发台地、局限台地、开阔台地、礁滩台缘、斜坡、广海陆棚、深海盆地等。

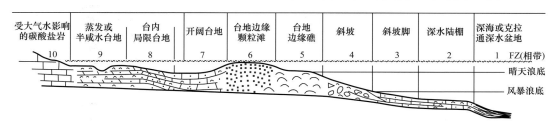

受大气水影响的碳酸盐岩	蒸发或半咸水台地	台内局限台地	开阔台地	台地边缘颗粒滩	台地边缘礁	斜坡	斜坡脚	深水陆棚	深海或克拉通深水盆地
10	9	8	7	6	5	4	3	2	1 FZ(相带)

图 4-2 碳酸盐岩台地镶边模式（据 Wilson，1975，修改）

各沉积相岩石学、古生物学特征如下。

1. 深海相

深海相位于浪基面透光层以下的深海区，水深介于几百米至几千米之间，宽相带。深海沉积物的完整组合包括远洋黏土、硅质及碳酸盐质泥、半远洋泥、浊积岩，与远洋和台地来源物质（台地边缘泥和灰泥）的混合物相似。层厚差异大，常为薄层，深色、淡红色或者淡色取决于氧化还原条件的差异。主要是浮游生物，有时共生原地底栖生物。在环台地边缘沉积物中，浅水底栖生物可高达 75%。在远洋或深水盆地中，临近台地边缘，亦可发育颗粒岩层系，例如远洋灰泥灰岩和颗粒质灰泥灰岩、泥灰岩、异地灰泥质颗粒灰岩、颗粒灰岩以及角砾岩。

2. 克拉通深水盆地

克拉通深水盆地位于浪基面透光层以下，水深介于 30m 和几千米之间，宽相带。沉积物类似深海相，半远洋泥很常见，偶见硬石膏，有时常见燧石。常为缺氧环境（高有机组分，缺乏生物扰动），发育深色石灰岩薄层以及深色页岩层。岩石颜色多为深棕色和黑色（取决于有机组分），以及淡红色（缓慢沉积）。生物群主要为自游动物（如菊石动物）和浮游生物 [放射虫、远洋有孔虫、*Calpioneilids*，薄壳双壳类（*Coquinas*）]，有时含底栖生物（丰富的海绵骨针）。常见岩相为灰泥灰岩、颗粒质灰泥灰岩、灰泥质颗粒灰岩、泥灰岩、硬石膏。

3. 深水陆棚

深水陆棚处于风暴浪基面以下。在活动台地和深水盆地之间形成高原，该高原常常形成于被沉淹台地之上，水深介于几十米到几百米之间，盐度正常，含氧水体，具良好水循

环，宽相带。沉积物大多为与灰泥灰岩互层的生物灰岩，包括骨屑颗粒质灰泥灰岩和含有完整生物的颗粒质灰泥灰岩。基质常为似球粒泥晶灰岩和二氧化硅。发育生物扰动，层理好，中薄—厚层，波状—瘤状构造。岩石颜色多为灰色、绿色、红色，取决于氧化还原条件。浮游生物较少，狭盐性生物明显（如腕足类、棘皮类）（图4-3）。常见岩相为颗粒质灰泥灰岩，偶见颗粒灰岩、灰泥灰岩和页岩。

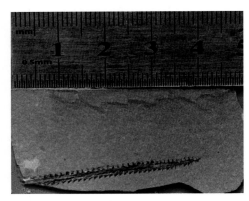

图4-3 深海沉积

笔石页岩，含大量浮游笔石，平凉三道沟剖面，平凉组，野外

4. 斜坡脚裙状体（深海陆棚边缘）

斜坡脚裙状体位于浪基面以下并且靠近有氧带底界。较陡陆坡向海盆方向中等倾斜的海底坡度大于1.5°。水深介于200～300m之间，狭相带。沉积物大多为纯净的细粒碳酸盐岩，有些地方为燧石质、较罕见陆源泥的夹层。远洋物质与细颗粒基质（搬运自邻近浅部陆棚）相混合。颗粒粒度变化很大，发育很好的粒序层理或者角砾岩层（浊积岩、碎屑流沉积）夹于细粒沉积之中。岩石颜色深浅皆有。生物群大多为再沉积浅水底栖生物，有时为深水底栖生物或浮游生物。常见岩相为灰泥灰岩、异地灰泥质颗粒灰岩、颗粒灰岩、页岩碎片（图4-4）。

5. 大陆坡

大陆坡位于台地边缘向海方向，明显向海底倾斜，常为5°至几乎垂直，相带极窄。沉积物主要是再造的台地物质和远洋混合物。颗粒尺寸变化范围很大。端缘为缓角度（Gentle）泥质大陆坡，以及砂质或由碎石构成的大陆坡（具有陡的前缘）。岩石颜色为深—浅色。生物群多为再沉积的浅水底栖生物、包壳陆坡底栖生物和一些深水底栖生物以及浮游生物。该相可能富含生物碎屑，常见岩相有灰泥灰岩、异地灰泥质颗粒灰岩、颗粒灰岩、砾屑碳酸盐岩和漂浮岩，以及角砾岩（图4-4）。

以乐1井为例（图4-5），自然电位测井曲线高值平直，自然伽马测井曲线高值锯齿状，声波时差测井曲线中值平直，中子测井曲线低值平直，深侧向与浅侧向电阻率测井曲线中低值平直，孔隙度小于2%，渗透率较低。

6. 台地边缘礁

台地边缘礁主要类型有三种：（1）位于陡坡上部生物成分稳定的灰泥丘；（2）具有

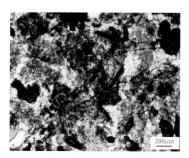

(a) 含生屑颗粒灰岩，颗粒、生物碎屑混杂，亮晶方解石胶结，珊瑚类、腕足类壳体碎片呈棒—管状，陕西泾阳剖面，平凉组，正交偏光

(b) 含粉砂灰泥岩，滑动变形构造，主要发育斜坡相，含砂岩透镜体，陕西富平赵老峪剖面，背锅山组

(c) 含泥细砂岩，鲍马序列，由下至上依次发育水平层理、波状层理、交错层理、水平层理等，粒度由细—粗—细，浊流沉积，苦深1井，拉什仲组

(d) 灰色粗砾岩，颗粒主要为石灰岩砾屑，粒间填充物主要为泥和泥晶灰岩，颗粒磨圆度差，呈漂浮状，为近源重力流沉积（泥石流），苏39井，乌拉力克组

(e) 岐山剖面背锅山组上部砾岩

图 4-4　斜坡相沉积构造、岩石学特征

海丘状礁和砂质浅滩的缓坡；（3）围绕台地边缘的阻波障积礁。水深一般为几米，但是泥质丘的水深可达到几百米，相带很窄。沉积物几乎为纯净的碳酸盐颗粒，但是粒度变化很大，多为块状灰岩和白云岩。发育各种类型生物粘结岩的块体或碎片。礁的孔穴中填充内沉积物或者碳酸盐胶结物。多个时代的建造、包壳、钻孔和破坏重叠在一起。岩石颜色较淡。生物群多为底栖生物，是松散骨屑碎石、底栖微生物（如有孔虫和藻类）、格架建造生物、包壳生物以及障积生物的集群。常见岩相为骨架灰岩、障积灰岩、粘结灰岩、颗粒质灰岩、漂浮岩、颗粒灰岩以及砾屑碳酸盐岩（图 4-6a、b、c）。

7. 台地边缘砂屑浅滩

台地边缘砂屑浅滩为延伸的浅滩、浪成沙坝和海滩，有时具有风蚀岛。在晴天浪基面以上并且在透光层之内，受浪潮影响很大，相带很窄。沉积物为钙质，常为磨圆较好、有包层和分选良好的砂，有时含石英。砂粒为骨屑颗粒，或鲕粒及似球粒。部分具有保存较好的交错层理，有时经过生物扰动。易受陆上暴露的影响。岩石颜色为浅色。生物群多为破碎和受磨损的从礁和相关环境中搬运至此的生物群。常见的动物为大的双壳类和腹足类，以及有孔虫和 *Dasyclsds* 的特殊类型。常见岩相为颗粒灰岩、灰泥质颗粒灰岩（图 4-6d、e、f）。

以永寿好峙河剖面为例，地层由下至上依次发育开阔台地相、台缘滩相、台缘礁相、台缘滩相以及台缘斜坡相，展示了一个中期的水侵过程（图 4-7）。

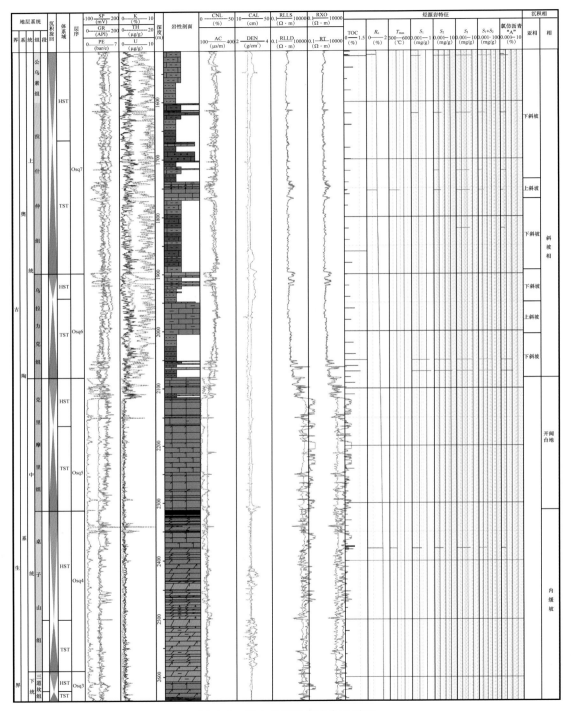

图 4–5　乐 1 井斜坡相综合地质图

8. 开阔台地

开阔台地顶部平且处于透光层之内，常常高于晴天浪基面。当被浅滩、岛或台地边缘的礁保护时即为潟湖。它与开阔海连通良好，以保持其与相邻海洋的盐度、温度相接近。水循环状况中等。水深在几米到几十米之间变化，相带宽。沉积物为灰泥、泥砂和净砂（取决于当地沉积作用产生的颗粒的大小以及波浪和潮水的簸选效率），大中型层理。台内发育补丁礁或者有机坝。陆源砂和泥在与之相连的台地上常见，但在与之分离的台地（如环礁上）则没有。岩石颜色浅或深。生物群具有藻类、有孔虫以及双壳类的浅水底栖生物，尤其常见腹足类，常有海草和补丁礁。常见岩相为灰泥灰岩、颗粒质灰泥灰岩、漂浮岩、灰泥质颗粒灰岩、颗粒灰岩（图4-8）。

(a) 含珊瑚礁藻灰岩，珊瑚个体较为分散，被蓝绿藻包裹，呈丘状，丘间为藻纹层灰岩，陕西永寿好峙河剖面，平凉组，野外

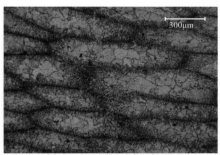

(b) 珊瑚礁灰岩，亮晶胶结，致密，富平将军山，平凉组，正交偏光

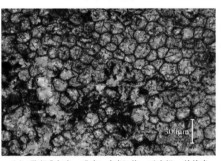

(c) 珊瑚礁灰岩，致密，旬探1井，平凉组，单偏光

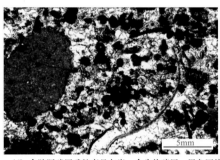

(d) 含陆源碎屑球粒亮晶灰岩，含生物碎屑、黑色团块状藻球屑、海百合、介壳碎屑等，陕西淳化东陵石马坪，平凉组，正交偏光

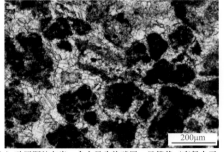

(e) 砂屑颗粒灰岩，含大量生物碎屑，呈管状（直径大于0.05mm）、片状、棒状，部分为珊瑚、腕足类和三叶虫碎片，陕西泾阳剖面，平凉组，正交偏光

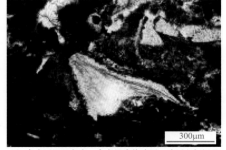

(f) 含生屑泥晶灰岩，含大量生物碎屑，碎屑之间泥晶碳酸盐填充（＜0.005mm），其表面较暗，宁夏芦草沟剖面，克里摩里组，正交偏光

图4-6 台缘礁滩相岩石学特征

地层系统				厚度(m)	层号	层厚(m)	岩性柱	岩性简要描述	化石	生物丰度 升降曲线 海退 海侵	沉积环境
系	统	阶	组								
奥陶系	上统	桑比阶	平凉组	80	9～10	14	未见顶	9～10: 深灰色薄层泥晶灰岩、黑色块状泥晶漂砾灰岩; 砾屑分选差, 砾径多为4cm, 磨圆中等; 砾石不显定向性, 呈杂乱状分布; 少见生物碎屑			台缘斜坡
				60	8	18.5		8: 黑色块状亮晶砾屑灰岩; 砾屑分选极差, 砾径多为2～20mm, 磨圆中等～较差, 局部含有砂屑, 分选亦差, 磨圆较好; 三叶虫、海百合碎片			滩相
					7	2.4		7: 黑色层状微晶礁砾屑灰岩	7.床板珊瑚: Lichenaria sp.		礁翼相 礁核相
				40	5～6	25		5～6: 黑色块状蓝绿藻包覆珊瑚骨架灰岩、蓝藻粘结灰岩夹藻砂屑灰岩	6.床板珊瑚: Lichenaria sp. Lichenariaconcwa 角石: Liulinoceras of. Taogupoensis 牙形石: Tasmanognathusshichu- anheensis Tasmanognathuscareyi 5.床板珊瑚: Lichenaria sp.		
				20	3～4	18		3～4: 黑色厚层亮晶砾屑灰岩、亮晶砂屑灰岩; 砾屑分选极差, 砾径2～40mm, 多为4mm, 磨圆较好; 砂屑分选差, 磨圆较好; 砾屑和砂屑为微晶灰岩、泥晶灰岩颗粒; 海百合、三叶虫碎片	牙形石: Tasmanognathusshich- uanheensis Yaoxianognathus sp. Microcoelodussymmetrious		滩相
				0	1～2	15.4	未见底 未见底	1～2: 黑色厚层微晶灰岩、薄层泥晶灰岩; 局部含有砾屑和砂屑, 分选差, 磨圆中等, 为泥晶灰岩颗粒, 海百合碎片, 多三叶虫碎片			开阔台地相

图4-7 永寿好畤河台缘礁滩相沉积剖面

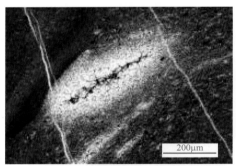

（a）泥晶灰岩, 可见重结晶颗粒, 呈细条带状沿裂缝分布, 宁夏酸枣沟剖面, 克里摩里组, 单偏光

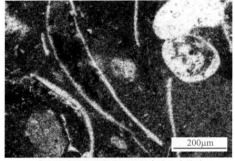

（b）含生物碎屑泥晶灰岩, 局部含腕足生物碎屑、藻球颗粒亮晶化, 有机质碎屑暗色, 陕西蒲城剖面, 平凉组, 单偏光

（c）泥晶生屑灰岩, 含大量生物碎屑, 主要为三叶虫化石碎片, 泥灰杂基, 天1井, 克里摩里组, 单偏光

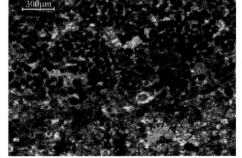

（d）砂屑灰岩, 生物碎屑较少, 亮晶胶结, 棋探1井, 克里摩里组, 单偏光

图4-8 开阔台地岩石学特征

以天深 1 井为例（图 4-9），自然电位测井曲线中值低幅振荡，自然伽马测井曲线低值大幅振荡，声波时差测井曲线高值大幅振荡，深侧向电阻率测井曲线与浅侧向电阻率测井曲线低值小幅差值，其中深侧向电阻率测井曲线振荡幅度较大。

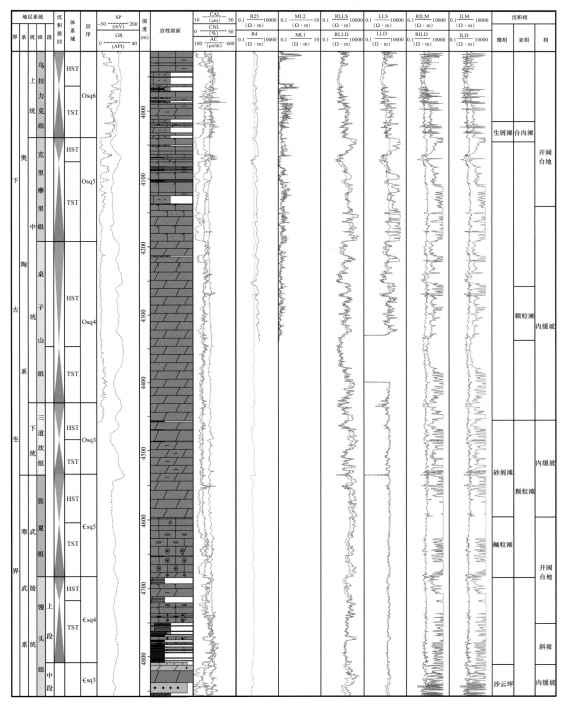

图 4-9　天深 1 井开阔台地相综合地质图

9. 局限台地

局限台地处于透光带内，比开阔台地的连通状况稍差，从而在盐度和温度上有较大的分异，比较典型的是潮汐作用带强烈分异成淡水、咸水、超咸水条件以及陆上暴露区。具有局限性水循环和超咸水的浅的孤立水坳（Cut-off Pond）以及潟湖。潟湖处于障壁礁之后、环礁之间或者海岸沙嘴（Split）之后。水深小于1m，但有时处于几米到几十米之间，宽相带。

沉积物大多为灰泥和泥质砂，陆源沉积物注入常见。早期成岩胶结物普遍。生物群为浅水生物群，但种类多样化。

典型的是 *Miliolid* 有孔虫、介形虫、腹足类、藻类、蓝藻细菌、海洋植物和淡水植物。常见岩相为灰泥灰岩、云灰岩、颗粒质灰泥灰岩、颗粒灰岩、粘结岩。

以旬探1井为例（图4-10），自然伽马测井曲线低值锯齿状，声波时差测井曲线中低值平直状，自然电位测井曲线中幅振荡，深侧向与浅侧向电阻率测井曲线中幅分离，孔隙度小于5%，渗透率小于15mD。

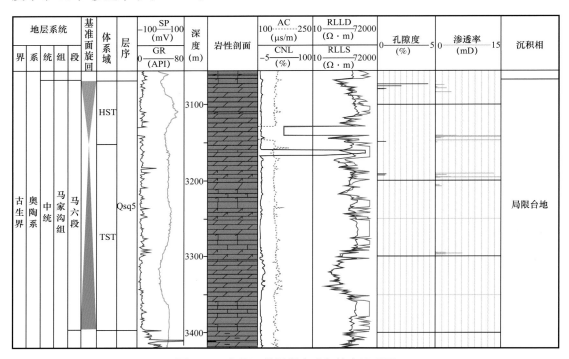

图4-10　旬探1井局限台地相综合地质图

10. 蒸发台地

蒸发台地仅有正常海水的偶然性注放，并且由于干旱气候，石膏、硬石膏或石盐可能沉积在碳酸盐旁边。具有萨布哈、盐沼泽、盐水坑，宽相带。

沉积物多为瘤状、波状层理，或含有粗晶体石膏及硬石膏的钙质、白云质泥、砂。除蓝藻细菌外少有原生生物，可见介形虫、软体动物、适应高盐度环境的盐水虾。

常见岩相为石灰岩、云灰岩以及与石膏、硬石膏互层的粘结岩（图4-11）。

以莲3井为例（图4-12），自然电位测井曲线平直，自然伽马测井曲线宽幅振荡，声波时差测井曲线中值锯齿形分布，深侧向与浅侧向电阻率测井曲线多重合，孔隙度小于5%，渗透率小于3mD。

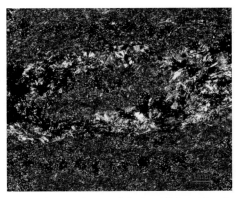 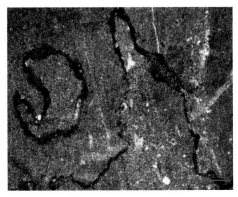

(a) 石膏微晶灰岩，微晶方解石已开始白云石化，无
颗粒，石膏呈针状顺层发育和集中成层，城川1井，
马五段，正交偏光

(b) 云质泥晶灰岩，含较多石膏纤维，可见膏盐溶蚀后
残留晶体，基本没有生物碎屑，山西中阳沙堰剖面，
马四段，单偏光

图 4-11　蒸发台地潮坪相岩石学特征

地层系统					沉积旋回	体系域	层序	SP (mV) 20—100 GR (API) 0—200 PE (bar/e) 1—7	K (%) 0—10 TH (μg/g) 0—20 U (μg/g) 0—10	深度 (m)	岩性剖面	CNL (%) 0—50 AC (μs/m) 100—400	CAL (cm) 10—50 DEN (g/cm³) 2—4	RLLS (Ω·m) 0.1—10000 RLLD (Ω·m) 0.1—10000	沉积相		
界	系	统	组	段											微相	亚相	相
下古生界	奥陶系	中奥陶统	马家沟组	马五段		HST	Osq4			4000					膏云坪	蒸发潮坪	蒸发台地
				马四段		TST				4100 4200					砂屑滩	颗粒滩	局限台地
		下奥陶统		马三段		HST	Osq3			4300					膏云坪	蒸发潮坪	蒸发台地
															膏盐岩	蒸发潟湖	
				马二段		TST				4400					灰云坪	潮坪	局限台地
				马一段		LST									盐岩	蒸发潟湖	蒸发台地

图 4-12　莲 3 井蒸发台地潮坪相综合地质图

11. 古岩溶

古岩溶暴露于陆上或者位于水下，形成于大气—渗流以及海水—渗流条件下。沉积物主要为受早期大气溶解作用（地表暴露阶段，如古岩溶）影响而形成的石灰岩，常见于钙结壳中（图4-13）。岩溶可划分为许多不同类型，按岩性分，有石灰岩岩溶、白云岩岩溶、石膏岩溶和盐岩岩溶。鄂尔多斯盆地奥陶纪末—石炭纪末，长达120～150Ma的风化剥蚀，为盆地古岩溶的发育提供了有利条件，同时也为盆地下古生界万亿立方米天然气的规模提供了储集空间。

图4-13　古岩溶风化壳岩石学特征
灰黄色泥云岩，风化壳层，发育大量顺层溶孔，平1井，马一段，岩心

二、碳酸盐岩缓坡沉积模式及沉积相类型

碳酸盐岩缓坡是一个发育在缓慢倾斜（Gently Dipping）海底上的沉积作用面。相带主要由水动力条件（晴天浪基面和风暴浪基面）、缓坡地形的变化类型，以及风暴波浪、潮水所搬运的沉积物所决定。从浅水滨岸或潟湖到盆地底部的沉积斜坡通常小于1°，岩相从近滨浅水区的碳酸盐岩逐渐过渡到深水区的低能量沉积，然后再过渡到盆地沉积。

缓坡在显生宙，尤其在造架生物和建礁生物没有或稀少时很普遍。大多数缓坡已经在寒武纪、早奥陶世、早泥盆世、早石炭世、早—中三叠世、中—晚侏罗世、早白垩世和古近纪的岩相古地理研究中得以描述。

碳酸盐岩缓坡可以在陆棚斜坡淹没期间和台地形成的早期发育，通常演化为镶边台地。与镶边陆棚相比，缓坡缺少陆棚边缘的陡坡，礁沿走向的连续性差，以及在较深水缓坡外不发育浅水陆源碎屑沉积。高能量碳酸盐岩形成于内缓坡的近滨岸带，或者形成于内或中缓坡的浅滩区。向风一侧缓坡则以风暴浪或波浪占主导，并以在滨岸处发育颗粒岩为特征。背风一侧缓坡以低颗粒灰岩含量的灰质沉淀物为特征。

1. 缓坡的规模

古碳酸盐岩缓坡的宽度和长度变化范围较大，宽度范围在10～800km之间。绝大多数缓坡宽度小于200km，并且许多缓坡宽度都在10～20km之间。缓坡长度在10～1600km

之间，一些早二叠世延伸超过1000km的缓坡归为陆表缓坡则更为妥帖。大多数有价值的缓坡其长度都小于500km，长度介于10～200km之间的缓坡很常见。石炭纪缓坡的尺寸常常为几百千米（佛罗里达州西部，白垩纪至今，宽度为200km，长度大于800km；Trucial海岸，现今宽度为200km，长度大于400km；Shark海湾，澳大利亚西部，现今：宽度为100km，长度为200km；Yucatan Peninsula，古近纪至今，宽度为200km，长度大于600km）。但是更小的以波浪作用占主导的Holocene缓坡（长度大约只有50km）也很闻名（科威特、沙特阿拉伯北部Persian海湾）。

2. 碳酸盐岩缓坡的主要特征

（1）平缓的陆坡，近滨浅水沉积物（主要是颗粒灰岩）逐渐向坡下过渡到深水，或者浅水沉积没有明显的间断，并且最后过渡到盆地泥沉积。

（2）因为海洋波浪和洋流上涌可以直接冲刷浅海海底，所以浅水环境的能量较高。

（3）复杂和有分异的近滨相。

（4）发生于浅水内缓坡和中缓坡环境中连续的碳酸盐沉积物。

（5）风暴成因的高能量沉积是在内缓坡和中缓坡环境中的常见沉积物。

（6）由在外缓坡或者深部缓坡环境下生活的深海生物产生的原地碳酸盐沉积物。

（7）浅水沉积物被搬运到缓坡的更深水部分。

（8）分散和离散的岩隆（如灰泥丘或者尖礁）可能存在于中缓坡和外缓坡。

3. 缓坡的分类

根据缓坡的几何形态、水深以及由风暴浪基面和晴天浪基面对缓坡的控制，提出几种分类。其中Read（1985）的缓坡模式对建立盆地的岩相古地理环境有指导意义。Read（1985）基于海底形态将缓坡分为两种类型（图4-14）。

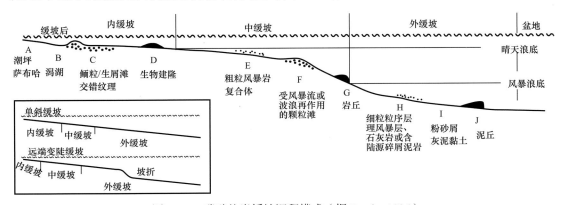

图4-14　碳酸盐岩缓坡沉积模式（据Read，1985）

将缓坡分成内缓坡、中缓坡和外缓坡的方法都可以用于单斜和远端变陡缓坡中；沉积物结构、颗粒大小和生物标准依赖海底水能量，该能量在高于晴天浪基面、介于晴天浪基面和风暴浪基面之间、低于风暴浪基面这三种范围的情况中存在不同；缓坡的长度在几十千米至几百千米之间变化

1）单斜缓坡

单斜缓坡具平缓的、相对独立的斜坡，没有陆棚间断，从而显示出自滨岸线至深水处相同的坡度，但该模式在现实中并不多见。

2）远端变陡缓坡

远端变陡缓坡具有一个处于浅水缓坡和相对深水盆地之间的远滨陆坡间断。远端变陡缓坡具有缓坡和镶边陆棚的共同特征，但是其与镶边陆棚的区别在于陆坡上的高能浅滩分布在向海数千米处的中缓坡和外缓坡附近。

缓坡的形成是在单倾向上加积和在远端变陡缓坡上进积的（Gardulski 等，1991）过程。单斜和远端变陡缓坡常常是碳酸盐岩建隆发展的后续阶段，从而最终以形成镶边碳酸盐岩台地为结果。

单斜和远端变陡缓坡都包括潮坪和潟湖相，以及浅水鲕滩和生屑浅滩的前滨或远滨复合体，其差别在于深水沉积物和盆地环境。单斜缓坡以具有开阔海多样生物群的含生物颗粒质灰泥灰岩 / 灰泥灰岩和泥灰岩为特征。远端变陡缓坡发育的岩相相同，但是沿缓坡至盆地边缘存在滑塌岩、角砾岩和浊积岩。滑塌岩和沟模填充或者薄层的角砾岩（含有从深水陡坡而来的碎屑）在盆地沉积中也常见（盆地沉积包括灰泥灰岩、与泥灰岩互层的颗粒质灰泥灰岩）。

4. 缓坡的相类型

Read（1985）基于形成于高能量条件下缓坡浅水部分的相特征，总结出六种主要缓坡类型，包括具有镶边生物滩的缓坡、障壁—滩组合的缓坡、孤立浅水下斜坡岩隆的缓坡、具有镶边鲕滩的缓坡、具有鲕粒—似球粒障壁的缓坡以及滨海海滩 / 沙丘组合的缓坡等。该分类说明了在缓坡形成进程中砂体的必要作用，并考虑了在缓坡环境中丘和小补丁礁形成过程中的固着生物作用。

Carozzi（1989）在描述古缓坡的微相时，区别出简单缓坡、具有由生物聚集形成—水动力作用形成的岩隆缓坡、具生物建造的岩隆缓坡等类型。生物聚集指松散骨骼碎片（如海百合）的聚集，而生物建造则指由造礁生物形成的格架。水动力岩隆是在风暴浪和水流搬运作用之后由骨骼颗粒和鲕粒沉积形成的。Carozzi 的著作总结了许多缓坡和台地碳酸盐岩（主要是二叠系）的研究实例。

在缓坡沉积模式中，不同的沉积相带具有不同的岩石学特征，下面就碳酸盐岩缓坡中的内缓坡、中缓坡和外缓坡特征加以描述。

1）内缓坡

内缓坡包括介于上临滨（海滩或潟湖滨岸）和晴天浪基面之间的透光层，该段海底不断受波浪活动的影响。该区以沙滩或有机障壁和临滨沉积物为主导。浅的内缓坡可由下述部分组成：（1）与潟湖和后潮坪（坡后）相组合的沙滩障壁—浪成三角洲；（2）具有潮下带和潮上带的浅滩复合体和侧翼沙滩，但是没有后方的潟湖；（3）具有退化线性滩脊的浅水漫滩。

内缓坡发育形成于晴天浪基面之上搅动的、浅水潮下临滨区的碳酸盐岩砂体。这些砂体主要由鲕粒或各种骨屑颗粒（通常为有孔虫、钙质藻或软体动物）组成，有些地区也常见似球粒。风暴浪有助于延展席状砂和沙滩（转化为风成丘）的形成。远滨风暴涌浪搬运临滨砂至更深、更外部的缓坡环境中。内缓坡中的有机岩隆是生物层和以低分异生物群（如珊瑚、厚壳蛤类、蚝）为特征的小型补丁礁。常见的石灰岩类型是颗粒灰岩和灰泥颗粒灰岩。源于波浪环境下的后缓坡沉积物与内台地沉积物相似（灰泥灰岩、粘结岩和颗粒质灰泥灰岩），也与局限潟湖的沉积物相似（灰泥灰岩、颗粒质灰泥灰岩和灰泥质颗粒灰岩）。在鄂尔多斯盆地，内缓坡岩石学特征如图 4-15 所示。

(a) 灰色含生物碎屑斑状白云岩，发育微裂隙，多为顺层裂隙，大部分为网状裂隙，偶见溶蚀孔洞，直径1~3cm，残留亮晶方解石，生物扰动强烈，莲6井，马四段，岩心

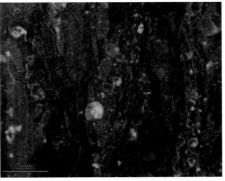

(b) 浅灰色生物扰动砂屑白云岩，含大量生物碎屑，多为腹足类，被亮晶白云岩交代，具针孔，定探1井，马四段，岩心

(c) 灰黄色泥云岩，风化壳层，发育大量顺层溶孔，平1井，马一段，岩心

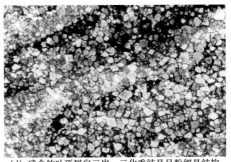

(d) 残余竹叶砾屑白云岩，云化重结晶呈粉细晶结构，砾屑具氧化铁薄膜，山西中阳，冶里组，单偏光，20×

(e) 细晶白云岩，残余结构，砂屑和生物碎屑已白云化，白云石呈他形镶嵌致密结构，定探1井，马四段，单偏光，40×

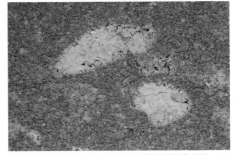

(e) 细晶白云岩，白云石呈他形镶嵌状致密结构，云化生物碎屑，体腔中充填中—粗晶白云岩，定探1井，3933.95m，马四段，单偏光，20×

图 4-15　内缓坡岩石学特征

以任 1 井为例（图 4-16），自然电位测井曲线低值低幅锯齿状，由于岩石成分单一（石灰岩），因此曲线略显平直，自然伽马测井曲线也有类似特征。声波时差测井曲线低值平直，2.5m 电阻率测井曲线中高值中幅振荡。个别层段泥岩或者有机烃类含量高，形成孔隙，声波时差较高，电阻率偏低，说明有形成储层的可能性，但厚度和规模均较小。

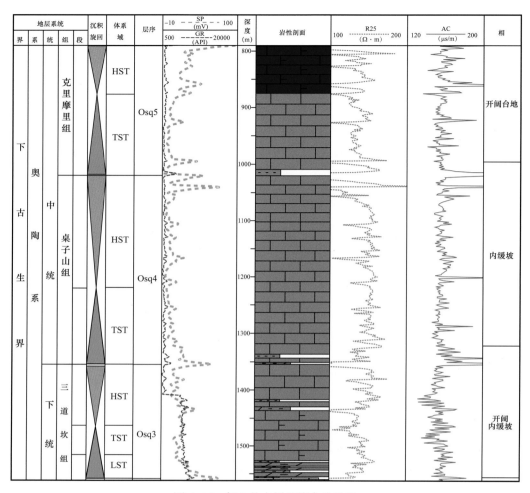

图 4-16　任 1 井内缓坡综合柱状图

2）中缓坡

中缓坡是介于晴天浪基面和风暴浪基面之间的区域，水深达到几十米。底部沉积物常被风暴波浪和上涨的潮水所改造，沉积物可反映受风暴影响的程度（取决于水深和底部的凸起状况）。常见内碎屑层和角砾岩层，以及厚的鲕粒和生屑砂浅滩（图 4-17）。具有粒序递变的灰泥颗粒灰岩层、颗粒灰岩层、波状交错层，以及风暴岩层等，骨屑颗粒反映其经过搬运。

很多细粒沉积可能由远滨的横向沉积搬运而来或自滨岸线搬运到中缓坡及外缓坡形成。中缓坡沉积通常厚于内缓坡沉积，生物岩隆以尖头礁和丘为代表。

以陕西淳化铁瓦殿剖面为例（图 4-18），沉积相序由下至上依次经历内缓坡、中缓坡、开阔台地相，展示了一个相对完整的瓦尔索相律，其中特马豆克阶和弗洛阶发育内缓坡和中缓坡相，其主要化石、岩性、分界线、层序地层旋回、地层厚度信息等见图 4-18。

3）外缓坡

外缓坡是处于风暴浪基面以下的区域，水深介于几十米到几百米之间，该区以低能量异地和原地碳酸盐沉积以及半深海沉积为特征。很少存在直接风暴改造作用的证据，但与风暴相关联的沉积（如具粒序层理的远源风暴岩）可能存在。常见岩相为层状、细粒灰岩（黏土质灰泥灰岩和颗粒质灰泥灰岩）、泥灰岩或者页岩层（图4-19），钙质粉屑岩基质丰富。

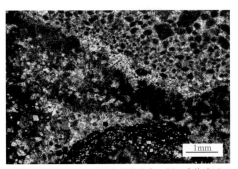

(a) 球粒微晶灰岩，以黑色球粒为主，偶见生物碎屑，有的球粒内部也被较大颗粒、自形的白云石所替代，布1井，三道坎组，单偏光

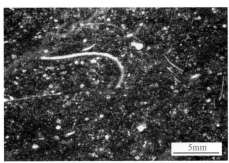

(b) 含生物碎屑微晶灰岩，三叶虫碎片、棘皮动物碎片、藻碎片，白云石呈悬浮状，布1井，克里摩里组，单偏光

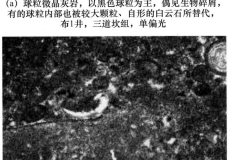

(c) 含生屑团粒泥晶灰岩，含生物碎屑，主要为腕足类以及多藻类，同时含有核形石和鲕粒，陕西陇县剖面，麻川组，单偏光，80×

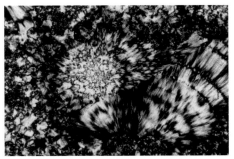

(d) 砂屑硅质岩，颗粒呈放射状，硅质胶结，山西柳林，亮甲山组，单偏光，80×

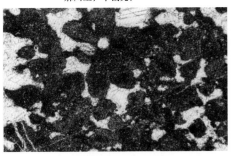

(e) 砂屑灰岩，颗粒为泥晶结构互相粘结，形成架状构造，孔隙被粒状方解石世代式胶结，陇县白家滩—南草沟，马一段，单偏光，40×

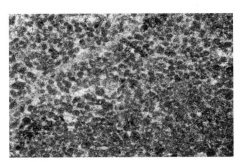

(f) 球粒灰岩，球粒大小均一，泥晶结构，富含隐藻，亮晶方解石胶结，布1井，4035.0m，马四段，单偏光，20×

图4-17　中缓坡岩石学特征

生物群包括与浮游生物和自游生物存在联系的正常海生底栖生物。底栖生物包括有孔虫、海绵、苔藓虫、腕足类、软体类和棘皮类。藻类以红藻为代表。生物掘穴现象很常见。在更深、更外围的缓坡环境下，可能发育局限的底部条件，常见的有机岩隆为泥丘。

地层系统				沉积旋回	体系域	层序	层号	层厚(m)	厚度(m)	岩性柱	主要化石	主要岩性	沉积相		
系	统	阶	组										微相	亚相	相
奥陶系	中统	达瑞威尔阶	三道沟组	三道沟组	TST	Osq5	-1	>30	360		腕足类	薄—中层状泥晶灰岩		台内洼地	开阔台地
					LST		0	15	330			厚层含白云质灰岩 块状岩溶角砾岩			
		大坪阶	水泉岭组			Osq5	1	6							
					HST		2	25				厚层生物扰动灰岩			
							3	30	300			中—中厚层深灰色泥晶灰岩，夹薄层			中缓坡
						Osq4	4	14	270			浅灰色中厚层藻纹灰岩	生屑滩	颗粒滩	
							5	11			腹足类	中层石灰岩夹粉红色岩溶角砾状灰岩			
					TST		6-1	33	240		腹足类	厚层—块状深灰色藻纹灰岩为主			
							6-2	22	210		腹足类	厚层石灰岩为主，夹中层，含藻纹层，下部有砾石，底风化面			
		弗洛阶	麻川组		HST		7	2				厚层藻纹灰岩为主，夹颗粒岩			
	下统					Osq3	8	8	180			黑灰色厚层泥晶灰岩，夹薄层粉砂质泥岩			中缓坡
							9	10							
							10	22	150		腹足类	厚层黑灰色泥晶灰岩为主，顶部为中层状，底部有泥质层			
					TST		11	30							
		特马豆克阶			HST	Osq2	12	31	120			深灰色块状颗粒灰岩为主，含生物碎屑	砂屑灰岩	颗粒滩	中缓坡
					TST		13	26	90			薄层泥质灰岩夹云质灰岩			
							14	27	60			深灰色厚层含云质灰岩为主，底部中层石灰岩及粉砂质泥岩			
					LST		15	6				深灰色中层状泥晶灰岩为主			
									30			灰黄色薄层粉砂质页岩	砂泥坪	潮坪	
					HST		16	8.5			三叶虫	厚层石灰岩，顶部藻纹层，黄色泥质粉砂岩为主，夹薄—中层石灰岩，厚层白云岩夹粉砂岩			内缓坡
					TST	Osq1	17	8							
							18	18.5					沙云坪	潮坪	
					LST		19	7	0			青灰色中层泥晶灰岩为主，夹薄层，质纯			
							20	6							

图 4-18 陕西淳化铁瓦殿沉积相剖面综合柱状图

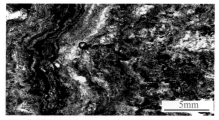

(a) 含粉屑泥晶灰岩，含有少量陆源碎屑、白云石、生物碎屑，可见藻纹层以及次生硅化现象，宁夏同心酸枣沟，克里摩里组，单偏光

(b) 泥晶灰岩，大量网状裂隙及收缩缝，局部溶蚀，方解石充填，陇县白家滩，马一段，单偏光，20×

(c) 灰色泥灰岩与灰泥岩互层，薄层状，由于构造挤压出现复式褶皱，部分泥岩暴露侵蚀，形成层间洞穴，如在地下，也可形成有利的储集空间，陕西永寿好峙河剖面，平凉组，野外

图 4-19 外缓坡岩石学特征

第三节　沉积相空间展布特征

一、不同分区沉积相标准剖面相律变化

在鄂尔多斯盆地西缘地层小区，沉积相以青龙山剖面为例，层序 Osq1—Osq2 主要发育高位体系域生屑滩和海侵体系域潮坪相；层序 Osq3 主要发育高位体系域和海侵体系域内缓坡相；层序 Osq4 主要发育高位体系域和海侵体系域内缓坡相；层序 Osq5 主要发育海侵体系域开阔台地相；层序 Osq6 主要发育海侵体系域深水斜坡—盆地相（图 4-20）。

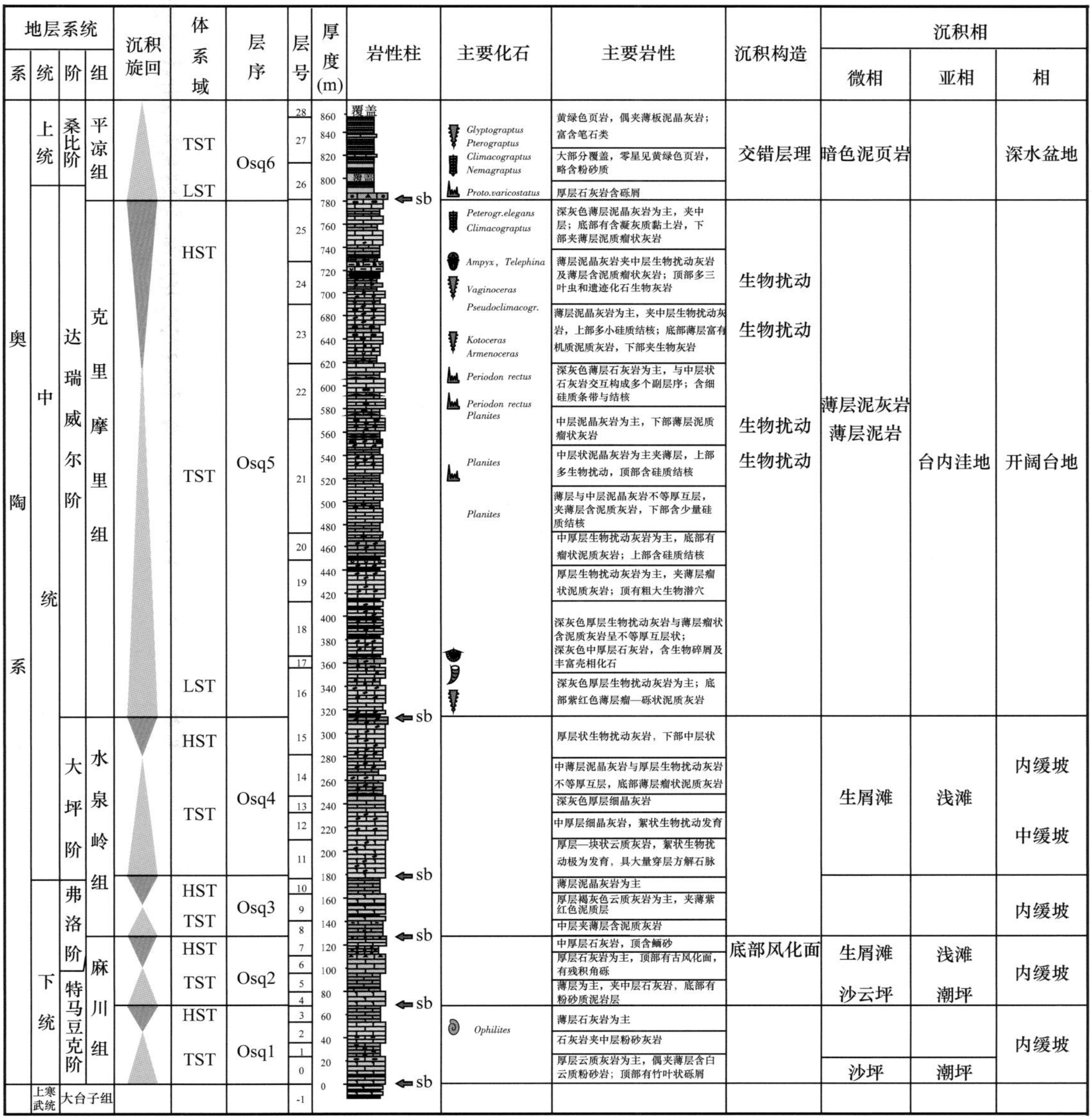

地层系统				沉积旋回	体系域	层序	层号	厚度 (m)	岩性柱	主要化石	主要岩性	沉积构造	沉积相		
系	统	阶	组										微相	亚相	相
奥陶系	上统	桑比阶	平凉组		TST	Osq6	28 27 26	860 840 820 800	覆盖	Glyptograptus Pterograptus Climacograptus Nemagraptus	黄绿色页岩，偶夹薄板泥晶灰岩；富含笔石类	交错层理	暗色泥页岩		深水盆地
					LST			780	sb	Proto.varicostatus	大部分覆盖，零星见黄绿色页岩，略含粉砂质 厚层石灰岩含砾屑				
	中统	达瑞威尔阶	克里摩里组		HST	Osq5	25 24 23 22 21 20 19 18 17 16	760 740 720 700 680 660 640 620 600 580 560 540 520 500 480 460 440 420 400 380 360 340 320		Peterogr.elegans Climacograptus Ampyx, Telephina Vaginoceras Pseudoclimacogr. Kotoceras Armenoceras Periodon rectus Periodon rectus Planites Planites Planites	深灰色薄层泥晶灰岩为主，夹中层；底部有含凝灰质黏土岩，下部夹薄层泥质灰岩 薄层泥晶灰岩夹中层生物扰动灰岩及薄层含泥质灰岩为主；顶部多三叶虫和遗迹化石生物灰岩 薄层泥晶灰岩为主，夹中层生物扰动灰岩，上部多小硅质结核；底部薄层富有机质泥质灰岩，下部夹生物灰岩 深灰色薄层石灰岩为主，与中层泥晶灰岩交互构成多个副层序；含细硅质条带与结核 中层泥晶灰岩为主夹薄层，上部多生物扰动，顶部含硅质结核 薄层与中层泥晶灰岩不等厚互层，夹薄层含泥晶灰岩为主，下部含少量硅质结核 中厚层生物扰动灰岩为主，底部有瘤状泥质灰岩；上部含硅质结核 厚层生物扰动灰岩为主，夹薄层瘤状泥质灰岩；顶有粗大生物潜穴 深灰色厚层生物扰动灰岩与薄层瘤状含泥质灰岩呈不等厚互层状；深灰色中厚层石灰岩，含生物碎屑及丰富壳相化石 深灰色厚层生物扰动灰岩为主；底部紫红色薄层瘤—砾状泥质灰岩	生物扰动 生物扰动 生物扰动 生物扰动	薄层泥灰岩 薄层泥岩	台内洼地	开阔台地
					TST										
					LST				sb						
	下统	特马豆克阶	大坪阶 水泉岭组		HST	Osq4	15 14 13 12 11	300 280 260 240 220 200 180			厚层状生物扰动灰岩，下部中层状 中厚层泥晶灰岩与厚层生物扰动灰岩不等厚互层，底部薄层瘤状泥质灰岩 深灰色厚层细晶灰岩 中厚层细晶灰岩，絮状生物扰动发育 厚层—块状云质灰岩，絮状生物扰动极为发育，具大量穿刺方解石脉		生屑滩	浅滩	内缓坡 中缓坡
					TST				sb						
		弗洛阶	麻川组		HST	Osq3	10 9 8	160 140			薄层泥晶灰岩为主 厚层褐灰色云质灰岩为主，夹薄紫红色泥质灰岩 中层夹薄层含泥质灰岩				内缓坡
					TST				sb						
					HST	Osq2	7 6 5	120 100 80			中厚层石灰岩为主，顶含鲕砂 厚层石灰岩为主，顶部有古风化面，有残积角砾 薄层为主，夹中层石灰岩，底部有粉砂质泥岩层	底部风化面	生屑滩 沙云坪	浅滩 潮坪	内缓坡
					TST				sb						
					HST	Osq1	3 2 1 0	60 40 20 0		Ophilites	薄层石灰岩为主 石灰岩夹中层粉砂灰岩 厚层云质粉砂岩，偶夹薄层含白云质粉砂岩；顶部有竹叶状砾屑		沙坪	潮坪	内缓坡
	上寒武统		大台子组				-1		sb						

图 4-20　宁夏青龙山奥陶系地层综合柱状图

在鄂尔多斯盆地南缘地层小区，以耀县桃曲坡剖面为例，层序 Osq6 主要发育低位体系域台地边缘相、海侵体系域生物礁滩相和高位体系域开阔台地相；层序 Osq7 主要发育海侵体系域台盆相和高位体系域开阔台地相；层序 Osq8 主要发育低位体系域开阔台地相、海侵体系域台盆相和高位体系域开阔台盆相（图 4-21）。

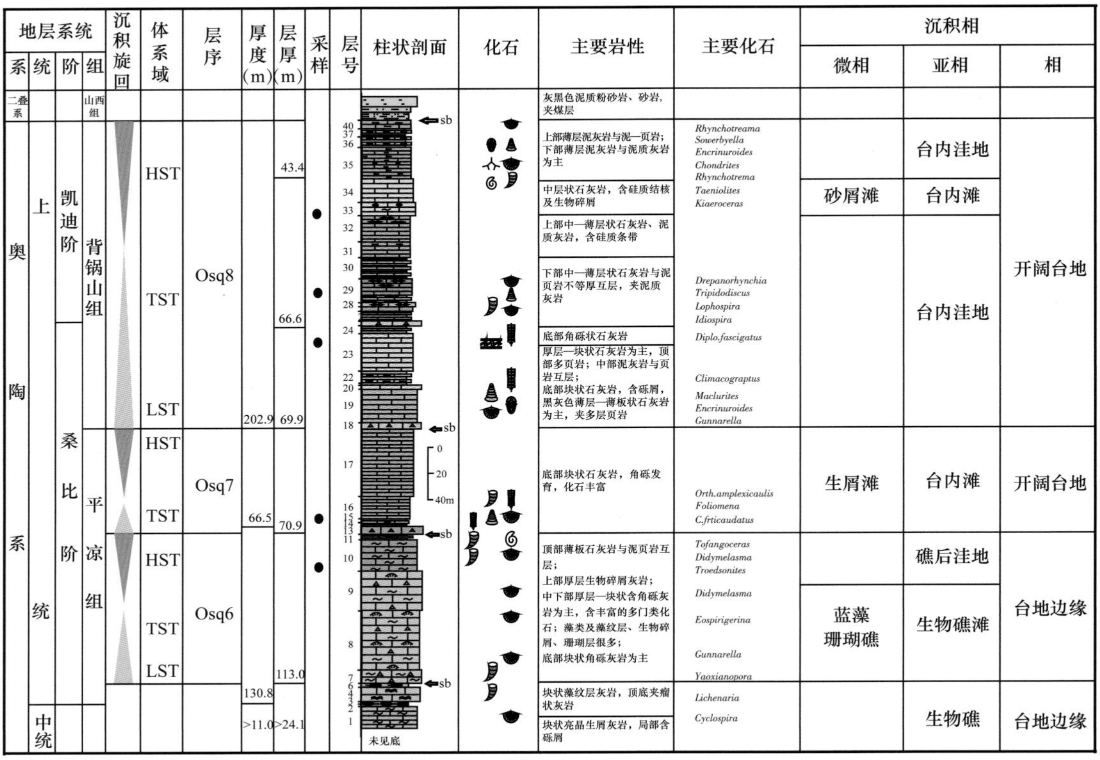

系	统	阶	组	沉积旋回	体系域	层序	厚度(m)	层厚(m)	采样	层号	主要岩性	主要化石	微相	亚相	相
二叠系			山西组							40 37 36 35	灰黑色泥质粉砂岩、砂岩,夹煤层				
	上 奥 陶 系 统	凯迪阶	背锅山组		HST	Osq8		43.4		34 33 32	上部薄层泥灰岩与泥—页岩;下部薄层泥灰岩与泥质灰岩为主	*Rhynchotreama* *Sowerbyella* *Encrinuroides* *Chondrites* *Rhynchotrema* *Taeniolites* *Kiaeroceras*		台内洼地	
											中层状石灰岩,含硅质结核及生物碎屑		砂屑滩	台内滩	
										31 30 29 28	上部中—薄层状石灰岩、泥质灰岩,含硅质条带				开阔台地
					TST		66.6				下部中—薄层状石灰岩与泥页岩不等厚互层,夹泥质灰岩	*Drepanorhynchia* *Tripidodiscus* *Lophospira* *Idiospira* *Diplo.fascigatus*		台内洼地	
										24 23	底部角砾状石灰岩				
					LST		202.9	69.9		22 21 20 19 18	厚层—块状石灰岩为主,顶部多页岩;中部泥岩与页岩互层;底部块状石灰岩,含碎屑,黑灰色薄板状石灰岩为主,夹多层页岩	*Climacograptus* *Maclurites* *Encrinuroides* *Gunnarella*			
		桑比阶	平凉组		HST	Osq7	66.5	70.9		17	底部块状石灰岩,角砾发育,化石丰富	*Orth.amplexicaulis* *Foliomena* *C.frticaudatus*	生屑滩	台内滩	开阔台地
					TST					16 14 13 12 11	顶部薄板状石灰岩与泥页岩互层;	*Tofangoceras* *Didymelasma* *Troedsonites*		礁后洼地	
					HST	Osq6				10 9	上部厚层生物碎屑灰岩;中下部厚层—块状含角砾灰岩为主,含丰富的多门类化石;藻类及藻纹层、生物碎屑、珊瑚很多;	*Didymelasma* *Eospirigerina*	蓝藻珊瑚礁	生物礁滩	台地边缘
					TST			113.0		8 7 6 5 4 3 2 1	底部块状角砾灰岩为主;	*Gunnarella* *Yaoxianopora*			
					LST		130.8				块状藻纹层灰岩,顶底夹瘤状灰岩	*Lichenaria*		生物礁	台地边缘
	中统						>11.0	>24.1			块状亮晶生屑灰岩,局部含砾屑	*Cyclospira*			

图 4-21　耀县桃曲坡中—上奥陶统地层综合柱状图

在鄂尔多斯盆地中东部地层小区，以山西河津西硐口剖面为例，层序 Osq1 主要发育局限台地相；层序 Osq2 主要发育高位体系域局限台地相；层序 Osq3 主要发育低位体系域蒸发台地相、海侵体系域局限台地相和高位体系域蒸发台地相；层序 Osq4 主要发育海侵体系域局限台地相和高位体系域蒸发台地相；层序 Osq5 主要发育海侵体系域开阔台地相（见图 2-9）。

二、沉积相连井剖面对比

以地层发育齐全的 20 条标准剖面、14 条连井剖面为基础，结合单因素分析，对鄂尔多斯盆地周缘及内部进行了详细的层序沉积相研究。

鄂尔多斯盆地北部东西向沉积相特征如图 4-22 所示，桌子山—恶虎滩沉积相连井剖面中部发育层序 Osq3、Osq4，由下至上依次为局限台地和蒸发台地相，西部发育层序 Osq3、Osq4、Osq5、Osq6、Osq7，由于中央古隆起的存在，除层序 Osq4 外其他层序均尖灭于鄂 18 井处，由下至上依次发育斜坡、局限台地、开阔台地和滨岸相。东部与中部地层关系对比良好，保存状态一致，由下至上局限台地与蒸发潟湖交替分布。从整个剖面来看，中部古隆起只发育层序 Osq3、Osq4，后期没有沉积或者被剥蚀。在古隆起东侧，相变较快，以局限潮坪—蒸发台地交互出现，表明东部为海水振荡旋回的古海洋。

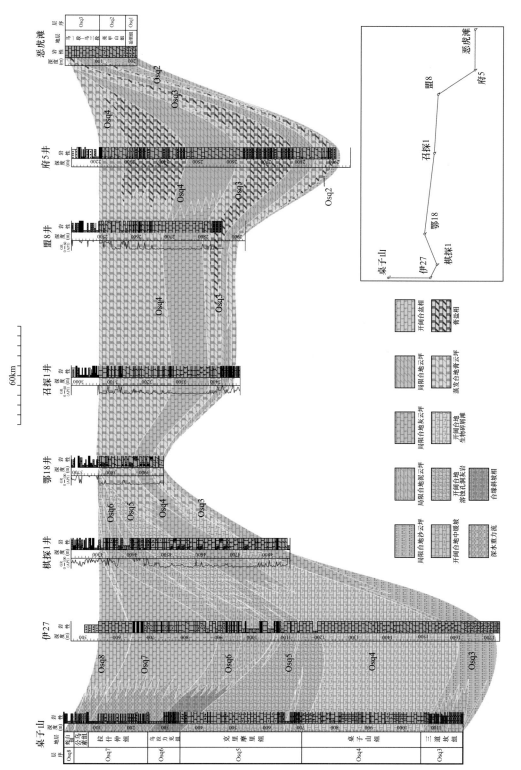

图 4-22　鄂尔多斯盆地北部桌子山—恶虎滩奥陶系沉积相东西向连井对比剖面图

如图 4-23 所示，鄂尔多斯盆地南部庆深 2 井—西碰口沉积相东西向连井剖面东部奥陶系层序发育较齐全，层序 Osq1、Osq2、Osq3、Osq4 都有发育，由下至上依次发育局限台地和蒸发台地相；西部发育层序 Osq3、Osq4，主要发育局限台地相。由于南部庆阳古隆起的存在，层序 Osq1 和 Osq2 由东向西厚度逐渐减薄直至尖灭，Osq5 及其以上层序遭受剥蚀。层序 Osq3、Osq4 东部与中部地层关系对比良好，保存状态基本一致，主要为局限台地和蒸发台地交替分布。

如图 4-24 鄂尔多斯盆地西部伊 23—灵 1 井沉积相南北向连井剖面所示，北部伊 23 井位于伊盟古隆起上，缺失奥陶系全部地层；中部主要发育层序 Osq3、Osq4，主要为局限台地和蒸发台地交互发育；南部由于庆阳古隆起的存在，奥陶系在宁探 1 井和灵 1 井处缺失。

如图 4-25 鄂尔多斯盆地东部胜 1—平 1 井沉积相南北向连井剖面所示，北部胜 1 井位于伊盟古隆起，缺失奥陶系全部地层。中部主要发育层序 Osq3、Osq4，主要为局限台地、蒸发台地膏云坪沉积交互出现。南部平 1 井主要发育层序 Osq1、Osq2 和 Osq3，沉积相为局限台地沙云坪和泥云坪沉积。

三、单因素时空分布特征

1. 奥陶系单因素类型及总体特征

单因素分析是岩相古地理分析的重要一环。通过筛选岩相古地理指相地质因素并逐一绘制单因素平面分布图，综合叠加即可确定岩相古地理环境。鄂尔多斯盆地奥陶系海相环境相关地质因素主要有以下几种。

1）泥岩

泥岩主要分布在鄂尔多斯盆地西缘和南缘，受秦祁海槽和贺兰拗拉谷控制，盆地边缘（台地边缘）以深水陆棚、斜坡、台盆相为主，形成了厚度较大的泥页岩、泥灰岩沉积建造（图 4-26a）。

2）石灰岩

石灰岩分布广泛，主要发育在鄂尔多斯盆地周缘，其厚度分布与泥岩类似。盆地内部石灰岩分布主要与几次海侵有关，古隆起区厚度相对较薄，洼陷区厚度相对较大。沉积环境以碳酸盐岩台地、缓坡、斜坡相为主（图 4-26b）。

3）膏岩

纯正的膏岩较为少见，多与盐岩混生，形成膏岩/盐岩互层，或者膏盐岩、盐膏岩。由图 4-26c 可知，奥陶系膏岩含量相对较低，主要分布在两个区域，可见在不同层序内，沉积中心略有变化。同样，盐岩也有类似的特点，分布范围与膏岩近同，分布中心也经历了两期变化（图 4-26c）。

4）白云岩

白云岩分布趋势与泥岩、石灰岩相反，呈互补关系，由鄂尔多斯盆地外围向盆地内部白云岩/地层厚度比逐渐增加，其中古隆起及其东侧潮坪相沉积区，白云岩/地层厚度比大于 50%。层序 Osq3 中，白云岩沉积中心位于靖边、志丹一带，靠近吕梁古隆起临县、吉县一带，以及盆地中部 "L" 形古隆起和北部伊盟古陆边缘。白云岩主要发育于蒸发—局限潟湖环境，并在盆地中东部地区广泛分布（图 4-26d）。

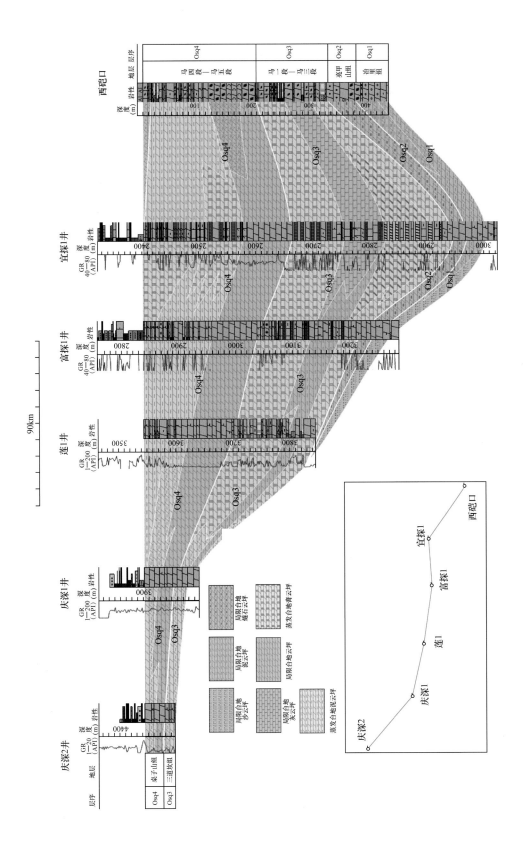

图 4-23　鄂尔多斯盆地南部庆深 2 井—西砲口奥陶系沉积相东西向连井对比剖面图

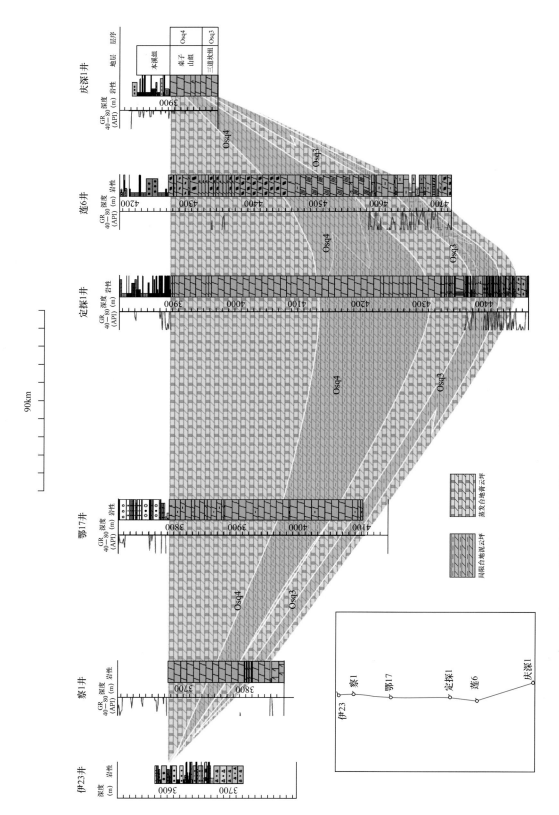

图 4-24 鄂尔多斯盆地西部伊 23—庆深 1 井奥陶系沉积相南北向连井对比剖面图

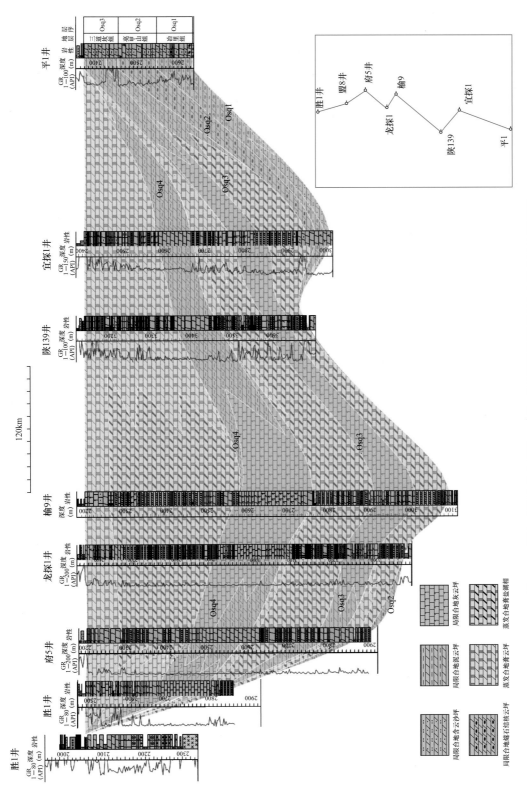

图 4-25 鄂尔多斯盆地东部胜 1—平 1 井奥陶系沉积相南北向连井对比剖面图

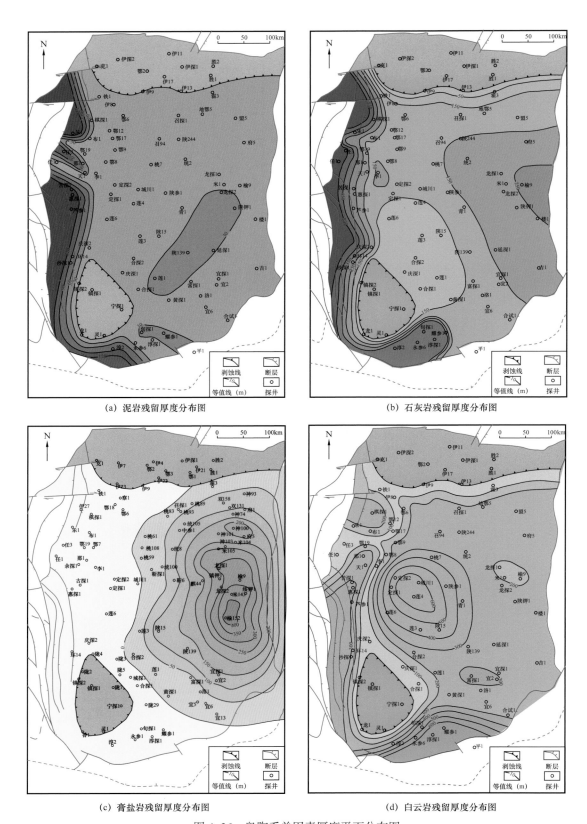

(a) 泥岩残留厚度分布图

(b) 石灰岩残留厚度分布图

(c) 膏盐岩残留厚度分布图

(d) 白云岩残留厚度分布图

图 4-26 奥陶系单因素厚度平面分布图

5）地层厚度

奥陶系厚度分布变化较大。北部伊盟古陆，缺失全部奥陶系；中部地区，地层厚度在500～700m之间；南部庆阳古隆起，缺失全部奥陶系；鄂尔多斯盆地西缘、南缘厚度大于800m；盆地东部通常小于800m，区域厚度变化相对平缓（见图3-29）。

2. 层序单因素平面变化特征

1）层序Osq1（冶里组）单因素平面分布特征

冶里组沉积期海侵范围较小，仅限于鄂尔多斯盆地边缘，以白云岩为主，由古陆边缘向海方向白云岩厚度逐渐增大。

2）层序Osq2（亮甲山组）单因素平面分布特征

亮甲山组继承了冶里组的沉积特征，以白云岩为主，向海方向厚度增大，仅在晶粒大小和岩石组合类型上与冶里组有所差异（图4-27）。

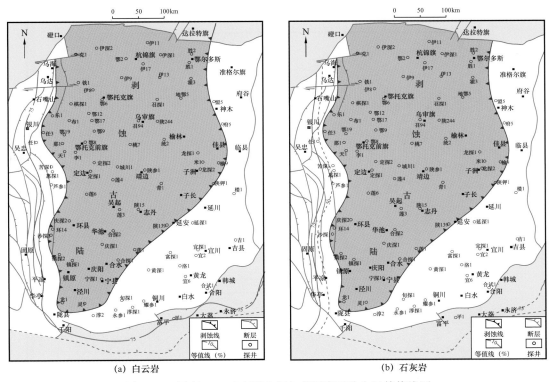

图4-27 层序Osq2（亮甲山组）单因素百分含量等值线图

3）层序Osq3（马一段—马三段）单因素含量等值线特征

鄂尔多斯盆地层序Osq3沉积期海侵未达到全盛，沉积水体略浅、气候干燥，发育了广泛的白云岩，其次为石灰岩，并且该时期最为显著的特征是在低位体系域和高位体系域发育大量的膏岩和盐岩。

白云岩主要分布在三个区域，即鄂尔多斯盆地中东部台地沉积区，西部、西南部缓坡沉积区和南部水下隆起沉积区。中央古隆起以东白云岩呈凹陷状分布，由中心向周围含量渐少。西部、西南部由陆地向海方向白云岩含量逐渐增多。南部白云岩沉积中心在永参1井和淳探1井一带，向两侧含量渐少（图4-28）。

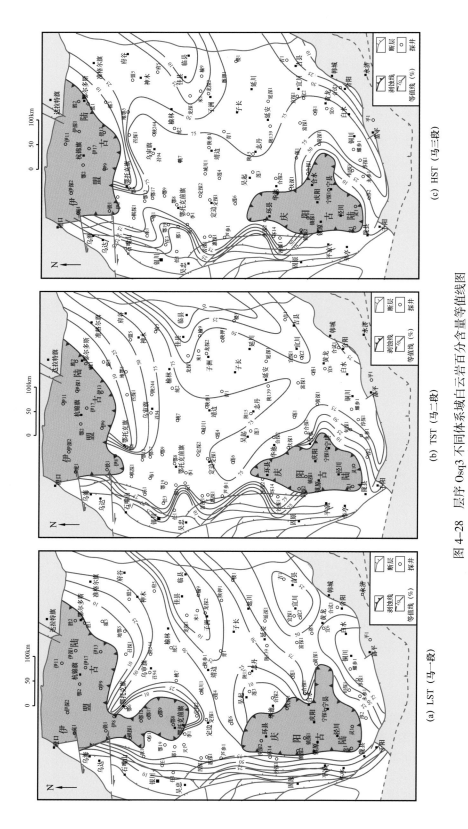

图 4-28　层序 Osq3 不同体系域白云岩百分含量等值线图

(a) LST（马一段）　　　(b) TST（马二段）　　　(c) HST（马三段）

石灰岩主要分布在鄂尔多斯盆地东部和西部、西南部。东部地区，西起陕15井、莲1井一带，北到龙探1井，南至韩城，石灰岩分布呈向东开口的半圆形，且向东含量渐多。西部、西南部沿中央古隆起发育石灰岩，向海方向含量渐多（图4-29）。

膏岩、盐岩是鄂尔多斯盆地该时期的重要特点。膏盐分布表现为两个沉积中心，一个沉积带。中部中央古隆起东侧北起定探1井，南至洛1井、宜探1井，为膏岩沉积带。盐岩分布主要集中在中部，呈现出莲3井和米1井两个沉积中心。

泥岩较少，主要围绕伊盟古陆和庆阳古陆的边缘沉积，在东部府谷—佳县一带少量沉积（图4-30）。

4）层序Osq4（马四段、马五段）单因素平面分布特征

鄂尔多斯盆地层序Osq4海侵体系域为奥陶纪最大海侵，水体较深，以石灰岩和白云岩为主。膏岩和盐岩分布于层序Osq4高位体系域，发育于马五段沉积期。

在鄂尔多斯盆地中东部，沿胜1井、伊13井、鄂9井、莲6井、陕15井、陕139井、宜2井一线往东，石灰岩含量逐渐增多；在西部、南部地区，石灰岩沿伊8井、鄂12井、鄂8井、天1井、环14井以及庆阳古陆西缘、南缘一线向海逐渐增多（图4-31）。

在鄂尔多斯盆地西部、南部，白云岩分布与该时期的石灰岩分布具有一定的一致性，只是沉积范围向陆方向略有紧缩；在中东部地区，白云岩普遍发育且含量不高（图4-32）。

膏岩和盐岩主要集中在马五段，且较层序Osq3沉积期范围减少。膏岩呈现龙探1井、陕139井和淳探1井三个沉积中心。盐岩以米1井为沉积中心（图4-33），覆盖范围达 $4 \times 10^4 \text{km}^2$。

5）层序Osq5（马六段）单因素平面分布特征

鄂尔多斯盆地层序Osq5为马家沟组沉积期最后一次海侵，范围较大，水体较深，以石灰岩为主，部分地区发育白云岩。但加里东运动使得盆地东升西降，东部地区遭受剥蚀，仅局部地区残留马六段，西部、南部则持续沉积，保存完好。

石灰岩分布在鄂尔多斯盆地西部表现为沿伊8井、鄂17井、鄂8井、环14井和庆阳古陆西缘一线向海方向含量逐渐增多；南部以淳探1井为中心，表现为凹陷沉积（图4-34a），台地边缘石灰岩含量较高，向海过渡，泥质含量增加。

白云岩在鄂尔多斯盆地西部表现为以布1井为中心，向西南方向包含惠探1井和芦参1井的条状分布，由内向外白云岩含量渐少；在南部为以淳2井、旬探1井、淳探1井为边界，向南开口的半圆形分布，由内向外白云岩含量渐少（图4-34b）。

泥岩主要沿鄂尔多斯台地周缘分布，通常伴随石灰岩的减薄，泥岩厚度逐渐增大，如图4-34c所示。

6）层序Osq6、Osq7（平凉组）单因素平面分布特征

鄂尔多斯盆地平凉组沉积期，华北海退出鄂尔多斯盆地，盆地中东部为剥蚀古陆，未接受沉积，西部和南部受秦祁洋影响继续沉积，但由于盆地西南缘在板块作用下进入被动陆缘发展阶段，在沟—弧—盆体系下，其沉积特点与之前的马家沟组有所不同，砂泥岩含量大为增多。

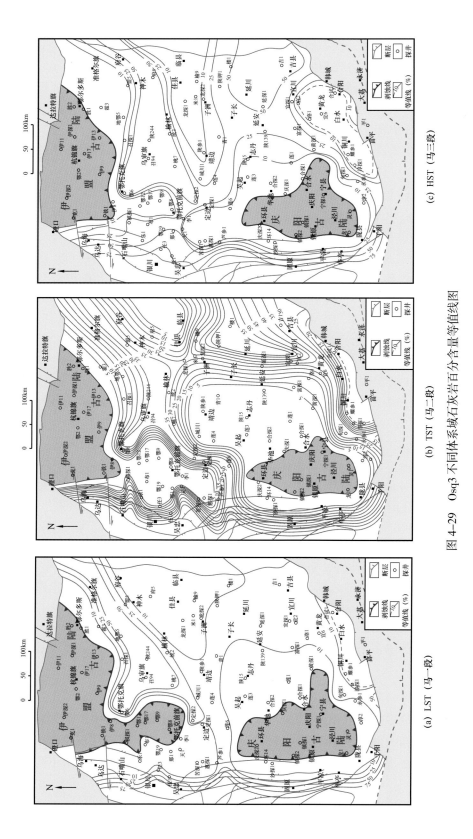

图 4-29 Osq3 不同体系域石灰岩百分含量等值线图

(a) LST (马一段)　　(b) TST (马二段)　　(c) HST (马三段)

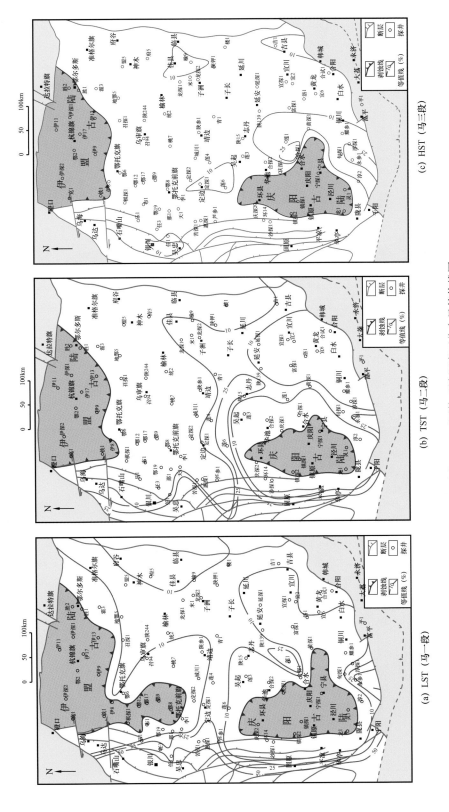

图 4-30　层序 Osq3 不同体系域泥岩百分含量等值线图

(a) LST（马一段）　　(b) TST（马二段）　　(c) HST（马三段）

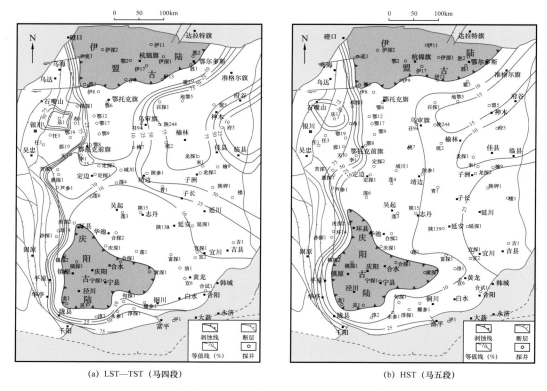

(a) LST—TST（马四段）　　　　　　　　(b) HST（马五段）

图4-31　层序Osq4不同体系域石灰岩百分含量等值线图

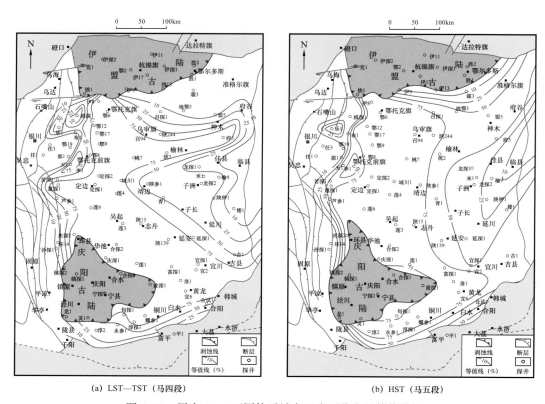

(a) LST—TST（马四段）　　　　　　　　(b) HST（马五段）

图4-32　层序Osq4不同体系域白云岩百分含量等值线图

石灰岩分布分两部分，西部沿鄂尔多斯古陆边缘和阿拉善古陆东南缘向海方向石灰岩含量渐多；南部沿古陆边缘分布，由外向内石灰岩含量渐多（图4-35a、图4-36a、图4-37a）。

白云岩分布分两部分，西部沿鄂尔多斯古陆边缘和阿拉善古陆东南缘向海方向白云岩含量渐多；南部以永参1井为中心，由外向内白云岩含量渐多（图4-35b）。

泥岩分布沿鄂尔多斯古陆边缘和阿拉善古陆东南缘向海方向含量逐渐增多（图4-35c、图4-36b、图4-37b）。砂岩厚度分布亦具有近似的趋势（图4-36c、图4-37c）。

7）层序Osq8（背锅山组）单因素平面分布特征

鄂尔多斯盆地上奥陶统背锅山组分布较为局限，仅西部、南部少量沉积，大多为斜坡扇和盆底扇，岩性较杂，多为非原地沉积，单因素含量统计地质意义不明确。

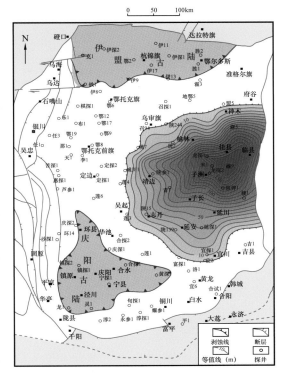

图4-33　层序Osq4高位体系域（马五段）膏盐岩厚度图

四、奥陶纪层序岩相古地理分布特征

在沉积相分析基础上，采用单因素分析多因素综合作图法进行了奥陶纪三级层序—体系域岩相古地理工业制图。

1. 早奥陶世层序岩相古地理

1）层序Osq1（冶里组）沉积期岩相古地理

现今鄂尔多斯盆地大部被当时近南北走向的中央古陆占据，其海侵范围较小，仅局限于盆地周缘，由陆向海方向依次发育局限内缓坡相、中缓坡相和外缓坡相（图4-38a）。局限内缓坡相主要为白云岩，沉积厚度为10～80m，由陆向海厚度逐渐增加；陇县—千阳以东主要为粉晶白云岩，部分地区为含粉砂白云岩和白云质粉砂岩，白云岩/地层厚度比大于75%；陇县—千阳以西包括白云岩和石灰岩两种岩性，部分地区夹粉砂岩薄层，由中央古陆向海方向，白云岩含量逐渐减少，石灰岩含量逐渐增加，说明水体逐渐加深。按照其白云岩组合中是否含有陆源砂质又可将内缓坡相划分为砂质云坪亚相（白云岩中含粉砂岩或粉砂质）和云坪亚相（白云岩中几乎不含陆源物质）。中缓坡相主要为风暴岩，在鄂尔多斯盆地周缘广泛分布的竹叶状灰岩反映该时期古气候显著特征为风暴盛行。外缓坡相沉积范围较广，岩性主要为泥晶灰岩、泥质灰岩及灰质泥岩等，由于目前缺少钻井及野外露头资料，该相带划分以沉积模式预测为主。

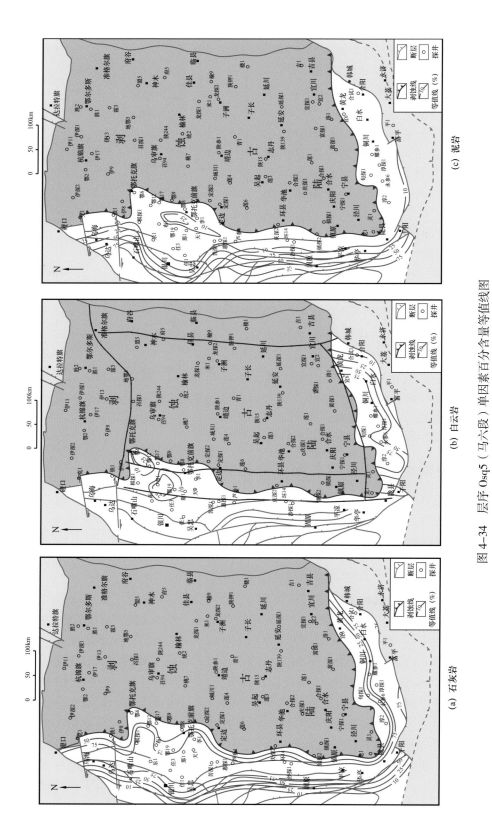

图 4-34 层序 Osq5（马六段）单因素百分含量等值线图

(a) 石灰岩

(b) 白云岩

(c) 泥岩

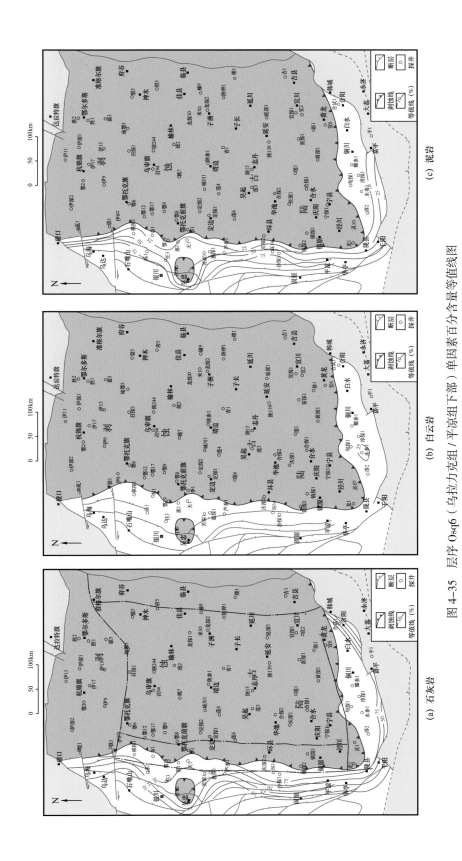

（a）石灰岩　　　　　　　　（b）白云岩　　　　　　　　（c）泥岩

图4-35　层序Osq6（乌拉力克组/平凉组下部）单因素百分含量等值线图

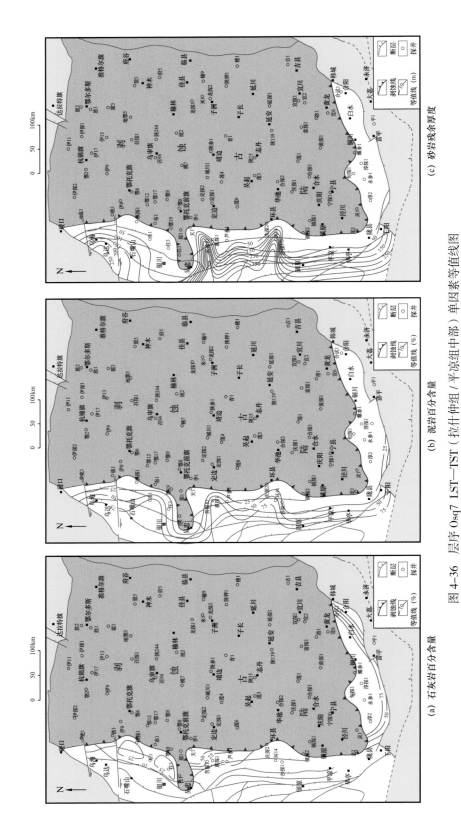

图 4-36 层序 Osq7 LST—TST（拉什仲组 / 平凉组中部）单因素等值线图

（a）石灰岩百分含量   （b）泥岩百分含量   （c）砂岩残余厚度

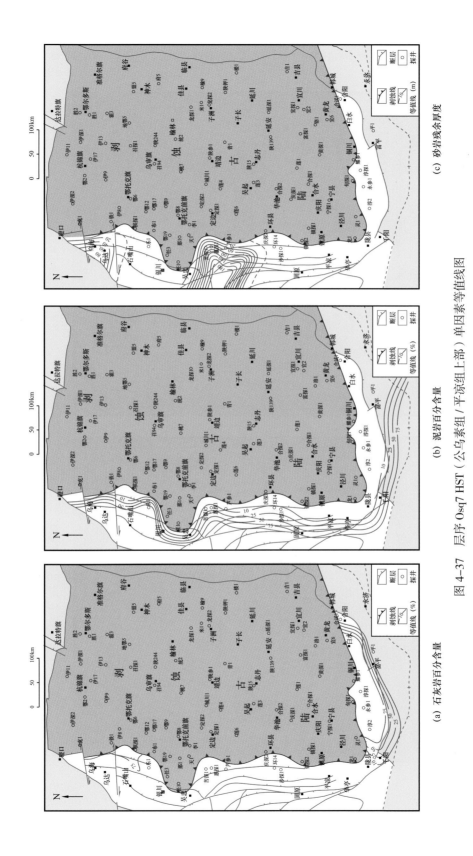

图 4-37　层序 Osq7 HST（公乌素组／平凉组上部）单因素等值线图

（a）石灰岩百分含量　　　　（b）泥岩百分含量　　　　（c）砂岩残余厚度

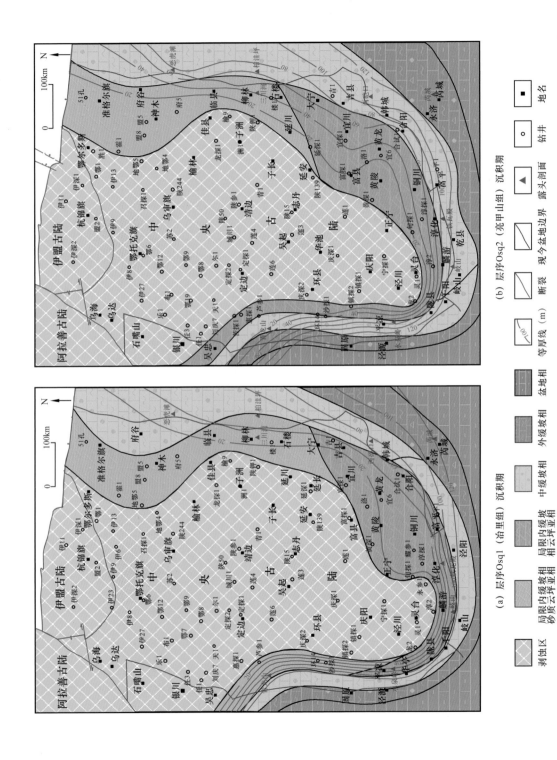

(a) 层序Osq1（冶里组）沉积期   (b) 层序Osq2（亮甲山组）沉积期

图4-38 鄂尔多斯盆地早奥陶世特马豆克期层序岩相古地理

| 剥蚀区 | 局限内缓坡相砂质云坪亚相 | 局限内缓坡相云坪亚相 | 中缓坡相 | 外缓坡相 | 盆地相 |

| 等厚线（m） | 现今盆地边界 | 断裂 | 露头剖面 | 钻井 | 地名 |

2）层序Osq2（亮甲山组）沉积期岩相古地理

层序Osq2沉积期基本延续了层序Osq1沉积期的沉积格局及岩相古地理面貌，海侵范围有所扩大，近南北走向展布的伊盟—中央古陆依然存在并控制碳酸盐岩缓坡沉积体系沿其周缘分布（图4-38b）。层序Osq2与层序Osq1局限内缓坡相的残留厚度、岩性分布均十分相似，以陇县—千阳为界，其东主要为粉晶藻白云岩、含粉砂白云岩和燧石结核白云岩，白云岩/地层厚度比大于75%；其西主要为颗粒灰岩、含粉砂灰岩及含粉砂白云岩；沉积厚度为10～80m，由中央古陆向西，白云岩含量逐渐减少，石灰岩含量逐渐增加，水体逐渐加深。总体上看，局限内缓坡相沉积特征与层序Osq1沉积期十分相似，但陆源砂质含量明显减少，且岩层多为中—厚层状。中缓坡相岩性差别较大，风暴沉积明显减少，主要发育燧石结核/条带灰岩或燧石结核/条带白云岩，这是层序Osq2的显著特征，可作为区域对比标志层。层序Osq2沉积期后，因怀远运动致使整个鄂尔多斯盆地抬升剥蚀，形成了广泛分布的风化壳不整合面。

3）层序Osq3（马一段—马三段）沉积期岩相古地理

层序Osq3低位体系域（马一段）沉积期：该时期海水开始从东、南、西三个方向侵入鄂尔多斯盆地，海侵范围逐渐扩大，古陆面积慢慢缩小，仅剩下近南北走向长条状的伊盟古陆—中央古陆，以中央古陆为界，其东、西两侧的岩相古地理发生较大分化，沉积差异明显。盆地中东部沉积环境由前期的缓坡台地演变为陆表海台地环境，并首次发育了大面积的蒸发台地相及其膏盐潟湖亚相（图4-39a）。盆地西部沉积范围扩大至吴忠—银川—乌海一带，沉积厚度为10～60m，在乌海桌子山剖面见到了三道坎组底部石英砂岩发育羽状交错层理，属于典型的碎屑滨岸沉积，但靠近中央古陆西侧主要为砂屑白云岩，底部夹浅灰绿色粉砂岩，主要为局限内缓坡砂屑云坪亚相，向海方向颗粒灰岩逐渐增加，逐步过渡到开阔内缓坡相。盆地南部沉积范围向北扩大至灵台—正宁—宜君一带，旬邑地区（旬探1井区）地层厚度达100m；中央古陆南缘以局限台地泥云坪亚相泥质白云岩为主，向南逐渐过渡到藻云坪亚相（以藻白云岩为主）、砂屑云坪亚相，再向南则为开阔内缓坡相石灰岩。盆地中东部沉积厚度为10～120m，自中部向东部依次发育蒸发台地相膏云坪亚相、膏盐潟湖亚相和砂屑云坪亚相，其中膏云坪亚相主要为含膏、膏质白云岩，发育膏模孔洞、鸟眼构造等（周进高等，2011；黄丽梅等，2012）。膏盐潟湖亚相则发育大量膏质白云岩、膏盐岩、盐泥岩及泥质白云岩等（周进高等，2011；黄丽梅等，2012）。盆地东缘吉县—柏洼坪—恶虎滩一带为砂屑云坪亚相，膏岩含量降低，主要为砂屑白云岩（黄丽梅等，2012）。

层序Osq3海侵体系域（马二段）沉积期：该时期海侵继续扩大，伊盟古陆—中央古陆继续缩小，由于相对海平面上升导致海水更为流通，致使鄂尔多斯盆地中东部局限环境变得较前期稍有改善，膏盐沉积减少（图4-39b）。以中央古陆为界，其西部沉积厚度为10～100m，以局限内缓坡砂屑云坪亚相为主，向海逐渐过渡到开阔内缓坡相。中央古陆南部为藻云坪及砂屑云坪亚相，分布范围与前期相当，但泥云坪亚相不发育。整个中央古陆西缘、南缘沉积继承性较好。由中央古陆向东，地层厚度逐渐增加（10～120m），沉积相由膏云坪亚相（以含膏白云岩为主）过渡为局限潟湖亚相（以泥灰岩为主）（周进高等，2011；黄丽梅等，2012）。

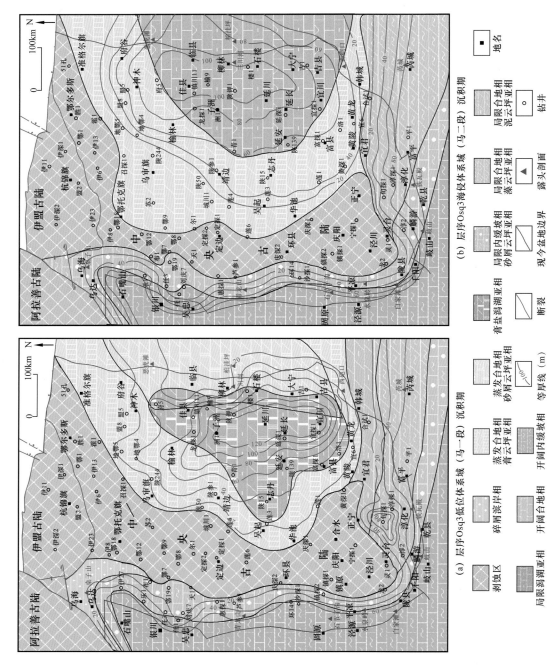

图4-39 鄂尔多斯盆地早奥陶世早—中弗洛期层序Osq3海侵体系域沉积期岩相古地理

层序 Osq3 高位体系域（马三段）沉积期：该时期古地理面貌总体与前期（马二段沉积期）相似（图 4-40），但沉积环境更为局限，再次在中东部发育膏盐潟湖亚相。中央古陆西侧沉积厚度为 10～80m，其南、北岩相略有差异，北部乌海地区为局限内缓坡藻云坪亚相，主体为砂屑云坪亚相，岩性主要为白云质砂屑灰岩、泥晶灰岩和泥质白云岩。南缘沉积厚度由中央古陆向南逐渐增加，沉积厚度为 10～120m，受沉积微相影响，出现"斑状"分布特征（个别区域厚度较大）；岩性以泥质白云岩（泥云坪亚相）和藻白云岩（藻云坪亚相）为主，向南逐渐过渡到白云质灰岩、石灰岩至泥灰岩（姚泾利等，2008；雷卞军等，2010；曹金舟等，2011；魏魁生等，1996），进而演变为开阔内缓坡相。在鄂尔多斯盆地中东部则为环绕膏盐潟湖亚相的蒸发台地膏云坪亚相，由中央古陆向盆地东缘依次发育膏云坪（定探 1 井）—膏盐潟湖—膏云坪（柏洼坪/西硐口），膏盐潟湖分布范围与层序 Osq3 低位体系域（马一段）沉积期大体相当，个别盐洼位置有所差别；沉积厚度最大区域位于陕参 1 井—子洲—子长地区，最厚可达 200m。

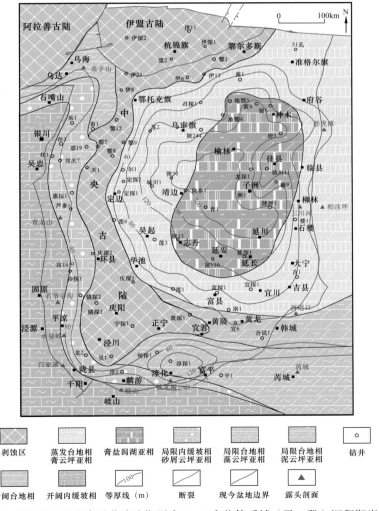

图 4-40　鄂尔多斯盆地早奥陶世弗洛晚期层序 Osq3 高位体系域（马三段）沉积期岩相古地理

2. 中奥陶世层序岩相古地理

1）层序 Osq4（马四段—马五段）沉积期岩相古地理

层序 Osq4 海侵体系域（马四段）沉积期：中奥陶世发生第二次大规模海侵，海侵致使中央古陆大部分没于水下，仅在庆阳地区残存，称为庆阳古陆，整个鄂尔多斯地区除伊盟古陆和庆阳古陆外，其余地区均被海水淹没，并主要发育局限台地和开阔台地相（图4-41a）。以鄂18井—鄂托克旗—李1井—庆深2井一线为界，其东侧主要为局限台内滩砂屑云坪亚相砂屑白云岩（莲6井、定探1井），西侧则主要为开阔内缓坡藻灰岩及台内滩砂屑灰岩，这种岩性、岩相的显著差异，反映了中央水下古隆起对沉积的控制作用，同时也说明华北海与祁连海对鄂尔多斯盆地沉积的不同影响。鄂尔多斯盆地西、南缘石嘴山—银川—吴忠—固原—岐山—铁瓦殿向广海一侧，主要发育开阔内缓坡生物碎屑灰岩和豹皮灰岩，其中桌子山剖面、青龙山剖面、岐山剖面以及铁瓦殿剖面特征显著，这也是马四段野外鉴别的主要特征。盆地中东部主要发育局限台地相和开阔台地相，其中乌审旗—靖边—志丹—韩城一线以东发育局限台地白云质灰岩，府谷—神木—佳县—子洲—延川一线以东发育开阔台地含生物碎屑灰岩，沉积厚度由南、北两侧古陆向定边—靖边—子洲一线逐渐增加。

层序 Osq4 高位体系域（马五段）沉积期：由于碳酸盐岩的加积作用，造成该时期中央水下古隆起间歇性暴露及其上沉积厚度明显较其周缘地区薄，并在鄂尔多斯盆地中东部再次形成十分局限的蒸发台地环境及大面积分布的膏盐潟湖（图 4-41b）。中央水下古隆起西侧，即鄂18井—定边—环县一线以西，主要发育局限内缓坡白云质灰岩（乐1井）以及开阔内缓坡泥灰岩和含生物碎屑微晶灰岩，沉积厚度由东向西逐渐增加，变化幅度为 150～300m，典型出露剖面为桌子山、青龙山和水泉岭等。庆阳古陆南缘沉积格局与层序 Osq4 海侵体系域（马四段）沉积期基本类似（姚泾利等，2008；雷卞军等，2010），由古陆向南依次发育局限台地泥云坪亚相、藻云坪亚相和开阔内缓坡泥晶灰岩，地层厚度为 50～300m，其中岐山、铁瓦殿剖面为典型露头剖面，沉积岩性主要为泥质白云岩、粉晶白云岩（旬探1井、淳探1井）和白云质灰岩等。鄂尔多斯盆地中东部与层序 Osq3 低位体系域（马一段）和高位体系域（马三段）沉积期类似，主要发育蒸发台地相，其相带展布与层序 Osq3 高位体系域（马三段）类似，蒸发台地膏云坪呈"O"字形环绕膏盐潟湖，发育大量膏盐岩、盐泥岩、膏质白云岩等典型蒸发岩类，沉积中心位于榆9井附近，厚度可达360m，蒸发岩类和碳酸盐岩交互发育（魏魁生等，1997；吴胜和等，1994），其中膏盐岩厚度较大，仅马五$_6$亚段膏盐岩单层厚度可达140m（图4-42），占膏盐岩厚度的80%，说明间歇性海水注入与干旱气候交替进行，为沉积膏盐岩提供了良好条件。

2）层序 Osq5（马六段）沉积期岩相古地理

层序 Osq5 沉积期发生又一次海侵并达到自奥陶纪以来最大范围，除中央水下古隆起邻近地区仍为局限台地沉积外，鄂尔多斯盆地大部分地区主要为开阔台地相，并在西缘及南缘逐渐演变为弱镶边台地（图4-43a）。从盆地西部10～500m、南部10～1000m的残留厚度和薄—中层状泥晶灰岩与灰质泥岩互层来看，沉积水深大于此前奥陶纪任何时期。因盆地东部何时抬升尚无定论，但可以肯定的是，抬升时间大约在该沉积期中后期（该期全球发生大规模火山活动以及冈瓦纳、波罗的、劳亚等古陆解体），进而剥蚀了早先发育的部分地层，导致该套地层仅在盆地东南部部分地区残存。其沉积环境演化在盆地西部和南

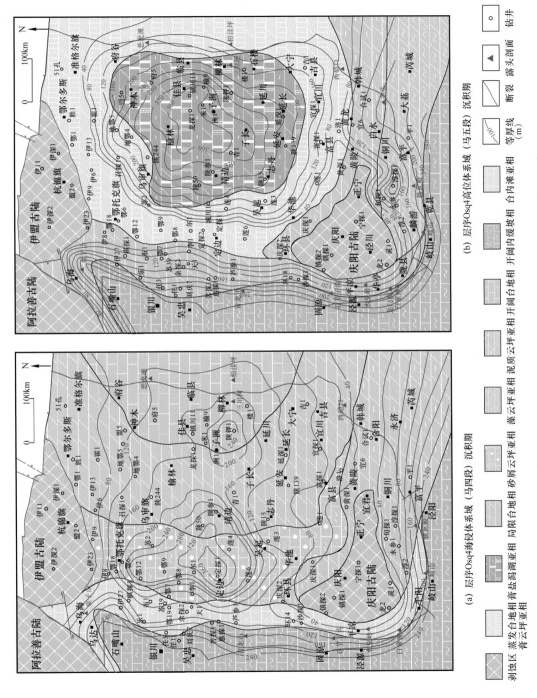

（a）层序Osq4海侵体系域（马四段）沉积期

（b）层序Osq4高位体系域（马五段）沉积期

图 4-41　鄂尔多斯盆地中奥陶世大坪期—达瑞威尔早期层序 Osq4 沉积期岩相古地理

剥蚀区　蒸发台地相　膏盐湖相　局限台地相　砂屑云坪亚相　潆云坪亚相　泥质云坪亚相　合内滩亚相　等厚线　断裂　露头剖面　钻井
　青盐湖亚相　　　　　泥云坪亚相　开阔内缓坡相　开阔台地相　（m）
青云坪亚相

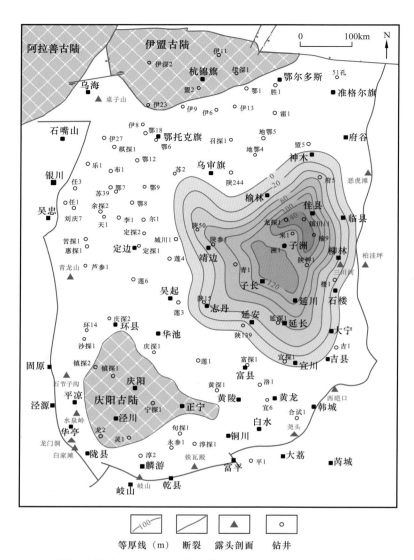

图 4-42　鄂尔多斯盆地层序 Osq4 高位体系域马五$_6$亚段膏盐层厚度等值线图

部具有同步性，主要发育开阔台地相、斜坡相和深水盆地相，中央水下古隆起西侧主要发育开阔台地相，可见大量生物碎屑与内碎屑颗粒，为碳酸盐岩岩溶储层发育提供了良好的物质基础。该时期，盆地西部与南部均不发育台缘礁，如桌子山、青龙山、岐山及铁瓦殿剖面等主要见台缘滩沉积。鄂托克旗—定边—环县以东，依次发育局限台地和开阔台地相，其中局限台地分布与层序 Osq4 海侵体系域（马四段）沉积相当，主要发育砂屑云坪颗粒滩白云岩（高振中等，1995），庆阳古陆东侧还发育局限台地泥云坪亚相。

3. 晚奥陶世层序岩相古地理

中奥陶世末，受加里东运动影响，鄂尔多斯盆地东升西降，西部海水变深，东部华北海退出盆地，形成中东部古陆接受风化剥蚀（郭彦如等，2008；Seth A. Young 等，2009）。古风化壳岩溶作用形成剥蚀沟谷体系，致使盆地中东部发育岩溶台地、斜坡及岩溶盆地三大岩溶体系，为后期奥陶系古风化壳气藏的形成创造了良好条件（刘成鑫等，2005；史基安等，2009；张宏等，2010）。

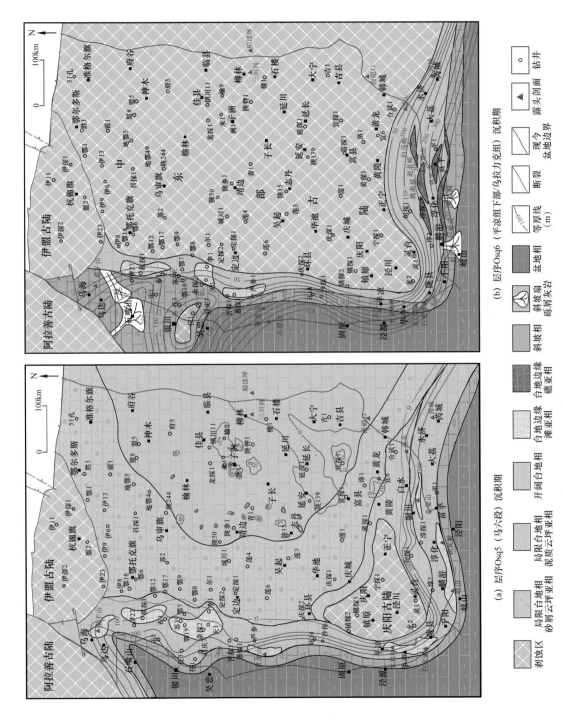

（a）层序Osq5（马六段）沉积期

（b）层序Osq6（平凉组下部/乌拉力克组）沉积期

图4-43　鄂尔多斯盆地中奥陶世达瑞威尔期层序Osq5及晚奥陶世桑比早期层序Osq6沉积期岩相古地理

剥蚀区

局限台地相
砂屑云坪亚相

局限台地相
泥质云坪亚相

开阔台地相

台地边缘
滩亚相

台地边缘
礁亚相

斜坡相

斜坡扇
砾屑灰岩

盆地相

等厚线
（m）

现今
盆地边界

断裂

露头剖面

钻井

1）层序 Osq6（平凉组下部 / 乌拉力克组）沉积期岩相古地理

层序 Osq6 沉积期鄂尔多斯盆地大部隆升成陆，仅盆地西缘及南缘发育条带状的窄开阔台地相、斜坡相，向外过渡为盆地相，沉积厚度在盆地西缘为 10～500m，在南部为 10～600m（图 4-43b），由陆向海岩性从含生屑泥晶灰岩—泥晶灰岩—泥灰岩—灰质泥岩—泥页岩依次过渡，斜坡相中偶尔夹杂垮塌角砾岩等异地搬运堆积（林畅松等，1991；张抗等，1992；吴胜和等，1994；高振中等，1995，2006；刘成鑫等，2005；许强等，2010；郝松立等，2011）。其中盆地相泥页岩、泥质灰岩构成了下古生界最主要的烃源岩层（孙宜朴等，2008；王传刚等，2009；许化政等，2010；倪春华等，2010；杨华等，2011）。该时期，由于全球大规模板块运动导致火山活动频繁，发育了多期具有全球规模的火山凝灰岩，为盆地乃至全球区域地层对比提供了条件。在盆地西缘吴忠—银川一带出现次级古陆，表现为地层缺失，但目前仍不清楚该古隆起抬升的具体时期及构造性质。沉积格局在盆地南部与西部略有差异，表现为南部发育弱镶边台地，且南缘生物礁体呈东西向条带状交叉向岸 / 向海分布，具有堤礁特征（杨华等，2011），及其斜坡相垮塌角砾岩较为发育；而西部台缘礁则不发育（贾振远，1988），主要发育台缘滩颗粒灰岩。

2）层序 Osq7（平凉组上部 / 拉什仲组 + 公乌素组）沉积期岩相古地理

与前期相比，层序 Osq7 沉积期沉积环境变化不大，但沉积体系受古构造活动、古气候影响，无论其厚度还是岩性，都与前期有较大差别（图 4-44a）。该时期，鄂尔多斯古陆西缘受秦祁洋、古亚洲洋闭合影响，阿拉善古陆及西华山古陆强烈抬升剥蚀，提供了大量的陆源碎屑，并发育重力流沉积（林畅松等，1991；吴胜和等，1994；高振中等，1995；刘成鑫等，2005）。由于受重力流影响，盆地西缘沉积厚度以银川—吴忠次级古陆为界，其南、北有别，并呈由西向东的指状分布，西北部沉积厚度为 10～500m，西南部沉积厚度为 10～1200m。由于受陆源碎屑物质大规模注入的影响，海洋生物生长受到限制，岩性主要为含泥细砂岩和含粉砂泥岩，其有机质含量低。因此，该层序能否作为有效的烃源岩层有待进一步考证。该时期由陆到海的岩相古地理格局依然为条带状窄的开阔台地相、斜坡相和盆地相，开阔台地相以发育泥粉晶灰岩为主，斜坡相主要发育泥页岩与泥灰岩互层，深水盆地相主要发育碎屑流和浊流沉积（贾振远，1988；林畅松等，1991；张抗等，1992；吴胜和等，1994；高振中等，1995，2006；刘成鑫等，2005；许强等，2010；郝松立等，2011）。其中盆地南部的沉积环境基本继承了前期的沉积特点，其沉积厚度为 10～800m，依然发育了一定规模的台地边缘礁滩体，如铁瓦殿剖面、桃曲坡剖面所见，其斜坡相主要发育滑塌堆积的砾屑灰岩（贾振远，1988；张抗等，1992；吴胜和等，1994；高振中等，2006；郝松立等，2011），陆源物质较少。

3）层序 Osq8（背锅山组）沉积期岩相古地理

鄂尔多斯盆地西南缘挤压活动进一步加剧，海水逐渐退出鄂尔多斯地区，仅在盆地南缘、西北缘局部地区发育背锅山组（岐山、铁瓦殿剖面）或蛇山组（图 4-44b）。沉积厚度一般为 200～600m，由北向南沉积厚度加大，铁瓦殿地区沉积厚度超过 700m。由陆向海依次发育开阔台地相、斜坡相和盆地相（刘成鑫等，2005）。开阔台地相以泥粉晶灰岩为主，斜坡相发育重力流砾屑灰岩。

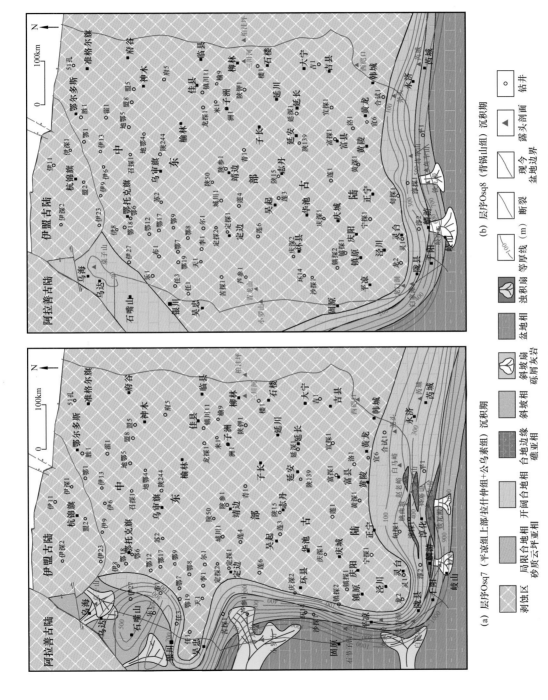

图 4-44 鄂尔多斯盆地晚奥陶世陶世桑比中—晚期至凯迪早—中期层序岩相古地理

(a) 层序Osq7 (平凉组上部/拉什仲组+公乌素组) 沉积期

(b) 层序Osq8 (背锅山组) 沉积期

剥蚀区	局限台地相 砂质云坪亚相	开阔台地相	台地边缘 礁亚相	斜坡相	盆地相	斜坡扇 砾屑灰岩	油积扇	等厚线	现今 盆地边界	露头剖面 (m)	断裂	钻井

由于背锅山组沉积成分复杂，化石分带困难，致使该组岩相古地理研究仍存较多疑点：一是关于地质年代的确定问题，该组可能已经超出了奥陶系的范畴；二是沉积物源方向问题，从沉积物表现出的碎屑流特征来看，来源于鄂尔多斯古陆南缘台地有些牵强，也许来源于其南部已经隆升的北秦岭海台地更为可信，但目前缺少构造演化证据，暂不能确定。

奥陶纪末，鄂尔多斯地区整体抬升，经历了长达120Ma的风化剥蚀（史基安等，2009），形成了奥陶系顶面古岩溶地貌（何自新等，2001；代金友等，2005；张宏等，2010）。

第五章 奥陶系碳酸盐岩台地沉积
发育模式及勘探领域

第一节 碳酸盐岩台地层序发育模式

鄂尔多斯盆地位于华北地台西南部，早古生代西侧为古祁连洋，南侧为秦岭洋，盆地实际上是一个被南、西两侧洋盆所围限的大陆地台边缘。由于秦祁洋具有不同的地质演化过程，因此在盆地南缘和西缘沉积层序各具特点。盆地中东部则受华北海控制，发育了封闭—半封闭沉积环境所具有的层序模式。

一、碳酸盐岩台地缓坡层序发育模式

中奥陶世达瑞威尔期层序 Osq5（克里摩里组 / 马六段）沉积之前，鄂尔多斯盆地西缘延伸至贺兰山地区，南缘延伸至秦岭地区。该时期盆地西缘与南缘构造环境相似，处于被动大陆边缘，构造活动较弱，主要发育碳酸盐岩和硅质碎屑岩组成的缓坡沉积。

盆地西缘和南缘垂向岩性序列显示，早奥陶世—中奥陶世早期以内陆棚缓坡台地沉积为主（图 5-1a），大多数地区属潮坪—潮下带上部浅海环境，白云质碳酸盐岩较为发育，生物化石相对较少，门类单一。低位体系域主要由滨岸砂岩组成。坡度很缓，低水位期的砂岩覆盖面积较大。随着海侵的开始，台地重新发育，陆源物质受到抑制。初次洪泛面附近为内源碎屑、含腕足壳的泥砂质沉积。海侵体系域在远源区（例如老石旦东山一带）为陆架灰岩或滩相生物碎屑灰岩；在近岸区（例如苏必沟）潮坪沉积发育，剖面上见青鱼刺形等潮汐层理。在高位体系域，一般岩层不同程度地受到白云岩化作用，由外陆架的粒泥岩和内陆架的泥粒岩或颗粒岩组成。

二、碳酸盐岩台地镶边陆架层序发育模式

中奥陶世晚期达瑞威尔期层序 Osq5（克里摩里组 / 马六段）沉积期—晚奥陶世是鄂尔多斯盆地西、南缘地质演化的新阶段，大地构造环境由被动大陆边缘转化为主动大陆边缘活动阶段，普遍发生弧后拉张沉降，岩相分异显著，逐渐演化为弱镶边碳酸盐岩台地（图 5-1b），在台地边缘形成了典型的弱镶边礁滩沉积体系，垂向上生物礁体与藻灰岩互层，礁核胶结致密，很难形成有利储层，典型沉积特征如好峙河露头剖面。在台缘斜坡环境中发育了滑塌、碎屑流和浊流沉积（许强等，2010；张抗等，1992；吴胜和等，1994；高振中等，1995；刘成鑫等，2005），在深水盆地相中含有丰富的笔石动物群化石。

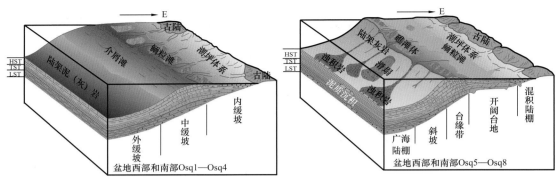

(a) 碳酸盐岩缓坡台地层序地层模式　　　　　　　(b) 碳酸盐岩弱镶边台地层序地层模式

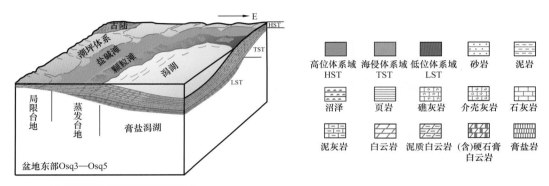

(c) 碳酸盐岩台内洼陷层序地层模式

图 5-1　鄂尔多斯盆地西缘、南缘奥陶系碳酸盐岩台地层序发育模式（据郭彦如等，2014）

1. 低位体系域（LST）

低位体系域典型的沉积有两类：一是浊流沉积；二是碎屑流沉积。当台地下沉到透光带之下，由于淹没而消亡，随后海平面下降，发育陆源碎屑浊积岩。低位体系域还可见到向下（海）建造的台地边缘滩或岩隆、砂质滨岸沉积和潮坪体系。

2. 海侵体系域（TST）

海侵体系域初期具有滞留砾岩和岩溶（台地）沉积，台内点礁或点滩常见；滨岸部位见沙滩、沙坝体系和宽阔的潮坪体系；坡折部位原发育的岩隆部分淹没消失，部分向上建造。随着海平面上升、可容纳空间增大，进入追补沉积阶段，深水部位发育等深流沉积，见低密度钙屑浊积岩。当海平面上升到最高点、可容纳空间最大时，发育密集段，典型的密集段为黑色笔石页岩。

3. 高位体系域（HST）

高位体系域有追补型和并进型两种重要的沉积体系。追补型往往为连续的暗色泥页岩，间夹低密度钙屑浊积岩和薄板状微晶灰岩，泥粒岩或颗粒岩中早期海底胶结物很少。并进型早期沉积与追补型相似，中晚期沉积大相径庭。其台地边缘岩隆、礁滩体、台内浅滩发育，范围较海侵体系域扩大；坡折部位，陆架灰岩较为普遍。

三、碳酸盐岩台内洼陷层序发育模式

鄂尔多斯盆地中东部是华北地台内部典型的陆表海沉积环境，早奥陶世晚期弗洛期—中奥陶世马家沟组沉积期发展成为台内洼陷，并出现了三次蒸发膏盐化潟湖与局限潟湖／开阔台地交替发育的特征，由此发育了三套厚层蒸发膏盐岩。其中，海侵体系域以发育局限台地／开阔台地相为主，层序 Osq4 海侵体系域（马四段）沉积期海侵使得华北海与祁连海连通。高位体系域发育蒸发潮坪与盐化潟湖，表现为典型的封闭—半封闭"同心圆"状潟湖沉积模式（周进高等，2011；黄丽梅等，2012）（图 5-1c）。

第二节　主要沉积演化阶段

根据鄂尔多斯盆地边缘下古生界地层发育状况、沉积层序结构、沉积相类型及其在时空上的展布变化，可以将鄂尔多斯盆地奥陶纪的地质演化划分为如下几个阶段。

一、早奥陶世缓坡发展阶段

奥陶纪古地理环境继承了寒武纪的古地貌特点。寒武纪时，鄂尔多斯主体是一个被祁连—秦岭海槽所围限的稳定台地，整体上北东高、南西低。自北东陆架台坪向西南陆坡转折或变陡缓坡倾斜过渡，这种古地理环境控制着鄂尔多斯盆地寒武纪的沉积环境和沉积相展布。盆地内部为陆架台坪沉积，盆地西南缘为陆架转折带及陆坡环境。经历了早寒武世自南向北的小范围海侵，中寒武世整个台地被海水覆盖，晚寒武世抬升为陆，海水大面积退去（图 5-2）。

早奥陶世，冶里组、亮甲山组、马一段、马二段、马三段（层序 Osq1—Osq3）沉积期，鄂尔多斯地区西缘和南缘仍被贺兰—秦祁海槽所围限，北部为兴蒙海槽。该时期，由于北部兴蒙海槽拉伸和裂陷作用增强，使得盆地内部结构发生重要的构造分异，形成了盆地中东部的内陆架坳陷、陆架边缘定边—庆阳—黄陵"L"形均衡翘升隆起带（中央古隆起）和西南缘向海槽一侧的斜坡带。由于中央古隆起的发育，使得陆架与陆坡的构造关系由原先的内陆架台坪到陆坡缓倾斜，转变为内陆架坳陷、陆架边缘隆起和突然向外侧变陡的陆坡，并较快进入广海。因此，陆架边缘隆起在一定程度上限制了海水的自由进退，特别是在低海平面时期，很容易使内陆架坳陷成为闭塞的潟湖环境（图 5-2、图 5-3）。

二、中奥陶世缓坡—台地发展阶段

中奥陶世，马四段、马五段、马六段／克里摩里组（层序 Osq4—Osq5）沉积期，鄂尔多斯盆地中部鄂托克旗—庆阳—黄陵"L"形古隆起持续存在，西、南、东侧均为开阔海环境（图 5-2、图 5-3）。马四段、马五段沉积期，除北部伊盟古隆起和南部庆阳古隆起外，盆地普遍接受沉积，其中马四段沉积期海侵，马五段沉积期海水振荡回落；该时期，盆地主体为台内坳陷，周缘仍为缓坡向海槽过渡环境。马六段／克里摩里组沉积期是盆地构造转折的重要时期，鄂尔多斯台地接受最大规模海侵，但至中晚期，全球板块整体运动，盆地周缘发生沉陷，而本部逐渐抬升，开始了由缓坡向台地的转变。

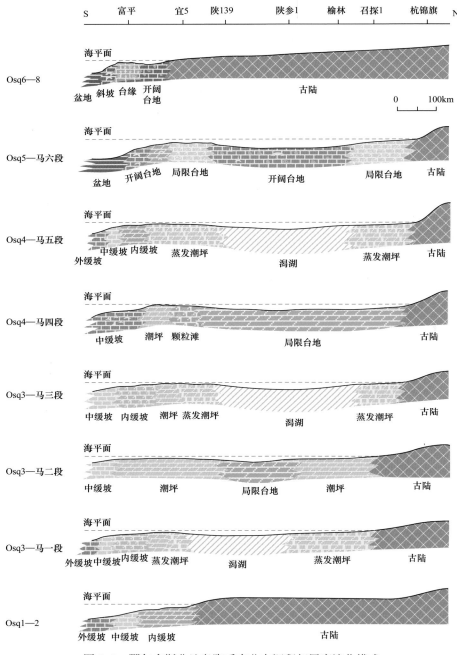

图 5-2　鄂尔多斯盆地奥陶系南北向沉积相层序演化模式

三、晚奥陶世被动大陆边缘发展阶段

晚奥陶世平凉组、背锅山组（层序 Osq6—Osq8）沉积期，仅在鄂尔多斯盆地西缘和南缘接受沉积，厚度变化大，南缘一般为 200～800m，西缘为 200～500m，进一步向西最厚超过 2000m。平凉组沉积期，古陆边缘发育碳酸盐岩台地，岩性为石灰岩、泥灰岩和泥页岩，生物丰富，常见腕足类、头足类及珊瑚化石。晚奥陶世海退继续，仅在鄂尔多斯南

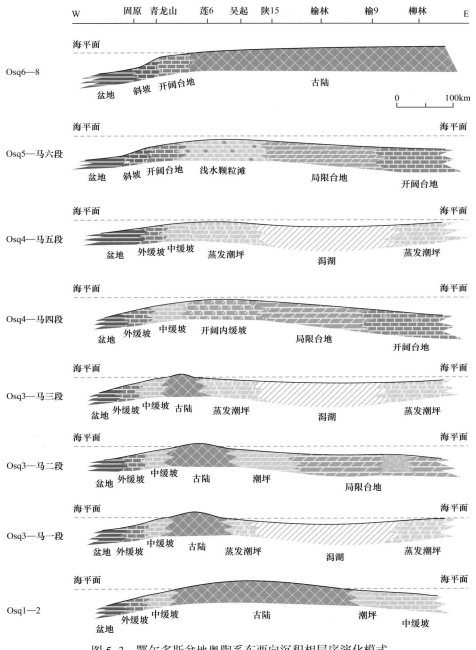

图 5-3　鄂尔多斯盆地奥陶系东西向沉积相层序演化模式

缘局部发育背锅山组，残余厚度一般为数米至数十米，最厚可达 439.46m。背锅山组主要发育陆缘斜坡，岩性为深灰色、浅灰色、灰色厚层块状泥晶灰岩、角砾灰岩、泥灰岩和生物灰岩，生物非常发育，常见腕足类、单体珊瑚、三叶虫、介形虫、海百合及藻类等，水平层理发育，具瘤状构造。晚奥陶世末海水完全退出鄂尔多斯地区，该区长期遭受风化剥蚀，石炭系与奥陶系乃至寒武系不同程度假整合或不整合接触。

　　总体来看，奥陶纪冶里组沉积期继承了寒武纪三山子组沉积期的古地理环境，出露古陆面积有所增加，使得相对海平面至冶里组沉积期达到最低。由马一段至马六段沉积期，海水振荡上升，古陆面积逐渐缩小，其中中央古陆在马四段、马五段、马六段沉积期被海水不同程度淹没，发育潮坪亚相，而北侧伊盟古陆在此期间一直未接受沉积。至平凉组沉积期，盆地大部分出露为古陆，沉积间断长达200Ma，西南缘继续沉积，多发育台地边缘礁滩相和斜坡相。

第三节　碳酸盐岩天然气有利勘探领域

鄂尔多斯盆地奥陶纪可细分为两种不同的沉积环境：盆地西部与南部台缘—盆地沉积环境，盆地中东部台内洼陷潟湖沉积环境。不同沉积环境有不同的天然气地质条件，同时发育不同的天然气勘探领域。从目前研究来看，具有三大勘探领域：盆地中央古隆起两侧下古生界碳酸盐岩风化壳天然气勘探领域；盆地西、南部L形台地边缘下古生界碳酸盐岩天然气勘探领域；盆地东部盐下马家沟组下组合碳酸盐岩—膏盐岩体系天然气勘探领域。

一、鄂尔多斯盆地中部风化壳天然气勘探领域

奥陶纪末的加里东运动，导致鄂尔多斯盆地本部整体抬升，使得奥陶系碳酸盐岩经历了长期的风化剥蚀和大气淡水淋滤。在经历了晚奥陶世约120Ma的抬升后，盆地东部马六段基本剥蚀殆尽，西缘和南缘层序保存完整。由于中央古隆起持续抬升，造成中央古隆起东西两侧地层剥蚀，厚度逐渐减薄，出露层位逐渐变新。由中央古隆起向东依次出露马四段、马五$_{10}$—马五$_1$亚段。马四段为层序Osq4海侵体系域发育的碳酸盐岩台地白云岩，马五段为层序Osq4高位体系域发育的潟湖萎缩期膏盐沉积。由于不同沉积的差异化风化淋滤，从而在准平原化的背景上发育了分布广泛的古岩溶体系（图5-4），为碳酸盐岩次生孔隙储层和岩性—地层圈闭的形成奠定了基础。该带已发现靖边大气田，近年来仍不断有新发现，勘探领域相当广阔，目前已形成新的万亿立方米大气区。

1. 烃源条件

岩溶储层要成为有效储层，烃源条件是关键。不整合面的存在，决定了双源烃灶供气结构。鄂尔多斯盆地奥陶系海相碳酸盐岩烃源岩与石炭系—二叠系煤系泥质岩烃源岩，是两套性质不同的烃源岩。前者生成油型裂解气，后者生成煤型降解气。两套烃源岩在古风化壳上下广泛分布，构成了岩溶古地貌气藏的双源烃灶供气结构。其中奥陶系海相碳酸盐岩烃源岩，以泥灰岩、含泥灰岩、含藻白云岩、泥质白云岩为主，平均厚度为475m，有机碳含量为0.24%～0.45%，干酪根属于腐泥Ⅰ型，热演化程度高，R_o为2.31%～2.86%。原始产烃率平均为306.9～514mg/g，累计生烃强度为（25～35）×$10^8m^3/km^2$，排烃强度为（7～19）×$10^8m^3/km^2$（郭彦如等，2014，2016）。石炭系—二叠系煤系烃源岩，平均厚度为124m，以暗色泥质岩与煤层为主，泥质岩有机碳含量为1.99%～2.67%，煤为78.72%，干酪根主要为腐殖型，热演化程度已到高成熟阶段，R_o为1.8%～2.1%。原始产烃率平均为284mg/g，累计生烃强度为（24～28）×$10^8m^3/km^2$，排烃强度为（12～16）×$10^8m^3/km^2$（郭彦如等，2014，2016）。烃源条件十分优越。

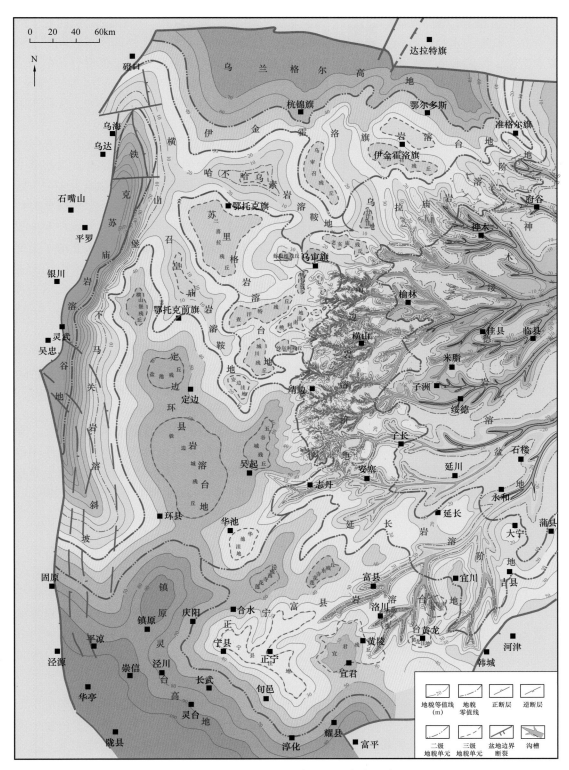

图 5-4　鄂尔多斯盆地奥陶系风化壳古地貌图

2. 沉积储层条件

古构造格局控制马四段、马五段沉积期沉积相带呈弧形展布。马四段沉积期处于海侵—高水位期浅水高能环境，有利于准同生后白云岩储集相带发育。马四段沉积期鞍部被海水淹没，沿隆起和鞍部两侧发育浅滩相颗粒灰岩，准同生后云化形成呈弧形分布的白云岩储集岩相带。钻探揭示中央古隆起东西两侧存在白云岩体发育带，如环 14 井、富探 1 井存在较好的白云岩储层。马五$_5$亚段沉积期发育潟湖、盆缘蒸发坪、泥云坪，庆阳古陆东有较多含膏白云岩，为岩溶储层的形成奠定了物质基础。

准同生后云化与后期溶蚀控制白云岩储层的发育。细晶白云岩是马四段内幕含气组合最有利的储集岩。准同生后云化是马四段白云岩储层发育的关键。三期溶蚀极大改善了岩石储集性能。第一期风化壳溶蚀作用：该期溶蚀作用不是很强，形成的孔隙大多被方解石、黄铁矿和渗滤物充填，局部地区形成溶洞。第二期埋藏溶蚀作用：与液态烃成熟时伴生的酸性水活动有关，溶蚀孔洞中方解石包裹体均一温度一般小于 130℃，大致在晚侏罗世—早白垩世，即烃类大量生成期。该期溶蚀作用非常强烈，在南部沥青几乎充填了全部的孔隙，天环地区溶孔中常见残余沥青质，表明孔隙形成于沥青侵位之前，是液态烃的主要储渗空间。第三期埋藏热液溶蚀作用：主要沿裂缝溶蚀形成一些溶缝、溶洞，充填物含大量气烃、气液两相和沥青包裹体及硫黄，包裹体均一温度较高，为 130～180℃。溶蚀作用的产生与地下热液沿裂缝溶蚀有关。

志丹南地区马五$_{1+2}$亚段发育类似靖边气田的储层，孔隙充填程度较低。孔洞充填造成马五上亚段储层发育具有非常强的非均质性。靖边气田孔隙充填程度相对低（<80%），充填物以白云石为主，孔洞型储层储集性能好。志丹南地区与靖边气田古地貌部位相似，以白云石充填为主，而且孔隙充填程度较低（<90%），储集条件较好。

靖边西侧马五$_{1+2}$亚段主力储层抬升剥蚀，局部马五$_4$亚段剥露形成风化壳储层。加里东末期靖边气田西侧马五$_{1+2}$亚段被剥蚀，马五$_4$亚段含膏白云岩处于风化淋滤作用范围内；马五$_{1+2}$亚段强岩溶作用带呈弧形沿靖边潜台西侧分布，宽 60～80km，储层分布连续。奥陶系马五段风化壳储层由岩溶台地—岩溶阶地—岩溶盆地岩溶作用强度依次减弱，孔隙发育程度随之变差，风化淋滤带深度也逐渐变浅。

3. 盖层保存条件

1）区域盖层

上石盒子组主要发育一套横向稳定的滨浅湖沉积，其中泥岩的累计厚度为 140～160m，分布广，突破压力大，具有较强的封闭能力，是上、下古生界气藏理想的区域盖层。实验表明，研究区泥质岩的排驱压力达到 8.3～14.4MPa，表现出较强的封盖能力。

2）局部盖层

山西组和下石盒子组内部发育的三角洲平原分流河间洼地、沼泽相泥质岩，单层厚度一般为 5～20m，为上古生界气层的局部盖层或气藏的侧向遮挡层。本溪组和太原组中的暗色泥岩、灰质泥岩、泥质粉砂岩和铁铝质泥岩分布范围广、厚度大、封盖能力强，构成下古生界风化壳气藏的良好盖层。下古生界平凉组顶部的含泥、泥质碳酸盐岩，底部的泥页岩和泥质碳酸盐岩；马家沟组上部的致密碳酸盐岩和含泥碳酸盐岩；上寒武统的泥质碳酸盐岩和泥页岩，是下古生界气层的局部盖层。

4.成藏匹配条件

环盐洼古岩溶斜坡区岩溶缝洞型岩性圈闭有利于天然气的聚集。奥陶系马家沟组马一段、马二段、马三段、马四段、马五段向古隆起剥蚀减薄，有利于白云岩地层—岩性圈闭及古地貌圈闭的形成。以太原组煤层为盖层，存在不整合遮挡圈闭以及中央古隆起两侧的地层超覆尖灭圈闭（图 5-5）。由于不同层系岩溶储层的非均质性差异，也可以形成岩性圈闭。

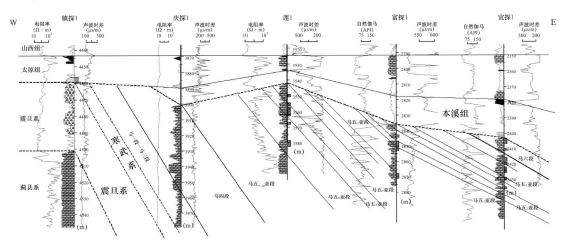

图 5-5　镇探 1—宜探 1 井下古生界连井对比图

马五段风化壳储层是不整合面风化淋滤带所形成的孔、洞白云岩，直接盖层是风化壳上覆的石炭系—二叠系铝土岩、煤系泥质岩等。夹于孔、洞白云岩储层之间的泥质白云岩和泥质灰岩及泥质膏云岩是储层的局部封盖层。这种组合是下古生界气田的主要储盖组合形式，在研究区北部的莲 1 井、富探 1 井、洛 1 井及以北地区广泛发育，如莲 1 井马五段天然气产量为 1730m³/d。

5.成藏模式

优越的成藏条件形成了鄂尔多斯盆地中部奥陶系风化壳大气区。成藏的关键要素是双源供气、海侵体系域形成大面积分布的高渗白云岩输导层、高位体系域形成的易溶含膏白云岩储层和厚层膏盐层盖层，易形成风化壳地层—岩性气藏。其成藏模式是（郭彦如等，2014）：在中部斜坡，马五₅亚段白云岩向东侧上倾方向相变为泥晶灰岩，地层—岩性圈闭发育，受风化壳古地貌的控制，易形成风化壳相关地层—岩性气藏，如靖边风化壳气藏（图 5-6b）。

二、鄂尔多斯盆地西南部 "L" 形台缘带天然气勘探领域

"L" 形台缘礁滩体位于鄂尔多斯盆地中央古隆起西侧和南侧，为盆地 "L" 形海槽的一部分。西部为祁连海槽，南部为秦岭海槽，两个海槽经历了相似的构造沉积演化，但由于构造沉积环境的差异，其成藏条件有较大的差别。

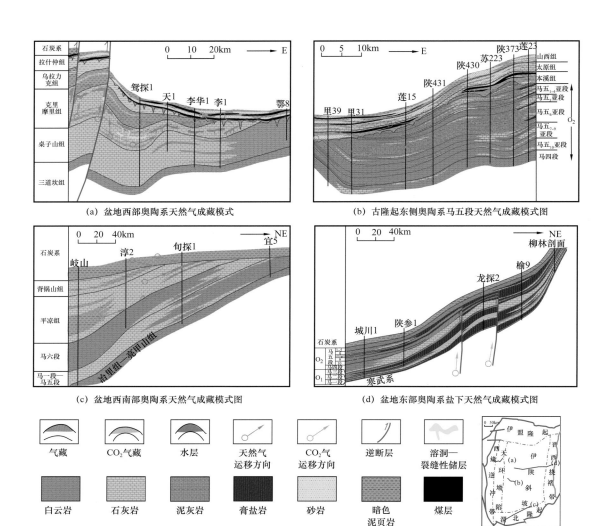

图 5-6 鄂尔多斯盆地奥陶系天然气成藏模式图（据郭彦如，2014，修改）

1. 盆地西北台缘丘滩体天然气有利勘探区带

鄂尔多斯盆地西北台缘丘滩体天然气有利勘探区带位于祁连海槽的东部与中央古隆起带的西侧叠合部位。丘滩体主要发育于中奥陶统层序 Osq4 海侵体系域和层序 Osq5 高位体系域的层序界面附近，即桌子山组／马四段白云岩和克里摩里组之间。目前多口井发现了低产天然气流，但尚未获得工业性气流，没有取得勘探的大突破。在岩相古地理研究基础上，结合盆地综合地质研究成果，该带具有良好的天然气地质成藏条件，是一个有利的天然气接替勘探领域。

1）烃源条件

该带所在的祁连海槽存在有机质丰富、热演化程度较高的有效烃源岩。鄂尔多斯盆地西北部的烃源岩主要是指中—上奥陶统克里摩里组—平凉组的暗色页岩、泥岩、泥质碳酸盐岩和含泥碳酸盐岩，其中泥质岩主要分布在克里摩里组和平凉组，沉积厚度有由东向西逐渐增大的趋势。

鄂尔多斯盆地西缘奥陶系烃源岩分布在克里摩里组／平凉组中，以泥质岩和泥质灰岩有机质丰度最高。克里摩里组—乌拉力克组/平凉组石灰岩、白云岩的有机碳含量平均为0.27%，泥质岩、泥质碳酸盐岩的有机质丰度变化较大，部分样品的有机碳含量高，最高达2.4%，平均为0.54%。母质类型以腐泥型和混合型为主，由藻类、疑源类等低等水生生物组成。R_o多小于1.6%，有机质演化处于成熟—高成熟阶段，在天环向斜R_o达2.0%以上，演化程度较高，以产气为主。通过对盆地西缘奥陶系低成熟阶段生烃岩样品的有机碳含量与氯仿沥青"A"含量、饱/芳比、氢指数等一系列地球化学参数相关关系的分析研究表明，腐泥型—偏腐泥混合型干酪根生烃能力较好，并具有一定的排烃能力，是下古生界的主力烃源岩。该套烃源岩在较高成熟度的推覆体下盘有可能成为好的气源岩（郭彦如等，2014，2016）（图5-7）。

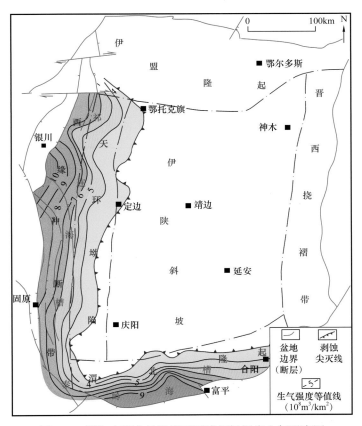

图5-7　鄂尔多斯盆地奥陶系平凉组烃源岩生气强度图

2）储层条件

该带发育桌子山组/马四段白云岩和克里摩里组两套优质储层。桌子山组/马四段白云岩储层岩石类型多样，以晶粒白云岩、（残余）颗粒白云岩为主。北部伊25井桌子山组—克里摩里组中三分之二以上的气显示层段为白云岩。

依据岩石类型和孔隙组合特征，研究区白云岩储层主要发育细晶白云岩晶间孔—岩溶孔洞型，粉细晶白云岩晶间孔型，泥粉晶灰云岩、云灰岩裂隙—隐孔型三类储层，第一种类型储层岩溶孔洞发育，储集物性好，多为Ⅰ类储层，后两种储层以晶间孔、微裂隙或弱溶蚀孔隙为主，储集性能相对较差，为Ⅱ类储层。

该带奥陶系各类储集岩孔隙度分布各不相同（郭彦如等，2014，2016）（图5-8）。奥陶系白云岩类的储渗物性普遍好于颗粒灰岩类和碎屑岩类。膏溶角砾状白云岩孔隙度平均为6.04%，细晶（颗粒）白云岩平均孔隙度为5.2%，粉细晶白云岩类平均孔隙度为2.14%，而石灰岩中最好的颗粒灰岩类平均孔隙度为1.59%，碎屑岩类平均孔隙度为0.68%。白云岩中尤以细晶白云岩物性最好。芦参1井中细晶白云岩的孔隙度最大值为12.36%。其次是颗粒白云岩和膏溶角砾状白云岩。平面上，鄂托克前旗一带储层孔隙度、渗透率高，钻井发现大量溶洞。定探1—定探2井区的物性也比较好，定探1井孔隙度大于2%的样品超过54%，渗透率大于0.02mD的样品超过61%。研究区布1井之北区物性较差，中奥陶统孔隙度小于1%，渗透率仅0.06mD。从纵向层位分析，桌子山组的储层物性最好，其次为克里摩里组，而上奥陶统平凉组最差。如桌子山组的孔隙度平均值为4.2%，渗透率为0.4mD；克里摩里组的孔隙度平均值为1.8%，渗透率为0.01mD；而上奥陶统平凉组的孔隙度仅0.8%，渗透率小于0.01mD。

该带克里摩里组储层主要分布于鄂尔多斯盆地西部铁克苏庙、布拉格苏木一带，其岩石类型有砂屑灰岩、藻屑灰岩、团粒灰岩、生屑—颗粒灰岩、颗粒泥晶灰岩、角砾灰岩以及云斑灰岩、粉细晶白云岩等。岩石颗粒组分富含藻粘结的球粒、团粒、凝块石、藻屑、藻砂屑等，鲕粒贫乏，生物碎屑具腕足类、棘屑、软体和苔藓虫等广海型生态组合。

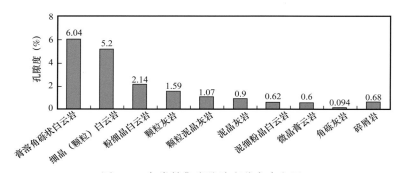

图5-8　各类储集岩孔隙度分布直方图

该带西部储层在准同生—早成岩期以正常海水成岩环境为主要背景，由于近台地边缘的特定大地构造背景，沉积后期的成岩演化过程在西部弧形带非常复杂，如压实—压溶白云化、压释水白云化、热水白云化、应力条件下的微裂隙化、硅化、重结晶、裂隙带岩溶或侵蚀面岩溶，以及铅锌矿的形成等成岩作用均有发生。该带的镜质组反射率已达1.45%～2.0%，隶属晚成岩阶段。

该带西部以溶蚀孔洞—裂缝型储层为主体，夹微裂缝—缝合线型、致密微孔隙型及晶间孔型储层。储层基岩的物性很差，室内测定的颗粒灰岩孔隙度仅1.59%，渗透率为0.09mD；排驱压力为1.62MPa时，孔喉中值半径为0.02～0.07μm；排驱压力为30MPa时，汞饱和度为19.0%～57.5%。裂隙—溶蚀孔洞带储层的物性好，如天池地区天1井克里摩里组藻屑灰岩，进入奥陶系82m的岩溶孔洞带钻井放空达1.1m，45min内漏失钻井液15.39m³，测井解释视孔隙度为19.95%，气测全烃值为6.384%，钻进中途测试日产天然气16.4×10⁴m³。该类裂缝—溶蚀孔洞带在鄂尔多斯盆地西部和西南缘普遍存在，西部弧形带中布1井、李华1井等都有天然气显示，气测值偏高或解释为有含气层。

3）圈闭条件

该带发育构造—岩性圈闭。根据最新研究成果，该带风化壳顶面的整体构造格局呈东高西低的特征，北部东西高低差异大，南部东西高低差异小。在该带西部布 1 井附近存在南高北低、呈近南北走向的凹槽，向西明显抬高。整个研究区可以划分出东北凸起带、西北深凹带、东南缓坡带、西南凹槽带。沿构造斜坡发育一系列小的鼻状凸起。研究区主要发育构造—岩性圈闭，位于鄂尔多斯盆地西北部的鞍部，整个奥陶系马家沟组依次向古隆起超覆，形成多次地层尖灭，且后期遭受剥蚀。

岩性圈闭多在局部地区形成，主要是由于不同岩性间的储集性差异，在一定范围内形成了相对储集区和岩性密闭区。马四段是奥陶纪马家沟组沉积期最大海侵期的沉积，沉积厚度较大，岩性以石灰岩、泥灰岩为主，受到后期白云化作用，原来的沉积层系可能已变为以细晶白云岩、泥晶白云岩、含灰白云岩为主，形成了厚度较大的白云岩体，有可能形成透镜状的储集体，可以形成白云岩圈闭。除此以外，大部分地区沉积均以石灰岩为主，可能构成局部岩性圈闭。

4）匹配关系

天然气运移期与生气期之间一般具有良好的一致性。从鄂 9 井奥陶系顶古地温演化史推测，早白垩世为奥陶系大量生气时期。流体包裹体反映天然气成藏时期为晚白垩世。溶洞中充填方解石的均一温度反映出溶洞、孔洞形成和白云岩化作用最迟是在早白垩世早期，如按包裹体形成的最低温度推算，溶孔和晶间孔形成时间比晚侏罗世还要早。因此，早白垩世是天然气运聚成藏的关键时期，由此可以推断，马四段白云岩晶间孔和溶洞孔隙形成时间早于天然气大量生成、运聚时期，该区次生孔隙的形成对于天然气运聚成藏是有效的。

5）成藏模式

该带成藏模式是一种台缘带顺层岩溶构造—岩性复合气藏成藏模式（郭彦如等，2014）（图 5-6a）：乌拉力克组 + 拉什仲组盆地相烃源岩生成的烃侧向运移，在台缘滩相发育区形成滩体顺层岩溶岩性气藏；西部冲断带前缘大断层遮挡形成断背斜—顺层岩溶型岩性复合气藏，如天 1 井气藏。

2. 盆地南部台缘礁滩体天然气有利勘探区带

鄂尔多斯盆地南部台缘礁滩体天然气有利勘探区带位于秦岭海槽的北部与中央古隆起带的南侧叠合部位。礁滩体主要发育于中奥陶统层序 Osq4 高位体系域和上奥陶统层序 Osq6 海侵体系域的层序界面附近，即马五段白云岩和平凉组下部（郭彦如等，2016）（图 5-9）。目前多口井发现了天然气显示，但尚未获得勘探突破。根据岩相古地理与成藏地质研究成果，该带具有一定的天然气地质成藏条件，是奥陶系台缘带一个潜在的天然气勘探领域。

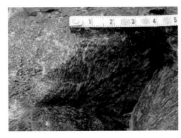

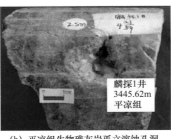

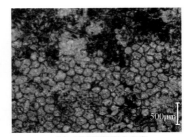

(a) 永寿上奥陶统平凉组生物礁

(b) 平凉组生物礁灰岩孤立溶蚀孔洞，被方解石半充填，麟探1井，3445.62m

(c) 平凉组珊瑚虫灰岩，旬探1井，2997m

图 5-9　鄂尔多斯盆地西南部上奥陶统礁滩体野外露头与钻井岩心

1）烃源条件

该带紧临上、下古生界生烃中心，有利于天然气的富集。邻区发育两套烃源岩，油气资源丰富。除了毗邻上古生界海陆交互相煤系烃源岩外，鄂尔多斯盆地南部秦岭海槽上奥陶统平凉组海相泥岩、泥灰岩有机碳含量最高为 2.17%（鄂 7 井），厚度可达 270m，是较好的烃源岩；生气强度一般为（3～11）×$10^8 m^3/km^2$（郭彦如等，2016）（图 5-7）。另一方面，平凉组页岩和背锅山组深灰色泥质灰岩在耀县地区形成局部厚度高值区，地层厚度为 400～800m，其中平凉组页岩厚度为 150～500m，有机碳含量为 0.34%～0.6%，生气潜力较大。

2）储层条件

三级层序界面控制云化层段（层控性）。马六段主要形成于持续稳定的高水位期，礁滩相石灰岩沉积后及浅埋藏阶段多经历间歇性暴露，易于白云岩化作用的持续进行。白云岩层厚度大（100～300m）、分布广（2000km²）、云化彻底，多发育有孔渗性较好的晶间孔型储层，是鄂尔多斯盆地南部与台缘礁滩体相关的最有利储层。

3）圈闭条件

由下至上寒武系、奥陶系、石炭系—二叠系，存在不整合遮挡圈闭以及中央古隆起两侧地层超覆尖灭的地层圈闭，由于不同层系溶蚀储层的非均质性差异，也可以形成岩性圈闭。综合考虑成烃、成藏与现今构造特征，鄂尔多斯盆地南部古生界发育多种类型气藏，在宁县、耀县附近发育下古生界岩性和地层气藏，黄陵—富县地区上、下古生界具有良好的成藏条件。

4）成藏条件

包裹体分析表明地质历史过程中发生过油气的运聚。鄂尔多斯盆地南部奥陶系晶洞方解石中包裹体发育，包裹体均一温度反映溶蚀孔隙形成时间早于油气大量运移时间。晶洞方解石中的包裹体形成温度为 135℃，晶间白云石中的包裹体形成温度为 110～140℃，方解石脉中的包裹体形成温度为 150～170℃。其充注时间晚于次生孔隙形成时间。与液态烃共生的盐水包裹体均一温度分布在 127～132℃之间，早于方解石脉形成的时间。

存在古油藏裂解气的运聚过程。鄂尔多斯盆地南缘奥陶系烃源岩、储层发育层段岩石中普遍见沥青质，表明该区经历了油气生成和运聚过程，奥陶系内部成藏组合具有勘探潜力。充填于裂隙及藻架孔的晚期方解石中具有含烃包裹体，进一步证实该区经历了油气运聚过程。根据包裹体均一温度分析，油气藏形成于印支末期—燕山早期。

5）成藏模式

鄂尔多斯盆地西南部奥陶系成藏模式是一种台缘带礁滩体岩性气藏成藏模式（郭彦如等，2014）（图 5-6c）：平凉组盆地相烃源岩生成的烃侧向运移，在台缘滩相发育区形成礁滩体岩性气藏。

该成藏模式在南缘不同区域保存条件存在差异。在陕北斜坡南部气藏保存条件与中部气田相同。根据探井所处构造部位，存在四种情况：构造活动区保存条件差；古隆起部位储层致密或缺失；构造低部位以产水为主；构造高部位产气，证实了陕北斜坡中部南段的含气性及勘探远景。

在渭北地区西段油气保存条件有利。麟游北马六段内部存在石灰岩与白云岩的岩性相变，有利于形成有效的岩性圈闭，中—上奥陶统烃源岩生成的烃类就近向下部马六段白云岩储层中运聚成藏，有利于气藏的后期保存。据探井钻遇地层厚度统计，渭北隆起带西段与中段中生界上部地层发育程度存在显著差别，西段地层发育较全，中生界厚度为2200～3100m，中段普遍缺失侏罗系、白垩系，残留三叠系厚1200～2100m，表明渭北隆起带西段在晚侏罗世—白垩纪（燕山期）构造活动相对较弱，未经历大规模抬升剥蚀，有利于目标区气藏的后期保存。

三、鄂尔多斯盆地东部盐下天然气勘探领域

鄂尔多斯盆地东部地区位于中央古隆起以东，中奥陶世为碳酸盐岩潟湖环境，区内主要发育马家沟组（层序 Osq3 与 Osq4）。气候周期性变化引起沉积岩相周期性变化。湿热气候形成石灰岩、白云岩组合；干热气候为白云岩发育，石灰岩次之，局部有硬石膏岩呈夹层的岩相组合。但在内陆棚盆地中则形成以硬石膏岩、石盐岩夹含石膏质白云岩为特征的岩相组合。近期勘探表明，在盐洼主体部位的个别井如统 74 井，在马家沟组马五$_7$亚段获高产工业气流，在子洲圈闭龙探 2 井钻探获得 $5.63 \times 10^4 m^3$ 的 CO_2 工业气流，表明存在奥陶系盐下内幕岩性气藏，是一个潜在的有机和无机天然气勘探领域。

1. 烃源条件

盐下台地相碳酸盐岩烃源岩生烃能力较差。盐下烃源岩以马三段、马五$_{7-9}$亚段泥质碳酸盐岩为主，现场岩性观察发现黑色有机质浸染，镜下薄片观察发现生物碎屑。发育三个生烃中心，盐下马三段、马五段有效烃源岩厚度为 20～40m，分布于整个东部盐洼。地球化学分析表明，奥陶系盐下有 27.5% 的碳酸盐岩样品有机碳含量大于 0.3%，II_1 型腐殖腐泥型母质，成熟度达高—过成熟演化阶段（R_o 达 2.2%～3.8%），$S_1 + S_2$ 一般小于 0.1mg/g，生气强度为（2.0～6.6）$\times 10^8 m^3/km^2$（郭彦如等，2014，2016）（图 5-10），表明有一定的生烃潜力。

2. 储层条件

发育盐下盐间白云岩储层。该储层分布于鄂尔多斯盆地东部盐下的马五$_7$亚段、马五$_9$亚段、马二段和马四段，储层分布稳定，有利于形成岩性油气藏。总体来看，具有储渗能力的储集岩主要有细粉晶白云岩储集岩、粗晶白云岩储集岩、细晶白云岩储集岩和含膏含盐泥晶白云岩储集岩等四类。这些储集岩因形成的微相环境与成岩作用不同，其孔隙类型及发育程度也有所差异。

1）细粉晶白云岩储集岩

细粉晶白云岩储集岩在盐下分布较为普遍，具有明显的晶粒结构，白云岩含量一般都大于 90%，发育晶间孔、晶间溶孔、不规则斑状溶孔和晶间微孔。在盆缘坪环境中分布较为普遍，在硬石膏盐岩盆地中常呈薄层出现，是研究区马五$_7$亚段、马五$_9$亚段、马三$_1$亚段、马二$_1$亚段白云岩储层的重要储集岩。

2）粗粉晶白云岩储集岩

粗粉晶白云岩储集岩在盐下各层也较常见，晶粒一般为 0.01～0.05mm。粗粉晶白云

岩薄层在粉晶白云岩中也较常见，但厚度较薄，晶间孔分布均匀，溶孔多呈斑状，半充填单晶方解石及自生石英。该类储集岩的形成主要是含颗粒的泥晶灰岩经白云化的结果，其形成环境与细粉晶白云岩基本一致，在盆缘云坪、灰云坪和膏盐盆地中都可见到，但厚度较薄，常与细粉晶白云岩组成有利的储集岩层，在研究区马五$_7$亚段、马五$_9$亚段和马四上亚段分布较为普遍。

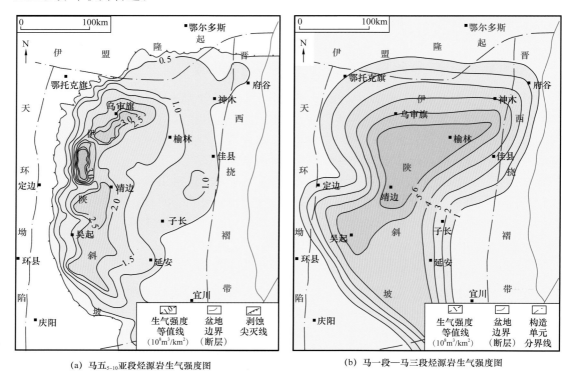

(a) 马五$_{5-10}$亚段烃源岩生气强度图　　　　(b) 马一段—马三段烃源岩生气强度图

图 5-10　鄂尔多斯盆地东部奥陶系有效烃源岩生烃强度图

3）细晶白云岩储集岩

细晶白云岩储集岩是盐下具有潜力的储集岩类型。其晶粒分布范围一般较宽，在0.1~1.6mm区间变化。晶间孔斑状分布，溶孔相对较为孤立，但含量较高，岩心观察，可高达30%，孔径在1.5mm左右。主要发育在盆缘含膏云坪及灰云坪环境，区内主要分布在马四段上部储层、马二$_1$亚段储层。

4）含膏含盐泥晶白云岩储集岩

含膏含盐泥晶白云岩储集岩具有较多泥质纹层，白云石化后形成的纹层状泥晶白云岩常含膏晶和盐晶。较大的硬石膏斑晶及盐岩结核也较常见，这些易溶物质在成岩过程中被溶解后，形成斑状不规则溶孔，但大都被石膏、方解石充填，少量半充填。该类储集岩多形成于膏盐盆地和盆缘含膏云坪环境。区内在马五$_6$亚段、马五$_8$亚段及马三段较常见，厚度一般较薄。

储层孔隙类型以晶间孔、晶间溶孔为主。根据岩心、扫描电镜、图像分析及铸体薄片资料，所能见到的研究区盐下碳酸盐岩储层孔隙类型主要有晶间孔、晶间微孔、晶间溶孔、斑状溶孔、构造缝、溶缝和成岩缝等，以白云岩化的晶间孔、晶间溶孔为主，而较大的溶孔、溶洞及原生孔隙一般较为少见。

盐下储层物性以低孔低渗为特征。大量奥陶系盐下碳酸盐岩储层物性数据相关分析表明（图 5-11），盐下碳酸盐岩储层孔隙度和渗透率正相关关系不明显，具有低孔高渗、高孔低渗、高孔高渗和低孔低渗等四种孔渗关系。储层物性整体较差，具有特低孔、特低渗特征，但局部层段仍发育相对高孔高渗储层。

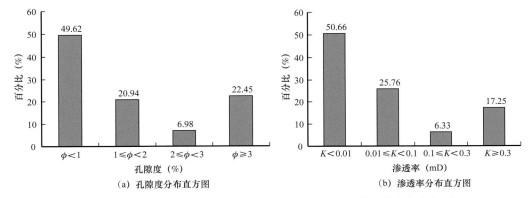

（a）孔隙度分布直方图　　　　　　　　（b）渗透率分布直方图

图 5-11　鄂尔多斯盆地盐下碳酸盐岩储层孔隙度及渗透率分布直方图

盐下白云岩储层展布稳定。根据储层反演结果，马五$_7$亚段储层普遍厚度介于16～24m 之间，其中武镇—三川口—子洲—老君殿一带储层较厚，一般厚度大于 22m，局部厚度超过 24m。马五$_9$亚段储层厚度在 12～24m 之间，其中龙镇—三川口—子洲—老君殿一带储层较厚，一般厚度大于 22m，局部厚度超过 24m。

3. 盖层条件

盐下储层具备厚层盐层优质区域性盖层。马五$_6$亚段盐层厚度较大，厚达 300m，呈现北西薄、南东厚的格局，这与南东是盐盆中心的认识是一致的。通过分析研究，认为受基底断裂活动控制，盐下发育北北东向断层相关圈闭。马五$_6$亚段厚盐岩层构成了良好的封盖层，马五$_6$亚段盐岩厚度大于断层断距，封闭性较好。

4. 储盖组合

钻井资料揭示鄂尔多斯盆地东部奥陶系盐下主要发育三套储盖组合。第一套是上部储盖组合，主要的储层是马五$_7$亚段、马五$_9$亚段的白云岩和石灰岩储层，主要的盖层是马五$_6$亚段的膏盐岩层，形成于层序 Osq4 高位体系域。

第二套是中部储盖组合，主要的储层是马四段的云质灰岩、白云岩储层，形成于层序 Osq4 海侵体系域，主要的盖层是马五$_8$亚段、马五$_{10}$亚段的膏盐岩层，形成于层序 Osq4 高位体系域。

第三套是下部储盖组合，主要的储层是马三段的盐间碳酸盐岩裂隙储层和马二段的台内滩白云岩和砂屑滩白云岩储层，局部含鲕粒，形成于层序 Osq3 高位体系域和海侵体系域，主要的盖层是马三段的膏盐岩层，形成于层序 Osq3 高位体系域晚期。

5. 圈闭条件

与盐岩塑性流动有关的构造圈闭为构造—岩性圈闭气藏的形成奠定了基础。地震解释表明,在马五$_6$亚段底界发现了多个局部圈闭,这些圈闭主要集中于榆林—绥德地区,其中面积比较大的构造圈闭有四个(图5-12)。这些圈闭在盐下各勘探层系均有显示,相互对应叠置,具有较大的规模。

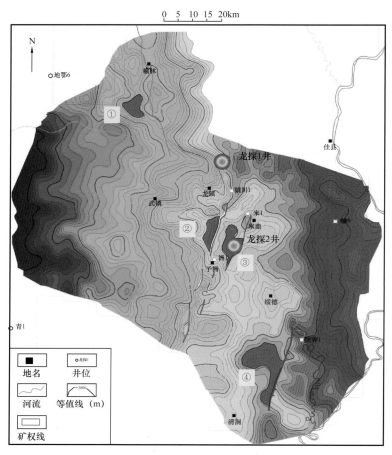

图 5-12 鄂尔多斯盆地东部奥陶系马五$_6$亚段底面构造图

6. 成藏模式

发育盐间白云岩岩性尖灭气藏(郭彦如等,2016)(图5-6d、图5-13)。鄂尔多斯盆地东部盐下奥陶系中下组合发育颗粒滩相白云岩储层,主要目的层为马五$_7$亚段、马五$_9$亚段和马四段。尤其马四段存在厚层白云岩,属于高能颗粒滩相白云岩晶间孔型储层,连通性好,向盐洼东部减薄,相变为非渗透性的石灰岩层,形成侧向遮挡条件,有利于岩性尖灭气藏的形成。因此,奥陶系盐下是寻找奥陶系内幕式天然气藏的主要领域,有望成为华北海的第二个现实勘探领域。

7. 勘探历程与成效

鄂尔多斯盆地奥陶系东部盐下历经50年勘探,大致经历了地质探索和初步发现两个阶段。1989—2007年为地质探索阶段，先后完钻了榆9井、陕参1井、青1井、陕15井、陕139井、府5井等，上述探井虽未取得天然气勘探突破，但建立了奥陶系东部盐下较为完整的岩性序列，深化了天然气地质条件认识。2008—2017年为初步发现阶段，环中央古隆起东侧马五$_7$亚段至马三段勘探相继取得突破。在上古生界煤系经中央古隆起侧向供烃成藏认识的指导下，先后发现了环中央古隆起东侧的统99、桃59、苏295、莲20、莲92、统74六大富气井区，近20口井获工业/低产气流。同时，持续探索东部盐下海相泥质碳酸盐岩生烃潜力，在盐洼带5口井获得低产气流，其中龙探2井日产CO_2气$5.6 \times 10^4 m^3$，其余4口井日产$400 \sim 6000 m^3$，平均日产$2000 m^3$。

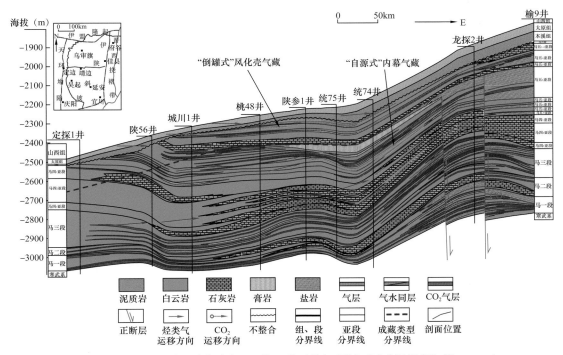

图5-13 鄂尔多斯盆地东部定探1—榆9井天然气藏剖面图（据郭彦如等，2016）

东部盐下发育马五$_7$亚段、马五$_9$亚段、马四段和马三段等多套储层，具有多层系复合含气特征。但受上古生界供烃窗口位置、下古生界海相泥质岩区域分布、烃类运移输导体系不同等差异化影响，盐下天然气勘探亦变得较为复杂。目前来看，盐下天然气勘探潜力主要取决于上古生界气源侧向供烃量和供烃范围，其次取决于下古生界海相泥质岩的生烃贡献量。综合分析认为，鄂尔多斯盆地东部乌审旗—定边地区和榆林—靖边地区是盐下未来两大有利勘探区，有望形成两个千亿立方米规模储量区。

两大有利区下古生界烃源岩相对发育，利于上、下古生界双源供烃。乌审旗—定边有利区马五$_{6-10}$亚段烃源岩累计厚$20 \sim 35m$，马三段烃源岩累计厚$20 \sim 40m$，马一段烃源岩累计厚$10 \sim 20m$。榆林—靖边有利区马五$_{6-10}$亚段烃源岩累计厚$20 \sim 40m$，马三段烃源岩累计厚$15 \sim 40m$，马一段烃源岩累计厚$15 \sim 25m$。

两大有利区均位于流体运移优势通道内，断裂与储层复合输导气态烃可远距离运移。乌审旗—定边有利区马五$_7$亚段储层厚$4 \sim 8m$，马五$_9$亚段储层厚$4 \sim 6m$，马四段储层厚$20 \sim 80m$；榆林—靖边有利区马五$_7$亚段储层厚$6 \sim 12m$，马五$_9$亚段储层厚$6 \sim 10m$，马四段储层厚 40～100m。

两大有利区构造上倾方向，低幅构造—岩性圈闭易于富集成藏。

从鄂尔多斯盆地奥陶系东部盐下的勘探历程来看，虽然目前取得了一定的进展，但仍面临诸多关键地质问题亟待解决。一是环盐洼带部分钻井取心的烃源岩地球化学指标显示较好，以靳探 1 井为例，马五$_9$亚段岩心有机碳含量最高为 2.96%，平均为 0.5%，马五$_{6-10}$亚段累计厚度可达 40m，明显好于盐洼区，其发育机理、主控因素和供烃规模有待进一步明确。二是马五$_7$亚段、马五$_9$亚段有效储层与古断隆 / 古断裂带叠合较好，呈北东—南西向展布，其主控因素和发育规模有待进一步确认。三是从东部盐下气、水井产量与分布来看，发育两条流体运移优势通道，特别是深层马四段，气流井北东—南西向条带状分布更为明显，初步展现断裂带—储层发育带叠合输导特征，但气源沿高效输导带东向运移距离以及相对富集区分布有待进一步探索。四是从甲烷、乙烷碳同位素分布来看，东部盐下存在三种类型气源区，分别为以上古生界为主的气源区、上—下古生界混源区和以下古生界为主的气源区，初步证实了上、下古生界烃源岩对东部盐下天然气成藏的贡献作用，但在不同区域，不同气源的贡献率有待进一步量化。

参 考 文 献

安太庠，张安泰，徐建民 .1985.陕西耀县、富平奥陶系牙形石及其地层意义［J］.地质学报，（2）：97-108.

安太庠，张放，向维达，等 .1983.华北及含邻区早古生代牙形石［M］.北京：科学出版社 .

安太庠 .1990.鄂尔多斯盆地周缘的牙形石［M］.北京：地质出版社 .

奥克塔文·卡图尼努 .2009.层序地层学原理［M］.北京：石油工业出版社 .

包洪平，杨承运 .2000.碳酸盐岩层序分析的微相方法——以鄂尔多斯东部奥陶系马家沟组为例［J］.海相油气地质，5（1-2）：153-157.

包洪平，杨帆，白海峰，等 .2017.细分小层岩相古地理编图的沉积学研究及油气勘探意义——以鄂尔多斯地区东部奥陶系马家沟组马五段为例［J］.岩石学报，34（4）：1094-1106.

鲍志东，李儒峰 .1999.鄂尔多斯盆地东西部奥陶系对比再研究［J］.地质论评，45（4）：375-381.

邵龙义，沈树忠，张鹏飞，等 .1997.华南西部晚二叠世碳同位素地层学研究［J］.地层学杂志，21（4）：312-320.

边千韬，罗小全，李涤徽，等 .2001.青海省阿尼玛卿带布青山蛇绿混杂岩的地球化学性质及形成环境［J］.地质学报，75（1）：45-55.

蔡雄飞 .1997.事件地层学与层序地层学在盆地研究中具同等作用［J］.地层学杂志，21（2）.156-160.

曹金舟，冯乔，赵伟，等 .2011.鄂尔多斯盆地南缘奥陶纪层序地层分析［J］.沉积学报，28（5）：286-292.

曹金舟，赵伟，周书昌，等 .2011.鄂尔多斯盆地南缘奥陶纪层序地层分析［J］.沉积学报，29（2）：286-292.

陈刚，王志维，白国绢，等 .2007.鄂尔多斯盆地中新生代峰值年龄事件及其沉积—构造响应［J］.中国地质，34（3）：375-383.

陈洪德，侯明才，林良彪，等 .2010.不同尺度构造—层序岩相古地理研究思路与实践［J］.沉积学报，28（5）：894-905.

陈洪德，钱奕中，刘文均，等 .1994.层序地层学理论及研究方法［M］.成都：四川科学技术出版社 .

陈洪德，覃建雄，王成善，等 .1999.中国南方二叠纪层序岩相古地理特征及演化［J］.沉积学报，17（4）：510-521.

陈锦石，邵茂茸，霍卫国，等 .1984.浙江长兴二叠系和三叠系界限地层的碳同位素［J］.地质科学，（1）：88-93.

陈锦石，钟华，储雪蕾 .1982.中国前寒武系寒武幕界线的碳同位素地层学研究［J］.科学通报，37（6）：540-542.

陈锦石 .1989.稳定同位素地层学［C］// 吴瑞棠，张守信，等 .现代地层学 .武汉：中国地质大学出版社，80-92.

陈均远，张俊明，尼科尔 RS，等 .1995.中国大阳岔寒武奥陶系界线地层碳酸盐岩碳、氧同位素及其与牙形类演化序列相关性［J］.古生物学报，34（4）：393-409.

陈均远，周志毅，林尧坤，等 .1984.辽宁太子河流域奥陶系新观察兼论寒武—奥陶系界限［J］.地层学杂志，8（2）：81-93.

陈均远 .1988.奥陶纪头足类壳体的水深学信息及海平面位置年代学的初探［J］.古生物学报，27（3）：331-345.

陈文，万渝生，李华芹，等.2011.同位素地质年龄测定技术及应用［J］.地质学报，85（11）：1917-1947.

陈旭，Stig M Bergstrom.2008.奥陶系研究百余年：从英国标准到国际标准［J］.地层学杂志，32（1）：1-14.

陈旭，戎嘉余，樊隽轩，等.2000.扬子区奥陶纪末赫南特亚阶的生物地层学研究［J］.地层学杂志，24（3）：169-175.

陈旭，戎嘉余，樊隽轩，等.2006.奥陶系上统赫南特阶全球层型剖面和点位的建立［J］.地层学杂志，30（4）：289-305.

陈旭，戎嘉余，张元动，等.2000.奥陶纪年代地层学研究评述［J］.地层学杂志，24（1）：18-26.

陈旭，杨达铨，韩乃仁，等.1983.江西玉山下奥陶统宁国组底部工字笔石带的笔石［J］.古生物学报，22（3）：324-330.

陈云，李铮华，叶浩，等.1996.黄土高原中部最近130ka来气候变化的碳、氧同位素记录［J］.海洋地质与第四纪地质，16（1）：17-22.

程付启，金强，刘文汇，等.2007.鄂尔多斯盆地中部气田奥陶系风化壳混源气成藏分析［J］.石油学报，28（1）：38-42.

池英柳.1998.可容纳空间概念在陆相断陷盆地层序分析中的应用［J］.沉积学报，16（4）：8-13.

崔克信.1986.中国自然地理—古地理（下册）［M］.北京：科学出版社.

代金友，何顺利.2005.鄂尔多斯盆地中部气田奥陶系古地貌研究［J］.石油学报，26（3）：37-39+43.

邓宏文.1995.美国层序地层研究中的新学派——高分辨率层序地层学［J］.石油天然气地质，16（2）：89-97.

邓宏文.2000.沉积物体积分配原理——高分辨率层序地层学的理论基础［J］.地学前缘，7（4）：305-313.

董兆雄，姚泾利，孙六一，等.2010.重新认识鄂尔多斯南部早奥陶世马家沟期碳酸盐台地沉积模式［J］.中国地质，37（5）：1327-1335.

段吉业，刘鹏举，夏德馨.2002.浅析华北板块中元古代-古生代构造格局及其演化［J］.现代地质，16（4）：331-338.

冯增昭.1989.碳酸盐岩相古地理学［M］.北京：石油工业出版社.

冯增昭.2003.我国古地理学的形成、发展、问题和共识［J］.古地理学报，5（2）：129-141.

冯增昭，鲍志东.1999.鄂尔多斯奥陶纪马家沟期岩相古地理［J］.沉积学报，17（1）：1-8.

冯增昭，王英华，刘焕杰.1994.中国沉积学［M］.北京：石油工业出版社.

付金华，白海峰，孙六一，等.2012.鄂尔多斯盆地奥陶系碳酸盐岩储集体类型及特征［J］.石油学报，33（增刊2）：110-117.

付金华，郑聪斌.2001.鄂尔多斯盆地奥陶纪华北海和祁连海演变及岩相古地理特征［J］.古地理学报，3（4）：25-34.

傅力浦，胡云绪，张子福，等.1993.鄂尔多斯中、上奥陶统沉积环境的生物标志［J］.西北地质科学，14（2）：1-88.

高建荣，郭彦如，徐旺林.2010.地层等时格架技术［J］.地球物理学进展，25（5）：1752-1756.

高振中，罗顺社，何幼斌，等.1995.鄂尔多斯西缘奥陶纪海底扇沉积体系［J］.石油与天然气地质，16（2）：119-125.

高振中，彭德堂.2006.鄂尔多斯盆地南缘铁瓦殿剖面发现大规模重力流沉积［J］.石油天然气学报，28

（4）：18–24.

葛利普．1928．中国地质史，上册（1923—1924），下册［M］.地质调查所．

葛梅钰．1990．上海晚奥陶世笔石的发现［J］.古生物学报，29（3）：364–370.

顾家裕．1995．陆相盆地层序地层学格架概念及模式［J］.石油勘探与开发，22（4）：6–10.

顾家裕，等．1996．塔里木盆地沉积层序特征及其演化［M］.北京：石油工业出版社．

顾家裕，张兴阳．2005．中国西部陆内前陆盆地沉积特征与层序格架［J］.沉积学报，23（2）：1187–193.

关士聪．1984．中国海陆变迁、海域沉积相与油气［M］.北京：科学出版社．

郭建华，曾允孚，渠永宏，等．1996．新疆塔中石炭系层序地层学研究：一个克拉通内坳陷盆地的层序地层框架模式［J］.地质学报，70（4）：361–373.

郭建华，宫少波，吴东胜．1998．陆相断陷湖盆T—R旋回沉积层序与研究实例［J］.沉积学报，16（1）：8–15.

郭荣涛，陈留勤，霍荣．2012.21世纪初期层序地层学发展的新方向［J］.地层学杂志，4：0–11.

郭彦如．2004．银额盆地查干断陷闭流湖盆层序的控制因素与形成机理［J］.沉积学报，22（2）：295–301.

郭彦如．2003．银额盆地查干断陷闭流湖盆层序类型与层序地层模式［J］.天然气地球科学，14（6）：448–452.

郭彦如，付金华，魏新善，等．2014．鄂尔多斯盆地奥陶系碳酸盐岩成藏特征与模式［J］.石油勘探与开发，41（4）：393–403.

郭彦如，刘化清，李相博，等．2008．大型坳陷湖盆层序地层格架研究方法体系——以鄂尔多斯盆地中生界延长组为例［J］.沉积学报，26（3）：385–390.

郭彦如，王新民，樊太亮，等．2006．层序地层下的含油气系统——以查干凹陷下白垩统为例［J］.大庆石油地质与开发，33（1）：1–4.

郭彦如，于均民，樊太亮，等．2002．查干凹陷下白垩统层序地层格架与演化［J］.石油与天然气地质，23（2）：166–182.

郭彦如，赵振宇，付金华，等．2012．鄂尔多斯盆地奥陶纪层序岩相古地理［J］.石油学报，33（增刊2）：95–109.

郭彦如，赵振宇，徐旺林，等．2014．鄂尔多斯盆地奥陶系层序地层格架［J］.沉积学报，32（1）：44–59.

郭彦如，赵振宇，张月巧，等．2016．鄂尔多斯盆地海相烃源岩系发育特征与勘探新领域［J］.石油学报，37（8）：939–951.

郝松立，孙栋，卜军，等．2011．鄂尔多斯南缘中奥陶世平凉期沉积相研究新认识［J］.甘肃地质，20（1）：16–23.

何自新，郑聪斌，陈安宁，等．2001．长庆气田奥陶系古沟槽展布及其对气藏的控制［J］.石油学报，22（4）：35–38.

洪大卫，王式，谢锡林，等．2000．兴蒙造山带正ε（Nd，t）值花岗岩的成因和大陆地壳生长［J］.地学前缘，7（2）：441–456.

侯方浩，方少仙，董兆雄，等．2003．鄂尔多斯盆地中奥陶统马家沟组沉积环境与岩相发育特征［J］.沉积学报，21（1）：106–112.

侯中健，陈洪德，田景春，等．2001．层序岩相古地理编图在岩相古地理分析中的应用［J］.成都理工学院学报，28（4）：376–382.

胡受权．1998．泌阳断陷陆相层序外部构型研究［J］.现代地质，12（4）：567–575.

黄汲清 .1945.中国主要地质构造单元［J］.中国地质调查所专报，甲 20：1-6.

黄丽梅，李建明，黄正良，等 .2012.鄂尔多斯盆地东部地区早奥陶世马家沟期沉积模式探讨［J］.新疆
　　地质，30（1）：80-84.

霍勇，罗顺社，庞秋维，等 .2012.鄂尔多斯台地靖边潜台南部中奥陶统马五₁²岩相古地理［J］.中国地
　　质，39（1）：86-95.

纪友亮，张世奇 .1996.陆相断陷湖盆层序地层学［M］.北京：石油工业出版社 .

贾进华 .1995.前陆盆地层序地层学研究简介［J］.地质科技情报，14（1）：23-28.

贾振远，蔡华，蔡忠贤，等 .1997.鄂尔多斯地区南缘奥陶纪层序地层及海平面变化［J］.地球科学：中
　　国地质大学学报，22（5）：491-503.

贾振远 .1988.一个碳酸盐沉积古斜坡的基本特征［J］.石油与天然气地质，9（2）：171-177，215.

姜在兴 .2012.层序地层学研究进展：国际层序地层学研讨会综述［J］.地学前缘，19（1）：1-9.

蒋维红，董春梅，闫家宁，等 .2007.岩相古地理学研究现状及发展趋势［J］.断块油气田，14（3）：1-3.

解习农，任建业，焦养泉，等 .1996.断陷盆地构造作用与层序样式［J］.地质论评，42（3）：239-244.

孔庆芬，张文正，李剑锋，等 .2007.鄂尔多斯盆地西缘奥陶系烃源岩生烃能力评价［J］.天然气工业，27
　　（12）：62-64.

赖才根 .1986.论薇角石科 Lituitidae（头足类）［J］.中国地质科学院报，12：107-124.

赖才根 .1981.陕西耀县地区上奥陶统的头足类［J］.中国地质科学院报，8（1）：85-97.

蓝先洪 .2001.海洋锶同位素研究进展［J］.海洋地质动态，17（10）：1-3.

雷卞军，付金华，孙粉锦，等 .2010.鄂尔多斯盆地奥陶系马家沟组层序地层格架研究——兼论陆表海沉
　　积作用和早期成岩作用对相对海平面变化的响应［J］.地层学杂志，34（2）：145-153.

雷清亮，徐怀大 .1994.用层序地层学评价鄂尔多斯盆地奥陶系碳酸盐岩油气聚集带［J］.石油与天然气
　　地质，15（4）：334-340.

李安仁，刘文均，张锦泉，等 .1993.鄂尔多斯盆地早奥陶世沉积特征及其演化［J］.成都地质学院学报，
　　20（1）：17-26.

李斌 .2009.鄂尔多斯盆地下古生界层序地层及岩相古地理研究［D］.中国地质大学（北京）.

李斌，程长青 .2009.空间数据库技术实现定量古地理研究——以鄂尔多斯盆地中奥陶统一个三级层序的
　　形成时间为例［J］.地学前缘，16（5）：251-263.

李斌，史晓颖，程长青，等 .2010.空间数据库技术在定量单因素作图法中的应用——以鄂尔多斯盆地奥
　　陶系 SQ17 岩相古地理研究为例［J］.煤田地质与勘探，38（1）：1-6.

李思田，李祯，林畅松 .1993.含煤盆地层序地层分析的几个基本问题［J］.煤田地质与勘探，21（4）：1-8.

李思田，林畅松，解习农，等 .1995.大型陆相盆地层序地层学研究——鄂尔多斯盆地中生代盆地为例
　　［J］.地学前缘，2（3-4）：133-136.

李文汉 .1989.层序地层学基础和关键定义［J］.岩相古地理，44（6）：32-39.

李文厚，陈强，李智超，等 .2012.鄂尔多斯地区早古生代岩相古地理［J］.古地理学报，14（1）：85-
　　100.

李耀西，等 .1979.大巴山西段早古生代地层［M］.北京：地质出版社 .

李玉成 .1998.华南二叠系长兴阶层型剖面碳酸盐岩的碳氧同位素地层［J］.地层地层学杂志，22（1）：
　　36-41.

李玉成 .1998.华南晚二叠世碳酸盐岩碳同位素旋回对海平面变化的响应［J］.沉积学报，16（3）：52-

57，65.

李振宏，胡建民.2010.鄂尔多斯盆地构造演化与古岩溶储层分布［J］.石油与天然气地质，31（5）：640-655.

林畅松，李思田，任建业.1995.断陷湖盆层序地层研究和计算机模拟——以二连盆地乌里雅斯太断陷为例［J］.地学前缘，2（3-4）：124-132.

林畅松，杨起，李思田，等.1991.贺兰拗拉槽早古生代深水重力流体系的沉积特征和充填样式［J］.现代地质，5（3）：252-262，347.

刘宝珺.1994.中国南方岩相古地理图集［M］.北京：科学出版社.

刘宝珺.1995.中国南方震旦纪—三叠纪岩相古地理图集［M］.北京：科学出版社.

刘宝珺，曾允孚.1985.岩相古地理基础和工作方法［M］.北京：地质出版社.

刘成鑫，高振中，纪友亮，等.2005.鄂尔多斯盆地西南缘奥陶系深水牵引流沉积［J］.海洋地质与第四纪地质，25（2）：31-36.

刘德汉，付金华，郑聪斌，等.2004.鄂尔多斯盆地奥陶系海相碳酸盐岩生烃性能与中部长庆气田气源成因研究［J］.地质学报，78（4）：542-550.

刘鸿允.1959.中国古地理图［M］.北京：科学出版社.

刘鸿允，等.1991.中国震旦系［M］.北京：科学出版社.

刘家洪，陈洪德，侯明才，等.2009.鄂尔多斯盆地北部下奥陶统层序地层学研究［J］.海相油气地质，14（14）：51-56.

刘贻军.1998.前陆盆地层序地层学研究中的几个问题［J］.地球学报，19（1）：90-96.

刘正宏，刘雅琴，冯本智.2000.华北板块北缘中元古代造山带的确立及其构造演化［J］.长春科技大学学报，30（2）：110-114.

卢武长，崔秉荃，橱绍全，等.1994.甘溪剖面泥盆纪海相碳酸盐岩的同位素地层曲线［J］.沉积学报，12（3）：12-20.

卢衍豪，等.1965.中国寒武纪岩相古地理轮廓勘探［J］.地质学报，45（4）：349-357.

罗星，叶超，雷迅，等.2013.鄂尔多斯西缘奥陶系储层特征及主控因素研究［J］.长江大学学报（自科版），10（10）：52-55.

马彩霞，赵存良，刘世明.2010.鄂尔多斯盆地奥陶系沉积特征［J］.煤炭技术，29（5）：156-157.

马配学，侯泉林，柴之芳，等.1998.陕西段家坡黄土剖面中布容／松山古地磁界线附近铱异常的发现及其启示［J］.地质学报，72（2）：173-177.

马永生，陈洪德，王国力，等.2009.中国南方构造—层序岩相古地理图集［M］.北京：科学出版社.

牟传龙，丘东洲.1999.湘鄂赣二叠系层序岩相古地理油气生储盖空间配置［J］.海相油气地质，4（3）：13-20.

牟传龙，许效松，林明.1992.层序地层与岩相古地理编图——以中国南方泥盆纪地层为例［J］.岩相古地理，（4）：1-9.

南君亚，周德全，叶健骝，等.1996.贵州广顺二叠系化学地层的划分及沉积环境分析［J］.矿物学报，16（2）：221-230.

倪春华，周小进，王果寿，等.2010.鄂尔多斯盆地南部平凉组烃源岩特征及其成烃演化分析［J］.石油实验地质，32（6）：572-577.

倪春华，周小进，王果寿，等.2011.鄂尔多斯盆地南缘平凉组烃源岩沉积环境与地球化学特征［J］.石油与天然气地质，32（1）：38-46.

宁夏回族自治区地质矿产局.1990.中华人民共和国地质矿产部地质专报，区域地质，第22号［M］.北京：地质出版社.

乔秀夫，季强.1998.华北地台中东部新元古界—下古生界露头层序地层及海平面变化研究［J］.地质科技通报，10：3-4.

乔秀夫，张安棣.2002.华北块体、胶辽朝块体与郯庐断裂［J］.中国地质，29（4）：337-345.

戎嘉余.2005.再论志留纪年代地层的统、阶层型研究［J］.地层学杂志，29（2）：160-164.

陕西省地质矿产局.1989.中华人民共和国地质矿产部地质专报，区域地质，第13号［M］.北京：地质出版社.

陕西省区域地层表编写组.1983.西北地区区域地层表［M］.北京：地质出版社.

申浩澈，康维国，梁万通.1994.华北板块和扬子板块碰撞时代的探讨［J］.长春地质学院学报，3（1）：22-27.

石和，黄思静，沈立成，等.2003.重庆秀山寒武纪海相碳酸盐的锶同位素组成及其地层学意义［J］.地层学杂志，27（1）：71-76.

史基安，邵毅，张顺存，等.2009.鄂尔多斯盆地东部地区奥陶系马家沟组沉积环境与岩相古地理研究［J］.天然气地球科学，20（3）：316-324.

史晓颖，陈建强，梅仕龙.1999.中朝地台奥陶系层序地层序列及其对比［J］.地球科学—中国地质大学学报，24（6）：573-580.

孙宜朴，王传刚，王毅，等.2008.鄂尔多斯盆地中奥陶统平凉组烃源岩地球化学特征及勘探潜力［J］.石油实验地质，30（2）：162-168.

田景春，陈洪德，覃建雄，等.2004.层序—岩相古地理图及其编制［J］.地球科学与环境学报，26（1）：6-12.

田景春，彭军，覃建雄，等.2001.长庆气田中区"马家沟组"高频旋回层序地层分析［J］.油气地质与采收率，8（1）：31-34.

田景春.曾允孚.1995.中国南方二叠纪古海洋锶同位素演化［J］.沉积学报，13（4）：125-130.

田树刚，章雨旭.1997.华北地台北部奥陶纪露头层序地层［J］.地球学报：中国地质科学院院报，18（1）：87-97.

汪啸风.1993.全球奥陶系年代地层学的研究——进展与问题［J］.地球科学进展，8（1）：28-34.

汪啸风.1989.中国奥陶纪古地理重建及其沉积环境与生物相特征［J］.古生物学报，28（2）：234-248.

汪啸风，Erdt B D.1999."赫南特阶"和奥陶系—志留系界线的厘定［J］.华南地质与矿产，（3）：12-18.

汪啸风，Stouge S，陈孝红，等.2005.全球下奥陶统—中奥陶统界线层型候选剖面—宜昌黄花场剖面研究新进展［J］.地层学杂志，29（B11）：467-489.

汪啸风，柴之芳.1989.奥陶系与志留系界线处生物绝灭事件及其与铱和碳同位素异常的关系［J］.地质学报，63（3）：255-264.

汪啸风，陈孝红，陈立德，等.2003.贵州关岭生物群研究的进展和存在问题（代序）［J］.地质通报，22（4）：221-227.

汪啸风，陈孝红，王传尚，等.2004.中国奥陶系和下志留统下部年代地层单位的划分［J］.地层学杂志，28（1）：1-17.

汪啸风，李志明，陈建强，等.1996.华南早奥陶世海平面变化及其对比［J］.华南地质与矿产，（3）：

1-11.

汪泽成, 赵文智, 陈孟晋, 等 .2005. 构造复原技术在前陆冲断带岩相古地理重建中的应用——以鄂尔多斯盆地西缘晚古生代为例 [J]. 现代地质, 19 (3): 385-393.

王传刚, 王毅, 许化政, 等 .2009. 论鄂尔多斯盆地下古生界烃源岩的成藏演化特征 [J]. 石油学报, 30 (1): 38-45.

王东坡, 刘立 .1994. 大陆裂谷盆地层序地层学的研究 [J]. 岩相古地理, 14 (3): 1-9.

王峰, 陈洪德, 赵俊兴, 等 .2011. 鄂尔多斯盆地寒武系—二叠系层序界面类型特征及油气地质意义 [J]. 沉积与特提斯地质, 31 (1): 6-12.

王鸿祯 (主编) .1985. 中国古地理图集 [M]. 北京: 地图出版社 .

王鸿祯, 张世红 .2002. 全球前寒武纪基底构造格局与古大陆再造问题 [J]. 地球科学—中国地质大学学报, 27 (5): 467-476.

王鸿祯 .1981. 从活动论的观点论中国大地构造分区 [J]. 地球科学, (1): 42-66.

王雷, 史基安, 王琪, 等 .2005. 鄂尔多斯盆地西南缘奥陶系碳酸盐岩储层主控因素分析 [J]. 油气地质与采收率, 12 (4): 10-13.

王涛, 徐鸣洁, 王良书, 等 .2007. 鄂尔多斯及邻区航磁异常特征及其大地构造意义 [J]. 地球物理学报, 50 (1): 163-170.

王雪莲, 王长陆, 陈振林, 等 .2005. 鄂尔多斯盆地奥陶系风化壳岩溶储层研究 [J]. 特种油气藏, 12 (3): 32-35.

王禹诺, 任军峰, 杨文敬, 等 .2015. 鄂尔多斯盆地中东部奥陶系马家沟组天然气成藏特征及勘探潜力 [J]. 海相油气地质, 20 (4): 29-37.

王玉新, 韩征, 韩宇春 .1995. 铁瓦殿剖面奥陶系碳氧同位素地层学研究 [J]. 石油大学学报 (自科版), 19 (增): 38- 42.

王志浩, 李润兰 .1984. 山西太原组牙形刺的发现 [J]. 古生物学报, 23 (2): 196-202.

王宗哲, 杨杰东, 孙卫国 .1996. 扬子地台震旦纪海水碳同位素的变化 [J]. 高校地质学报, 2 (1): 112-120.

王宗哲, 杨杰东 .1994. 新疆柯坪地区早古生代地层的碳同位素变化特征及其意义 [J]. 地层学杂志, 18 (1): 45-62.

韦刚健 .1995. 海水中 Sr 同位素组成变化的环境意义与 S 同位素地层学 [J]. 海洋科学, (1): 23-25.

魏魁生, 徐怀大, 叶淑芬 .1996. 鄂尔多斯盆地北部奥陶系碳酸盐岩层序地层研究 [J]. 地球科学—中国地质大学学报, 21 (1): 1-10.

魏魁生, 徐怀大, 叶淑芬 .1997. 鄂尔多斯盆地北部下古生界层序地层分析 [J]. 石油与天然气地质, 18 (2): 128-135, 170.

魏魁生, 徐怀大 .1998. 鄂尔多斯盆地北部及北缘寒武—奥陶纪层序地层及海平面变化研究 [J]. 地质科技通报, 10: 6-7.

吴明清, Goodfeilow W D, 王琨, 等 .1998. 贵州乐康二叠、三叠系界线剖面的有机碳同位素异常及其意义 [J]. 矿物学报, 15 (1): 7-22.

吴瑞棠, 王治平 .1994. 地层学原理与方法 [M]. 北京: 地质出版社 .

吴胜和, 冯增昭, 张吉森 .1994. 鄂尔多斯地区西缘及南缘中奥陶统平凉组重力流沉积 [J]. 石油与天然气地质, 15 (3): 226-234.

谢锦龙，吴兴宁，孙六一，等.2013.鄂尔多斯盆地奥陶系马家沟组五段岩相古地理及有利区带预测［J］.海相油气地质，18（4）：23-32.

辛勇光，周进高，邓红婴.2010.鄂尔多斯盆地南部下奥陶统马家沟组沉积特征［J］.海相油气地质，15（4）：1-5.

徐怀大.1991.层序地层学理论用于我国断陷盆地分析中的问题［J］.石油与天然气地质，12（1）：52-57.

许化政，王传刚.2010.海相烃源岩发育环境与岩石的沉积序列——以鄂尔多斯盆地为例［J］.石油学报，31（1）：25-30.

许强，陈洪德，赵俊兴，等.2010.贺兰拗拉槽胡基台地区中奥陶统樱桃沟组深海重力流沉积特征［J］.海相油气地质，15（2）：14-19.

薛良清.1990.层序地层学在湖相盆地中的应用探讨［J］.石油勘探与开发，17（6）：29-34.

杨华，包洪平.2011.鄂尔多斯盆地奥陶系中组合成藏特征及勘探启示［J］.地质勘探，31（12）：11-20.

杨华，付金华，包洪平.2010.鄂尔多斯地区西部和南部奥陶纪海槽边缘沉积特征与天然气成藏潜力分析［J］.海相油气地质，2：1-13.

杨华，付金华，魏新善，等.2011.鄂尔多斯盆地奥陶系海相碳酸盐岩天然气勘探领域［J］.石油学报，32（5）：733-740.

杨华，席胜利，魏新善，等.2006.鄂尔多斯多旋回叠合盆地演化与天然气富集［J］.中国石油勘探，23（1）：17-24.

杨伟利，王起琮，刘佳玮，等.2017.鄂尔多斯盆地奥陶系马家沟组标准化层序地层学研究［J］.西安科技大学学报，37（2）：234-241.

杨勇强，邱隆伟，陈世悦.2011.半咸水湖盆碳酸盐岩层序地层分析——以东营凹陷南坡中段沙四上亚段为例［J］.地层学杂志，35（3）：288-294.

姚泾利，包洪平，任俊峰，等.2015.鄂尔多斯盆地奥陶系盐下天然气勘探［J］.中国石油勘探，20（3）：1-12.

姚泾利，赵永刚，雷卞军，等.2008.鄂尔多斯盆地西部马家沟期层序岩相古地理［J］.西南石油大学学报（自然科学版），30（1）：33-37.

于炳松，陈建强，等.2001.塔里木地台北部寒武纪—奥陶纪层序地层及其与扬子地台和华北地台的对比［J］.中国科学：D辑，31（1）：17-26.

于洲，丁振纯，吴东旭，等.2017.鄂尔多斯盆地中东部奥陶系马家沟组沉积相演化模式研究［J］.海相油气地质，22（3）：13-22.

余和中，吕福亮，郭庆新.2005.华北板块南缘原型沉积盆地类型与构造演化［J］.石油实验地质,27（2）：111-117.

袁路朋，周洪瑞，景秀，等.2014.鄂尔多斯盆地南缘奥陶系碳酸盐微相及其沉积环境分析［J］.地质学报，88（3）：421-432.

袁卫国.1995.鄂尔多斯盆地南缘中奥陶统火山凝灰岩的研究与意义［J］.石油实验地质，17（2）：167-170.

袁选俊，薛良清，池英柳，等.2003.坳陷型湖盆层序地层特征与隐蔽油气藏勘探——以松辽盆地为例［J］.石油学报，24（3）：11-15.

詹仁斌，戎嘉余，程金辉，等.2004.华南早、中奥陶世腕足动物多样性初探［J］.中国科学D辑地球科学，34（10）：896-907.

詹任斌，张元动，袁文伟.2007.地球生命过程中的一个新概念——奥陶纪生物大辐射［J］.自然科学进展，17（8）：1006-1014.

张臣，吴泰然.2002.内蒙古苏左旗南部华北板块北缘中新元古代—古生代裂解—汇聚事件的地质记录［J］.岩石学报，17（2）：199-205.

张传禄，张永生，康祺发，等.2001.鄂尔多斯南部奥陶系马家沟群马六组白云岩成因［J］.石油学报，22（3）：22-26.

张道锋，刘新社，高星，等.2016.鄂尔多斯盆地西部奥陶系海相碳酸盐岩地质特征与成藏模式研究［J］.天然气地球科学，27（1）：92-101.

张福礼.2002.鄂尔多斯盆地早古生代复合的古构造体系与天然气［J］.地质力学学报，8（3）：193-200.

张宏，董宁，郑浚茂，等.2010.鄂尔多斯盆地东部奥陶系古沟槽三维地震识别方法［J］.石油学报，31（3）：415-419.

张抗.1992.鄂尔多斯盆地西、南缘奥陶系滑塌堆积［J］.沉积学报，10（1）：11-18.

张萌，黄思静，张玥，等.2003.锶同位素地层学在海相地层定年中的潜在价值［J］.成都理工大学学报：自然科学版，30（3）：242-248.

张明书，刘健，周墨清.1995.西琛一井礁序列锶同位素组分变化［J］.海洋地质与第四纪地质，15（1）：121-130.

张守信.1985.理论地层学——现代地层学概念［M］.北京：科学出版社.

张勤支，棣遭一，孙亦因，等.1989.事件地层学与地外灾变事件［J］.长春地质学院学报，19（1）：13-23.

张翔，田景春，刘家铎，等.2005.高分辨率层序地层在岩相古地理编图中的应用［J］.西南石油学院学报，27（6）：1-4.

张永生，邢恩袁，王卓卓，等.2015.鄂尔多斯盆地奥陶纪马家沟期岩相古地理演化与成钾意义［J］.地质学报，89（11）：1921-1935.

张元动.2002.关于奥陶纪"茅坪组"［J］.地层学杂志，26（2）：135-136.

张元动，王志浩，冯洪真，等.2005.中国特马豆克阶笔石地层述评［J］.地层学杂志，29（3）：215-234.

张元动，詹任斌，樊隽轩，等.2009.奥陶纪生物大辐射研究的关键科学问题［J］.中国科学D辑：地球科学，39（2）：129-143.

张月巧，郭彦如，侯伟.2013.鄂尔多斯盆地西南缘中上奥陶统烃源岩特征及勘探潜力［J］.天然气地球科学，24（5）：894-904.

章贵松，张军.2006.鄂尔多斯盆地西部奥陶纪岩相古地理特征［J］.油气勘探，6：33-39.

赵靖舟.1991.事件地层学——建立地层界线的基本原则和方法［J］.西安石油学院学报，6（1）：6-15.

赵俊青，夏斌，纪友亮，等.2006.湖相碳酸盐岩高精度层序地层学探析［J］.沉积学报，23（4）：646-656.

赵俊兴，陈洪德，张锦泉，等.2005.鄂尔多斯盆地中部马五段白云岩成因机理研究［J］.石油学报，26（5）：38-41.

赵振宇，郭彦如，王艳，等.2012.鄂尔多斯盆地构造演化及古地理特征研究进展［J］.特种油气藏，19（5）：15-20.

赵振宇，郭彦如，徐旺林，等.2011.鄂尔多斯盆地3条油藏大剖面对风险勘探的意义［J］.石油勘探与开发，38（1）：16-22.

郑荣才，朱如凯，戴朝成，等.2008.川东北类前陆盆地须家河组盆—山耦合过程的沉积—层序特征［J］.地质学报，82（8）：1077−1087.

周传明.1997.贵州瓮安地区上震旦统碳同位素特征［J］.地层学杂志，21（2）：124−129.

周进高，张帆，郭庆新，等.2011.鄂尔多斯盆地下奥陶统马家沟组障壁潟湖沉积相模式及有利储层分布规律［J］.沉积学报，29（1）：64−71.

朱创业.1999.陕甘宁盆地下奥陶统马家沟组层序地层与天然气的关系［J］.岩相古地理，19（5）：47−52.

朱立军，赵元龙.1996.贵州台江中、下寒武统界线剖面微量元素地球化学特征［J］.古生物学报，35（5）：623−630.

朱筱敏，康安，王贵文.2003.陆相坳陷型和断陷型湖盆层序地层样式探讨［J］.沉积学报，21（2）：283−287.

朱筱敏，杨俊生，张喜林.2004.岩相古地理研究与油气勘探［J］.古地理学报，6（1）：101−109.

朱筱敏，张强，马立驰.1999.塔里木盆地东河砂岩层序地层分析［J］.海相油气地质，4（4）：13−17.

邹才能，薛叔浩，赵文智，等.2004.松辽盆地南部白垩系泉头组—嫩江组沉积层序特征与地层—岩性油气藏形成条件［J］.石油勘探与开发，24（3）：14−17.

Barry D Webby, Roger A Cooper, Stig M Bergstrom, et al.2004.Stratigraphic framework and time slices［M］. New York, NY : Columbia University Press : 41−47.

Be A W H, Duplessy J C.1976. Subtropical convergence fluctuations and Quaternary climates in the middle latitudes of the Indian Ocean［J］. Science, 194: 4263.

Bergström S M, Chen Xu, Gutierrez Marco, et al.2009a. The new chronostratigraphic classification of the Ordovician System and its relations to major regional series and stages and δ^{13}C chemostratigraphy［J］. Lethaia, 42: 97−107.

Bergström S M, Xu C, Schmitz B, et al.2009b. First documentation of the Ordovician Guttenberg δ^{13}C excursion（GICE）in Asia : chemostratigraphy of the Pagoda and Yanwashan formations in southeastern China［J］. Geological Magazine, 146（1）: 1−11.

Boyd Ron, Suter John, Shea Penland. 1989.Relation of sequence stratigraphy to modern sedimentary environments［J］. Geology, 17（10）: 926−929.

Bouma A H 1962.Sedimentology of some Flysch deposits ; a graphic approach to facies interpretation［M］. Amsterdam−New York : Elsevier Pub. Co, 1−168.

Botting J P. 2002.The role of pyroclastic volcanism in Ordovician diversification［J］. Geological Society, London, Special Publications, 194（1）: 99−113.

Brinkmann Roland. 1948.Die allgemeine geologie（insbes. die exogene Dynamik）im letzten Jahrhundert［J］. Zeitschrift der Deutschen Geologischen Gesellschaft, Source Note : 1950: 25−49.

Brown L F, Fisher W L.1977. Seismic stratigraphic interpretation of depositional system, Examples from Brazilian Rift and Pull−Apart Basins［C］. In : Payton C E, eds. Seismic stratigraphy−applications to Hydrocarbon Exploration. AAPG Memoir, 26: 213−248.

Burchette T P, Wright V P.1992. Carbonate ramp depositional systems［J］. Sedimentary Geology, 79: 3−57.

Burke W H, Denison R E, Hetherington E A, et al. 1982.Variation of seawater ^{87}Sr/ ^{86}Sr throughout Phanerozoic time［J］. Geology, 10（10）: 516−519.

Carozzi Albert V. 1989.History of geology［J］. Geotimes, 34（2）: 68−69.

Catuneanu O.2002.Sequence stratigraphy of clastic systems:concepts,merits,and pitfalls［J］.Journal of African Earth Sciences,35（1）:1−43.

Chamberlin Thomas Chrowder. 1909.Diastrophism as the ultimate basis of correlation［J］. Journal of Geology, 17:685−693.

Charles Lyell.1840. Principles of geology［M］. New Haven,CT,United States:Hezekiah Howe and Co.

Cita Maria Bianca, Colette Vergnaud−Grazzini, Christian Robert, et al.1977. Paleoclimatic record of a long deep sea core from the Eastern Mediterranean［J］. Quaternary Research, 8（2）.

Cloos Ernst. 1945.Correlation of lineation with rock−movement（summary）［J］. Transactions − American Geophysical Union, Part 4: 660−662.

Coniglio M, Dix G R. 1992. Carbonate slope［C］. In:Walker R G., James N P eds. Facies models: Response to sea level change. Geological Association of Canada, GeoText 1: 349−373.

Cross T A .1988. Controls on coal distribution in transgressive−regressive cycles, Upper Cretaceous, Western Interior, USA［C］. In:Wilgaus C K, et al. eds. Sea−level Changes:An integrated approach. SEPM Special Publication, 42: 371−380.

DePaolo Donald J.1986. Detailed record of the Neogene Sr isotopic evolution of seawater from DSDP Site 590B ［J］. Geology, 14（2）.

Di Celma, Teloni C R, Rustichelli A.2014. Large−scale stratigraphic architecture and sequence analysis of an early Pleistocene submarine canyon fill, Monte Ascensione succession（Peri−Adriatic basin, eastern central Italy）［J］. International Journal of Earth Sciences, 103（3）: 843−875.

Elder William P.1987. Application of stepwise extinction and origination events to high−resolution correlation near the Cenomanian−Turonian stage boundary［C］. In:Elder, William P, Anonymous, eds. The Geological Society of America, Rocky Mountain Section, 40th annual meeting. Geological Society of America（GSA）, Boulder, CO, United States: 273.

Emiliani Cesare.1955. Mineralogical and chemical composition of the tests of certain pelagic fomaminifera［J］. Micropaleontology, 1（4）.

Emiliani Cesare.1966. Deep−sea sediments and their geological record［J］. Earth−Science Reviews, 1（2−3）.

Erlich R N , Longo A P, Hyare S. 1993.Response of carbonate platform margins to drowning:evidence of environmental collapse［C］. In:Loucks R G, Sarg J F eds. Carbonate sequence stratigraphy—recent developments and applications. AAPG Memoir, 57: 241−266.

Farrimond P, Eglinton G, Brassell S C.1986.Alkenones in Cretaceous black shales, Blake−Bahama Basin, western North Atlantic［J］. Organic Geochemistry, 10（4−6）.

Finney S C.2007. Paleobiogeographic affinity of the Cuyania Terrane of Argentina during the Cambrian and Ordovician periods［C］. In:Finney S C, Diaz−Martinez E, Rabano Isabel, eds. 4th European meeting on the Palaeontology and stratigraphy of Latin America. Cuadernos del Museo Geominero, 8: 149−154.

Folk Robert Louis.1959. Practical petrographic classification of limestones［J］. AAPG Bulletin, 43（1）: 1−38.

Folk Robert L. 1962.Spectral subdivision of limestone types［C］. In:Folk Robert L eds. Classification of carbonate rocks—A symposium. Memoir − American Association of Petroleum Geologists, 62−84.

Gao G, Dworkin S I, Land L S, et al.1996.Geochemistry of Late Ordovician Viola Limestone, Oklahoma; implications for marine carbonate mineralogy and isotopic compositions［J］. Journal of Geology, 104（3）:

359—367.

Galloway W E.1989.Genetic stratigraphic sequences in basin analysis I : architecture and genesis of flooding—surface bounded depositional units[J] . AAPG Bulletin, 73: 125—142.

Gardulski Anne F, Gowen Marguerite H, Milsark Amy, et al.1991.Evolution of a deep—water carbonate platform ; Upper Cretaceous to Pleistocene sedimentary environments on the West Florida margin[J]. Marine Geology, 101(1—4): 163—179.

Graham A Shields, Giles A F Carden, Jan Veizer, et al.2003. Sr, C, and O isotope geochemistry of Ordovician brachiopods ; a major isotopic event around the Middle—Late Ordovician transition [J]. Geochimica et Cosmochimica Acta, 67 (11): 2005—2025.

Guo Yanru, Fu Jinhua, Wei Xinshan, et al.2014. Natural gas accumulation and models in Ordovician carbonates, Ordos Basin, NW China[J]. Petroleum Exploration and Development, 41 (4): 437—448.

Halbouty, Michel Thomas.1941. Geology of the Jennings oil field[J]. Oil & Gas Journal, 39 (42): 49.

Haq B U, Hardenbol J, Vail P R.1987. Chronology of fluctuating sea—levels since the Triassic [J]. Science, 235: 1156—1166.

Haq B U, Hardenbol J, Vail P R. 1988.Mesozoic and Cenozoic Chronostratigraphy and cycles of sea—level change [C]. In : Wilgus C K, Hastings B S, Kendall C G, et al. eds. Sea—level changes : An integrated approach. SEPM, Spec. Pub1. 42: 71—108.

Haq B U, Schutter S R .2008.A chronology of Paleozoic sea—level changes[J]. Science, 322 (5898) .

Hine A C, Wilber R J, Bane J M, et al.1981. Offbank transport of carbonate sands along leeward bank margins, northern Bahamas[J]. Marine Geology, 42: 327—348.

Hine A C, Locker S D, Tedesco L P, et al.1992. Megabreccia shedding from modern low—relief carbonate platforms, Nicaraguan Rise[J]. Geological Society of America Bulletin, 104: 928—943.

Huff W D, Kolata D R, Bergström S M, et al.1996. Large—magnitude Middle Ordovician volcanic ash falls in North America and Europe : dimensions, emplacement and post—emplacement characteristics [J]. Journal of Volcanology and Geothermal Research, 73 (4): 285—301.

Hunt D, Tucker M E. 1993.Sequence stratigraphy of carbonate shelves with an example from the mid—Cretaceous (Urgonian) of southeast France [C]. In : Posamentier H W, Summerhayes C P, Haq B U, et al. eds. Sequence stratigraphy and facies associations. International Association of Sedimentologists, Special Publication, 18: 307—341.

Hutton Charles.1778. An account of the calculations made from the survey and measures taken at Schehallien, in order to ascertain the mean density of the Earth ; by Charles Hutton, Esq. F R S[J]. Philosophical Transactions of the Royal Society of London, 68: 689—788.

James N P, Kendall A C.1992. Introduction to carbonate and evaporite facies models [C]. In : Walker R G, James N P eds. Facies models : Response to sea level change. Geological Association of Canada, GeoText 1: 265—275.

Jervey M T.1988.Quantitative geological modeling of silisiclastic rock sequences and their seismic expression[C]. In : Wilgus C K, Hastings B S, Kendall C G, et al. eds. Sea—level changes : An integrated approach. SEPM, Spec.Pub1, 42: 47—69.

Johnson J G, Klapper G, Sandberg C A.1985. Devonian eustatic fluctuations in Euramerica [J] .GSA Bulletin,

96: 567—587.

Jones B, Desrochers A.1992. Shallow platform carbonate [C]. In : Walker R G, James N P. eds. Facies models : Response to sea level change. Geological Association of Canada, GeoText 1: 277—301.

Kauffman E. 1988.Concepts and methods of high—resolution event stratigraphy [J]. Annual Review of Earth and Planetary Sciences, 16（1）.

Kauffman Erle G, Elder William P, Sageman Bradley B. 1991.High—resolution correlation ; a new tool in chronostratigraphy [C]. In : Einsele Gerhard, Ricken Werner, Seilacher, Adolf, eds. Cycles and events in stratigraphy. Springer Verlag, Berlin, Federal Republic of Germany, 795—819.

Kennett J P, Shackleton N J.1976. Oxygen isotopic evidence for the development of the psychrosphere 38 Myr ago [J]. Nature, 260（5551）.

Krumbein William Christian, Sloss Lawrence Louis, Dapples Edward Charles. 1949.Sedimentary tectonics and sedimentary environments [J]. AAPG Bulletin, 33（11）: 1859—1891.

Kuenen Philip Henry, Migliorini Carlo Ippolito.1950.Turbidity currents as a cause of graded bedding [J]. Journal of Geology, 58（2）: 91—127.

Kyoungwon Min, Paul R Renne, Warren D Huff.2001.^{40}Ar/^{39}Ar dating of Ordovician K—bentonites in Laurentia and Battoscandia [J]. Earth and Planetary Science Letters, 185（1—2）.

Levorsen Arville Irving. 1931.Report of association committee on stratigraphic nomenclature [J]. AAPG Bulletin, 15（6）: 700—702.

Levorsen Arville Irving.1933. Studies in paleogeology [J]. AAPG Bulletin, 17（9）: 1107—1132.

Long D G F.1993. Limits on late Ordoician eustatic sea—level change from carbonate shelf sequence : and an example from Anticosti Island, Quebec [C]. In : Posamentier H W, Summerhayes C P, Haq B U, et al. eds. Sequence stratigraphy and facies associations. International Association of Sedimentologists, Special Publication, 18: 487—499.

Loucks R G, Sarg G F.1993. Carbonate sequence stratigraphy—recent developments and applications [J]. AAPG Memoir, 57: 545.

Lyell C. 1868.Principles of geology [M]. J Murray, London, 10th edition, 670.

Matthew R Saltzman, Seth A Young. 2005.Long—lived glaciation in the Late Ordovician? Isotopic and sequence—stratigraphic evidence from western Laurentia [J]. Geology, 33: 109—112.

Mercedes-Martín R, Salas R, Arenas C.2014. Microbial-dominated carbonate platforms during the Ladinian rifting : sequence stratigraphy and evolution of accommodation in a fault-controlled setting（Catalan Coastal Ranges, NE Spain）[J]. Basin Research, 26（2）: 269—296.

Miall A D.1986. Eustatic sea level changes interested from seismic stratigraphy : a critique of the methodology with particular reference to the North Sea Jurassic record [J].AAPG Bulletin, 70: 131—137.

Miall A D.1991 Stratigraphic sequence and their chronostratigraphic correlation [J].Journal of Sedimentary Petrology, 61: 497—505.

Miall A D, Miall C E.2001. Sequence stratigraphy as scientific enterprise the evolution and persistence of conflicting paradigms [J]. Earth—Science Reviews, 54: 321—348.

Milner Henry B. 1923.The study and correlation of sediments by petrographic methods [J]. Mining Magazine（London）, 28（2）: 80—92.

Mitchum R M. 1977.Seismic stratigraphy and global changes of sea level. Part I : Glossary of terms used in seismic stratigraphy [C] . In : Payton C E, eds. Seismic stratigraphy—applications to Hydrocarbon Exploration. AAPG Memoir, 26: 205–212.

Mitchell C E, Chen Xu, Bergstrom S M, et al. 1997.Definition of a global boundary stratotype for the Darriwilian Stage of the Ordovician System [J] . Episodes, 20（3）: 158–166.

Mitchum R M, Vail P R, Thompson III S. 1977.Seismic stratigraphy and global changes of sea level. Part II : the depositional sequence as a basic unit for stratigraphic analysis [C] . In : Payton C E, eds. Seismic stratigraphy—applications to Hydrocarbon Exploration. AAPG Memoir, 26: 53–62.

Neumann AC, Land L S.1975.Lime mud deposition and calcareous algae in Bight of Abaco, Bahamas—Budget [J]. Journal of Sedimentary Research, 45: 763–786.

Parkinson Neil, Summerhayes Colin. 1985.Synchronous global sequence boundaries [J] . AAPG Bulletin,69（5）: 685–687.

Payton C E.1977 Seismic stratigraphy—applications to Hydrocarbon Exploration [M].AAPG Memoir,26: 1–212.

Posamentier H W, Allen G P.1999. Siliciclastic sequence stratigraphy : concepts and applications [J] . SEPM Concepts in Sedimentology and Paleontology, 7: 210.

Posamentier H W, Jervey M T, Vail P R.1988.Eustatic controls on clastic deposition I —conceptual framework [C] . In : Wilgus C K, Hastings B S, Kendall C G, et al. eds. Sea—level changes : An integrated approach. SEPM, Spec.Pub1, 42: 109–124.

Posamentier H W, Vail P R.1988. Eustatic controls on clastic deposition II sequence and systems tract models [C]. In : Wilgus C K, Hastings B S, Kendall C G, et al. eds. Sea—level changes : An integrated approach. SEPM, Spec.Pub1, 42: 125–154.

Posamentier H W, James D P.1993.Sequence stratigraphy uses and abuses [C] . In : Posamentier H W, Summerhayes C P, Haq B U, et al. eds. In : Sequence stratigraphy and facies associations. International Association of Sedimentologists Special Publication 18, 469–485.

Pratt B R, James N P, Cowan C A.1992. Peritidal carbonates [C] . In : Walker R G, James N P eds. Facies models : Response to sea level change. Geological Association of Canada, GeoText 1: 303–322.

Prell Warren L. 1978.Upper Quaternary sediments of the Colombia Basin : Spatial and stratigraphic variation [J] . Geological Society of America Bulletin, 89（8）.

Real J E. 1985.Carbonate platform facies models [J] . AAPG BUL. 69（1）.

Vail P R.1987.Seismic stratigraphy interpretation using sequence stratigraphy : Part I , Seismic stratigraphy interpretation procedure（in Atlas of seismic stratigraphy）[J] . AAPG Studies in Geology, 27（1）: 1–10.

Vail P R, Mitchum R M, Thompson III S. 1977.Seismic stratigraphy and global changes of sea level. Part III : Relative changes of sea level from coastal onlap [C] . In : Payton C E, eds. Seismic stratigraphy—applications to Hydrocarbon Exploration. AAPG Memoir, 26: 63–81.

Vail P R, Mitchum R M, Thompson S. 1977.Seismic stratigraphy and global changes of sea level. Part IV : Global cycles of relative changes of sea level [C] . In : Payton C E, eds. Seismic stratigraphy—applications to Hydrocarbon Exploration. AAPG Memoir, 26: 83–98.

Van Wagoner J C, Mitchum R M, Campion K M, et al.1990. Siliciclastic sequence stratigraphy in well log, core and outcrops : concept for highresolution correlation of time and facies [J] . AAPG Methods in Exploration

Series 7，55.

Van Wagoner J C, Posamentier H W, Mitchum R M.1988.An overview of the fundamentals of sequence stratigraphy and key definitions［C］. In：Wilgus C K, Hastings B S, Kendall C G, et al. eds. Sea-level changes：An integrated approach. SEPM, Spec.Pub1. 42：39-45.

Saltzman Matthew R, Seth A Young.2005. Long-lived glaciation in the Late Ordovician? Isotopic and sequence-stratigraphic evidence from western Laurentia［J］. Geology，33（2）.

Sangree J B, Vail P R.1988. Sequence stratigraphy interpretation of seismic, well and outcrop data［M］.张宏达，等译.北京：石油大学出版社.

Sarg J F.1988. Carbonate sequence stratigraphy［C］. In：Wilgus C K, Hastings B S, Kendall C G, et al. eds. Sea-level changes：An integrated approach. SEPM, Spec.Pub1. 42：155-182.

Schlager W. 1989.Drowning unconformities on carbonate platforms［C］. In：Crevello P D, Willson J L, Sarg J F, et al. eds. Controls on carbonate platform and basin development. SEPM, Spec.Pub1. 44：15-25.

Schlager W.1992.Sedimentology and sequence stratigraphy of reefs and carbonate platforms［J］. AAPG, Continuing Education Course Note Series #34：71.

Schlager W. 2005.Carbonate sedimentology and sequence stratigraphy［M］. SEPM Concepts in Sedimentology and Paleontology #8，1-200.

Seth A Young, Matthew R Saltzman, Kenneth A Foland, et al.2009. A major drop in seawater $^{87}Sr/^{86}Sr$ during the Middle Ordovician（Darriwilian）：Links to volcanism and climate?［J］. Geology，37：951-954.

Shanley K W, McCabe P J.1994. Perspectives on the sequence stratigraphy of continental strata［J］.AAPG Bulletin，78：544-568.

Shannon Pat M, Naylor David. 1989.Petroleum basin studies［M］. London, United Kingdom：Graham and Trotman，1-206.

Sloss L L.1949. Integrated facies analysis［J］.GSA. Bulletin，91-124.

Sloss L L.1963.Sequence in the cratonic interior of North America［J］.GSA. Bulletin，74：93-114.

Smith K L, Williams P M, E Druffel R M.1989. Upward fluxes of particulate organic matter in the deep North Pacific［J］. Nature，337（6209）.

Stig M Bergstrom, Chen Xu, Birger Schmitz, et al.2009. First documentation of the Ordovician Guttenberg $\delta^{13}C$ excursion（GICE）in Asia：chemostratigraphy of the Pagoda and Yanwashan formations in southeastern China［J］.Geological Magazine，146：1-11.

Suess E. 1909.The face of the Earth［M］. Czechoslovakia：F Tempsky, Prague.

Vail P R.1975.Eustatic cycles from seismic data for global stratigraphic analysis［J］.AAPG Bulletin，59：2198-2199.

Vail P R, Audemard F, Bowman S A, et al.1977. The stratigraphic signatures of tectonics, eustasy and sedimentology-an overview［C］. In：Einsele G, Ricken W, Seilacher A, eds. In：Cycles and Events in stratigraphy，26：617-659.

Vail P R, Mitchum R M, Todd R G, et al.1977. Seismic stratigraphy and global changes of sea level［C］. In：Payon C E, eds. Seismic stratigraphy applications to hydrocarbon exploration. AAPG Memoir，26：49-212.

Wang Xiaofeng, Svend Stouge, Chen Xiaohong, et al.2009.The global stratotype section and point for the base of the middle Ordovician Series and the Third Stage（Dapingian）［J］. Episodes（Journal of International

Geosciences）, 32（2）: 96-113.

Warren D Huff, Stig M Bergström, Dennis R Kolata.1992. Gigantic Ordovician volcanic ash fall in North America and Europe: Biological, tectonomagmatic, and event-stratigraphic significance［J］. Geology, 20: 875-878.

Watts A B, Thorne J. 1984.Tectonics, global changes in sea level and their relationship to stratigraphical sequences at the US Atlantic continental margin［J］.Marine and Petroleum Geology, 1（4）: 319-339.

Watts A B, Thorne J Steckler Michael S.1984. Determination of eustatic sea level changes in sedimentary basins［C］. In: Bogdanov N A eds. Special session of the International "Lithosphere" Programme, International Geological Congress, Abstracts = Congress Geologique International, Resumes, 27（Vol. IX, Part 1）: 38.

Watts J W. 1982. Designing for corrosion control in surface production facilities［J］. SPE Conference Paper, MS-9985.

Weimer Robert J. 1988.Sequence stratigraphy and paleotectonics, Denver Basin area of Lower Cretaceous foreland basin, USA［J］. NATO Advanced Study Institutes Series. Series C: Mathematical and Physical Sciences, 304: 23-32.

Wentworth C K.1939. Physical geography and geology［of the Hawaiian Islands］［C］. In: An historic inventory of the physical, social and economic and industrial resources of the Territory of Hawaii, Anonymous. Advertiser Publishing Company, Honolulu, HI, United States, 13-20.

Wilgus C K, Hastings B S, Kendall C G, et al.1988.Sea-level Changes: An integrated approach［M］. SEPM, Spec.Pub1, 42: 1-407.

Wilson J L.1975. Carbonate facies in geologic history［M］. Springer-Verlag, New York, N.Y., United States.

Wheeler H E. 1964.Baselevel, lithosphere surface, and timestratigraphy［J］. Geological Society of America Bulletin, 75: 599-610.

Xiaofeng Wang, Svend Stouge, Bernd-D Erdtmann, et al.2005. A proposed GSSP for the base of the Middle Ordovician Series: the Huanghuachang section, Yichang, China［J］. Episodes, 28（2）: 105-117.

Xu Chen, Jiayu Rong, Junxuan Fan, et al. 2006.The global boundary stratotype section and point（GSSP）for the base of the Hirnantian Stage（the uppermost of the Ordovician System）［J］. Epsodes, 29（3）: 183-196.

Zattin M, Pace D, Andreucci B, et al. 2014.Cenozoic erosion of the Transantarctic Mountains: A source-to-sink thermochronological study［J］. Tectonophysics.

Zhao W, Zou C, Chi Y, et al.2011.Sequence stratigraphy, seismic sedimentology, and lithostratigraphic plays: Upper Cretaceous, Sifangtuozi area, southwest Songliao Basin, China［J］. AAPG bulletin, 95（2）: 241-265.